# 建筑设备安装工程概预算
## （第3版）

主　编　赵海成

副主编　陈　艳　贾晓昱

参　编　乔　旭

主　审　刘玉国

北京理工大学出版社
BEIJING INSTITUTE OF TECHNOLOGY PRESS

# 内 容 提 要

本书根据高等院校人才培养目标及专业教学改革的需要，以及建设工程概预算编审规程进行编写。全书共十二章，主要内容包括建筑设备安装工程概预算概论，建筑安装工程造价构成，建筑安装工程定额体系，工程量清单计价，电气设备安装工程工程量计算，给水排水、采暖、燃气及其他工程工程量计算，通风空调工程工程量计算，刷油、防腐蚀、绝热工程工程量计算，投资估算编制，设计概算编制与审查，施工图预算，工程竣工结算与决算等。

本书可作为高等院校工程造价、工程管理等专业的教材，也可供工程技术、造价、咨询、监理等从业人员学习与参考。

**图书在版编目（CIP）数据**

建筑设备安装工程概预算 / 赵海成主编.—3版.—北京：北京理工大学出版社，2020.7
ISBN 978-7-5682-8780-7

Ⅰ.①建…　Ⅱ.①赵…　Ⅲ.①房屋建筑设备—建筑安装—建筑概算定额—高等学校—教材②房屋建筑设备—建筑安装—建筑预算定额—高等学校—教材　Ⅳ.①TU723.3

中国版本图书馆CIP数据核字（2020）第134565号

| | | |
|---|---|---|
| 出版发行 / 北京理工大学出版社有限责任公司 | | |
| 社　　址 / 北京市海淀区中关村南大街5号 | | |
| 邮　　编 / 100081 | | |
| 电　　话 / （010）68914775（总编室） | | |
| 　　　　　（010）82562903（教材售后服务热线） | | |
| 　　　　　（010）68948351（其他图书服务热线） | | |
| 网　　址 / http://www.bitpress.com.cn | | |
| 经　　销 / 全国各地新华书店 | | |
| 印　　刷 / 北京紫瑞利印刷有限公司 | | |
| 开　　本 / 787毫米×1092毫米　1/16 | | |
| 印　　张 / 17.5 | 责任编辑 / 王玲玲 |
| 字　　数 / 413千字 | 文案编辑 / 钟　博 |
| 版　　次 / 2020年7月第3版　2020年7月第1次印刷 | 责任校对 / 周瑞红 |
| 定　　价 / 68.00元 | 责任印制 / 边心超 |

# 第 3 版前言

随着我国工程造价管理体系的完善，"建筑设备安装工程概预算"课程的教学也从定额计价转变为工程量清单计价。工程概预算在工程中起着至关重要的作用，它影响着工程的成本、质量、进度的控制。为适应高等教育改革与发展的需要，本书结合高等院校土建类相关专业教学标准和培养方案及主干课程教学大纲，本着"必需、够用"的原则，以"讲清概念、强化应用"为主旨进行编写。

本书内容丰富，难度适中，图文并茂，语言通俗，注重理论联系实际。每章的"本章小结""思考与练习"能够加深学生对本章内容的理解与巩固，使学生更扎实地掌握所学知识。以专业基础课程教学理念与能力培养定位专业基础课程内容，在实施教学实践中始终围绕培养学生的职业能力这一主题，为学生进一步学习专业课程奠定必要的理论基础。本书的编写符合高等教育教学的特点，重视理论与实践的结合，注重培养学生的动手能力、分析能力和解决问题的能力，力求在内容和选材方面体现学以致用的特点，在表述上做到概念准确、通俗易懂，贴近实际。

本书在修订过程中力求有所创新，删除了一些在建筑工程中较少使用的陈旧的内容；对各章节的知识体系进行了深入的思考，并联系实际进行知识点的总结与概括，使该部分内容更具有指导性与实用性，便于学生学习与思考；对各章复习思考题也进行了适当的删减与补充，有利于学生课后复习，强化所学理论知识，提高学生解决工程实际问题的能力。

本书由山东商务职业学院赵海成担任主编，由福州软件职业技术学院陈艳、山西铁道职业技术学院贾晓昱担任副主编，由闽西职业技术学院乔旭参与编写。全书由山东科技职业学院刘玉国主审。本书的修订参阅了国内同行的多部著作，部分高等院校的老师提出了很多宝贵的意见供我们参考，在此表示衷心的感谢！对于参与本书第1、2版的编写，但未参与本书修订的老师、专家和学者，本次修订的所有编写人员向你们表示敬意，感谢你们对高等教育教学改革做出的不懈努力，希望你们对本书保持持续关注并多提宝贵意见。

本书虽经反复讨论修改，但限于编者的学识及专业水平和实践经验，仍难免有疏漏和不妥之处，恳请广大读者指正。

编　者

# 第 2 版前言

本书第1版自出版发行以来，经有关院校教学使用，反映较好。近年来，一大批与建筑设备安装工程概预算编制和管理相关的标准规范，如《建设项目施工图预算编审规程》（CECA/GC 5—2010）、《建设项目工程结算编审规程》（CECA/GC 3—2010）、《建设工程工程量清单计价规范》（GB 50500—2013）、《通用安装工程工程量计算规范》（GB 50856—2013）等的颁布实施，不仅促进了建筑设备安装工程造价管理体制改革的进一步深化，也使工程造价管理的制度日益完善。对高等院校的广大师生来说，其对如何从理论上掌握建筑设备安装工程概预算的编制原理，从实践上掌握建筑设备安装工程概预算的编制方法也提出了更高的要求。

为使《建筑设备安装工程概预算》一书能更好地适应行业发展的需要，进一步反映当前建筑设备安装工程概预算编制工作实际，从而更好地满足高等院校教学工作的需要，我们对本书进行了必要的修订。修订时不仅依据相关使用者的建议与意见，对原书中存在的疑问之处进行了修正，还结合建筑设备安装工程概预算编制相关标准规范，对本书的体系及内容进行了完善、修改与补充。本次修订时，在保留建筑设备安装工程概预算必需的基础理论的基础上，删除了其中与建筑设备安装工程概预算相关性不大的内容，并对建筑设备安装工程设计概算、施工图预算、竣工结算及工程量清单计价的方法、工程造价调整及价款支付等内容进行了重点补充，从而进一步强化了本书的实用性和可操作性。

本次修订主要进行了以下工作：

（1）严格按照《建设工程工程量清单计价规范》（GB 50500—2013）和《通用安装工程工程量计算规范》（GB 50856—2013）的内容，以及《建筑安装工程费用项目组成》（建标〔2013〕44号），对清单计价体系方面的内容进行了调整、修改与补充，重点补充了工程合同签订、工程计量与价款支付、合同价款调整、索赔和竣工结算等内容，并对建筑设备安装工程清单项目工程量计算的内容进行了补充与修订，从而使教材的结构体系更加完整。

（2）根据《建设项目设计概算编审规程》（CECA/GC 2—2007）、《建设项目施工图预算编审规程》（CECA/GC 5—2010）和《建设项目工程结算编审规程》（CECA/GC 3—2010），对建筑设备安装工程设计概算、施工图预算、竣工结算的内容进行了修订与完善。

（3）修订时进一步强化了实用性，集概预算编制理论与编制技能于一体，对部分内容进行了进一步的丰富与完善，对知识体系进行了除旧布新，便于学生更形象、更直观地掌握建筑设备安装工程概预算编制的方法与技巧。修订后的教材更符合建筑设备安装工程概预算编制工作实际，能更好地满足当前高等院校教学工作的需要，帮助广大学生进一步了解定额计价与工程量清单计价的区别与联系。

（4）对各章节的能力目标、知识目标、本章小结进行了修订，在修订中对各章节知识体系进行了深入的思考，并联系实际进行知识点的总结与概括，使该部分内容更具有指导性与实用性，便于学生学习和思考。

本书在修订过程中参阅了国内同行的多部著作，部分高等院校老师提出了很多宝贵意见，在此表示衷心的感谢！对参与本书第1版的编写，但未参加本次修订的老师、专家和学者，本版教材所有编写人员向你们表示敬意，感谢你们对高等教育改革所作出的不懈努力，希望你们对本书保持持续关注，多提宝贵意见。

　　本书虽经反复讨论修改，但限于编者的学识及专业水平和实践经验，修订后仍难免存在疏漏或不妥之处，恳请广大读者指正。

编　者

# 第 1 版前言

建筑设备安装工程概预算是根据设计文件的要求和国家有关规定计算每项新建、扩建、改建、重建工程全部投资的文件。它是国家对建设工程实行科学管理和监督的重要手段。及时而准确地编制出建筑设备安装工程概预算，对于合理确定建设工程费用，提高工程建设管理水平具有非常重要的意义，具体表现为以下几个方面：

（1）建筑设备安装工程概预算是编制建设计划，确定和控制建设投资的依据。

（2）建筑设备安装工程概预算是衡量设计方案是否经济合理的依据。

（3）建筑设备安装工程概预算是签订施工合同、办理工程拨款、贷款和工程价款结算的依据。

（4）建筑设备安装工程概预算对促进安装企业贯彻经济核算制有着重要作用。

（5）建筑设备安装工程概预算指标是经济核算工作的重要指标。

在工程项目全过程中，认真开展技术经济分析与概预算工作，是合理筹措、节约和控制工程投资，提高项目投资效率的重要手段和必然选择。做好这项工作，不仅需要从事项目经济分析与概预算的人员参与，更需要广大从事相关专业工程的规划、设计、施工与管理的人员参与；同时，社会上迫切需要具备经济管理知识的专业技术人才。然而，由于种种原因，目前从事专业工程的规划、设计、施工与管理的人员中，熟悉概预算方法的人员还不多，这显然不能满足我国工程建设领域对工程造价专业人才的需求。

为适应高等教育改革与发展的需要，我们结合高等教育的标准和培养方案及主干课程制定教学大纲，本着"必需、够用"的原则，以"讲清概念、强化应用"为主旨组织编写了本教材。目的是培养学生综合运用理论知识解决实际问题的能力，提高实际工作技能，满足企业用人需要。

全书共分九章，内容包括：建筑安装工程概预算概述，建筑安装工程定额体系，建筑安装工程设计概算编制与审查，施工图预算与施工预算编制，电气设备安装工程工程量计算，水暖工程工程量计算，通风空调安装工程工程量计算，刷油、防腐蚀、绝热工程工程量计算，工程竣工结算与决算等。

为方便教学，本教材在各章前设置【学习重点】和【培养目标】，各章后设置【本章小结】和【思考与练习】，从更深层次给学生以思考、复习的提示，由此构建了"引导—学习—总结—练习"的教学模式。

本教材既可作为高等工程造价专业教材，也可作为在职工程造价与建筑管理人员的培训教材或相关工程技术人员的自学用书。本教材在编写过程中参阅了国内同行的多部著作，部分高职高专院校教师提出了很多宝贵意见，在此表示衷心的感谢！

本教材虽经推敲核证，但限于编者的专业水平和实践经验，仍难免有疏漏或不妥之处，恳请广大读者批评指正。

编　者

# 目录
Contents

5

# 第一章 建筑设备安装工程概预算概论

> > > >

**■ 能力目标**

1. 具有对基本建设项目进行划分的能力。
2. 掌握工程概预算编制的基本程序。

**■ 知识目标**

1. 了解基本建设的概念，掌握基本建设项目的分类。
2. 了解工程概预算的概念、意义，掌握工程概预算的用途。
3. 了解投资估算、设计概算、施工图预算、竣工结算的概念及作用。
4. 了解工程概预算的编制依据，掌握其编制程序。

## 第一节　工程基本建设

### 一、安装工程的概念

安装工程是指按安装工程建设施工图纸和施工规范的规定，将各种施工设备放置并固定在特定地方，或将工程原材料加工并安置，装配而形成具有功能价值产品的工作过程。

安装工程所包括的内容广泛，涉及多个不同种类的工程专业。在建设行业中，常见的安装工程有：机械设备安装工程、电气设备安装工程；给水排水、采暖、燃气安装工程；消防及安全防范设备安装工程；通风空调安装工程；工业管道安装工程；热力设备、炉窑砌筑安装工程；刷油、防腐蚀及绝热安装工程等。以上安装工程按建设项目的划分原则，均属单位工程，它们具有单独的施工设计文件，并有独立的施工条件，每一个分项是工程造价计算的完整对象。

### 二、基本建设

#### (一)基本建设的概念

基本建设是指国民经济中的各个部门为了扩大再生产而进行增加固定资产的建设工作，

就是把一定的建筑材料、机械设备等，通过购置、建造、安装等一系列活动转化为固定资产，形成新的生产能力或使用效益的过程。固定资产扩大再生产的新建、扩建、改建、迁建、恢复工程及与此相关的其他工作，如土地征用、房屋拆迁、青苗赔偿、勘察设计、招标投标、工程监理等，也是基本建设的组成部分。因此，基本建设的实质是形成新的固定资产的经济活动。

固定资产是指在社会再生产过程中，可供生产或生活较长时间使用，在使用过程中基本保持原有实物形态的劳动资料或其他物质资料，如建筑物、构筑物、电气设备等。

为了便于管理和核算，凡列为固定资产的劳动资料，一般应同时具备以下两个条件：使用期限在一年以上的；单位价值在规定限额以上的。不同时具备上述两个条件的，应列为低值易耗品。

**(二)基本建设项目的分类**

基本建设由若干个具体基本建设项目(简称建设项目)组成。基本建设项目可从不同角度进行分类。

1. **按建设性质划分**

(1)新建项目。新建项目是指从无到有，"平地起家"，新开始建设的项目，或在原有建设项目基础上规模扩大3倍以上的建设项目。

(2)扩建项目。扩建项目是指为扩大原有产品生产能力(或效益)或增加新的产品生产能力，而在原有建设项目基础上规模扩大3倍以内的建设项目。

(3)改建项目。改建项目是指为提高生产效率，改进产品质量或改变产品方向，对原有设备、工艺流程进行技术改造的项目。

(4)迁建项目。迁建项目是指由于各种原因经上级批准搬迁到另地建设的项目。迁建项目中符合新建、扩建、改建条件的，应分别视为新建、扩建或改建项目。迁建项目不包括留在原址的部分。

(5)恢复项目。恢复项目是指由于自然灾害、战争等原因使原有固定资产全部或部分报废，以后又投资按原有规模重新恢复建设的项目。在恢复的同时进行扩建的项目，应视为扩建项目。

2. **按建设项目资金来源渠道划分**

(1)国家投资项目。国家投资项目是指国家预算计划内直接安排的建设项目。

(2)自筹建设项目。自筹建设项目是指国家预算以外的投资项目，自筹建设项目又分为地方自筹项目和企业自筹项目。

(3)外资项目。外资项目是指由国外资金投资的建设项目。

(4)贷款项目。贷款项目是指通过向银行贷款的建设项目。

3. **按建设过程划分**

(1)生产性项目。生产性项目是指直接用于物质生产或直接为物质生产服务的项目，其主要包括工业项目(含矿业)、建筑业和地区资源勘探事业项目、农林水利项目、运输邮电项目、商业和物资供应项目等。

(2)非生产性项目。非生产性项目是指直接用于满足人们物质和文化生活需要的项目，主要包括住宅、教育、文化、卫生、体育、社会福利、科学试验研究项目、金融保险项目、公用生活服务事业项目、行政机关和社会团体办公用房等项目。

**4. 按建设规模划分**

基本建设项目按项目建设总规模或总投资划分，可分为大型项目、中型项目和小型项目三类。一般来说，会将大型项目和中型项目合称为大中型项目。经营性项目投资额在5 000万元(含5 000万元)以上，非经营性项目投资额在3 000万元(含3 000万元)以上的为大、中型项目，其他项目为小型项目。

新建项目按项目的全部设计规模(能力)或所需投资(总概算)计算；扩建项目按扩建新增的设计能力或扩建所需投资(扩建总概算)计算，不包括扩建原有的生产能力。其中，新建项目的规模是指经批准的可行性研究报告中规定的近期建设的总规模，而不是指远景规划所设想的长远发展规模。明确分期设计、分期建设的，应按分期规模计算。更新改造项目按照投资额，分为限额以上项目和限额以下项目两类。

**5. 按基市建设工程管理和确定工程造价的需要划分**

根据基本建设工程管理和确定工程造价的需要，基本建设项目划分为建设项目、单项工程、单位工程、分部工程和分项工程五个基本层次，如图1-1所示。

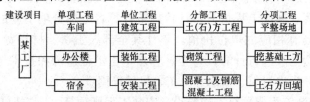

**图1-1　基本建设项目的划分**

(1)建设项目。建设项目是指具有经过有关部门批准的立项文件和设计任务书，经济上实行独立核算，行政上具有独立的组织形式并实行统一管理的工程项目。一般来说，一个建设单位就是一个建设项目，建设项目的名称一般以这个建设单位的名称来命名。例如，某化工厂、某装配厂、某制造厂等工业建设，某农场、某度假村等民用建设均是建设项目，均由项目法人单位实行统一管理。

(2)单项工程。单项工程是指具有独立的设计文件，竣工后可以独立发挥生产能力并能产生经济效益或效能的工程，是建设项目的组成部分。如一个工厂的车间、办公楼、宿舍、食堂等，一个学校的教学楼、办公楼、试验楼、学生公寓等，均属于单项工程。

(3)单位工程。单位工程是工程项目的组成部分。单位工程是指竣工后不能独立发挥生产能力或使用效益，但具有独立的施工图纸和组织施工的工程。如土建工程(包括建筑物、构筑物)、电气安装工程(包括动力、照明等)、工业管道工程(包括蒸汽、压缩空气、燃气等)、暖卫工程(包括采暖、上下水等)、通风工程、电梯工程等。一个单位工程由多个分部工程构成。

(4)分部工程。分部工程是指按工程的工程部位或工种不同进行划分的工程项目。在建筑工程这个单位工程中，其包括土(石)方工程、地基处理与边坡支护工程、桩基工程、砌筑工程、混凝土及钢筋混凝土工程、金属结构工程、木结构工程、门窗工程、屋面及防水工程等多个分部工程。

(5)分项工程。分项工程是指能够单独地经过一定的施工工序完成，并且可以采用适当计量单位计算的建筑或设备安装工程。如混凝土及钢筋混凝土这个分部工程中的带形基础、独立基础、满堂基础、设备基础、矩形柱、异形柱等均属分项工程。分项工程是工程量计算的基本元素，是工程项目划分的基本单位，因此工程量均按分项工程计算。

## 第二节  工程概预算基础

### 一、工程概预算的概念、意义和用途

#### 1. 工程概预算的概念

（1）建设工程概预算。施工单位在开工前，根据已批准的施工图纸和既定的施工方案，按照现行的工程预算定额或工程量清单计价规范计算各分部分项工程的工程量，并在此基础上，逐项套用或计算相应的单位价值，累计其全部人工费、材料费、施工机具使用费；再根据各项费用取费标准进行计算；直至计算出单位工程造价和技术经济指标，进而根据分项工程的工程量分析出材料、苗木、人工、机械等用量。

（2）建筑设备安装工程概预算。建筑设备安装工程概预算，一方面是指在设备安装过程中，根据不同建设阶段设计文件的具体内容和有关定额、指标及取费标准，对可能的消耗进行研究、预算、评估；另一方面则是指对上述研究结果进行编辑、确认，进而形成相关的技术经济文件。

#### 2. 工程概预算的意义

（1）建筑设备安装工程是工程规划方案、施工方案等技术经济评价的基础。建筑设备规划设计和施工方案的确定，通常要进行多方案的比较、筛选。通过预算，获得各个方案的技术经济参数，作为方案优选的重要内容。因此，编制设备安装工程预算是建设管理中进行方案比较、评估、选择的基本工作内容。

（2）建筑设备安装工程预算是企业进行成本核算、定额管理等的重要参照依据。企业参加市场经济运作，制定经济技术政策，参加投标（或接受委托），进行项目施工，制订项目生产计划、年度生产计划，进行技术经济管理，都必须进行预算。

（3）制定技术政策。技术政策是国家在一个时期对某个领域技术发展和经济建设进行宏观管理的重要依据。通过建筑设备安装工程概预算，事先估算出设备施工技术方案的经济效益，能对方案的采用、推广或者限制、修改提供具体的技术经济参数，相关管理部门可据以制定技术政策。

#### 3. 工程概预算的用途

（1）确定建筑设备安装工程造价的重要方法和依据。

（2）进行设备安装项目方案比较、评价、选择的重要基础工作内容。

（3）设计单位对设计方案进行技术经济分析比较的依据。

（4）建设单位与施工单位进行工程招投标的依据，也是双方签订施工合同、办理工程竣

工结算的依据。

(5)施工企业组织生产、编制计划、统计工作量和实物量指标的依据。

(6)控制设备安装投资额、办理拨付设备安装工程款、办理贷款的依据。

(7)设备安装施工企业考核工程成本、进行成本核算或投入/产出效益计算的重要内容和依据。

## 二、工程概预算的种类及作用

根据建设程序进展阶段的不同，造价文件包括投资估算、设计概算、施工图预算、竣工结算等。

### (一)投资估算

投资估算是指在项目建议书和可行性研究阶段，由可研单位或建设单位编制，用于确定建设项目的投资控制额的基本建设造价文件。

### (二)设计概算及其作用

#### 1. 设计概算

设计概算是指建设项目在设计阶段由设计单位根据设计图纸进行计算的，用于确定建设项目概算投资、进行设计方案比较，进一步控制建设项目投资的基本建设造价文件。设计概算由设计院根据设计文件进行编制，是设计文件的组成部分。

设计概算根据施工图纸设计深度的不同，其编制方法也有所不同。设计概算的编制方法根据概算指标编制概算、根据类似工程预算编制概算、根据概算定额编制概算。

在方案设计阶段和修正设计阶段，根据概算指标或类似工程预算编制概算；在施工图设计阶段，可根据概算定额编制概算。

#### 2. 设计概算作用

(1)设计概算是国家确定和控制装饰装修工程基本建设投资的依据。设计概算是初步设计文件的重要组成部分。经上级有关部门审批后，设计概算就成为该项工程建设投资的最高限额，建设过程中不能突破这一限额。

(2)设计概算是编制基本建设计划的依据。国家规定每个建设项目，只有当它的初步设计和概算文件被批准后，才能列入基本建设年度计划中。因此，基本建设年度计划以及基本建设物资供应、劳动力和建筑安装施工等计划，都是以批准的建设项目概算文件所确定的投资总额和其中的建筑安装、设备购置等费用数额以及工程实物量指标为依据编制的。

(3)设计概算是选择最佳设计方案的重要依据。一个建设项目及其单项工程或单位工程设计方案的确定，须建立在几个不同的可行方案的技术经济比较的基础上。另外，设计单位在进行施工图设计与编制施工图预算时，还必须根据批准的总概算，考核施工图的投资是否突破总概算确定的投资总额。

(4)设计概算是实行建设项目投资大包干的依据。建设单位和设备安装企业签订工程合同时，对于施工期限较长的大中型建设项目，应首先根据批准的计划、初步设计和总概算文件确定建设项目的承发包造价，签订施工总承包合同，据以进行施工准备工作。

(5)设计概算是工程拨款、贷款和结算的重要依据。建设银行要以建设预算为依据办理基本建设项目的拨款、贷款和竣工决算。

(6)设计概算是基本建设核算工作的重要依据。基本建设是扩大再生产,增加固定资产的一种经济活动。为了全面反映其计划编制、执行和完成情况,就必须进行核算工作。

### (三)施工图预算及其作用

#### 1. 施工图预算

施工图预算是指在施工图设计完成之后、工程开工之前,根据施工图纸及相关资料编制的,用于确定工程预算造价及工料的基本建设造价文件。由于施工图预算是根据施工图纸及相关资料编制的,其确定的工程造价更接近实际。

施工图预算由建设单位或委托有相应资质的造价咨询机构编制。

#### 2. 施工图预算作用

(1)施工图预算是确定设备安装工程预算造价的依据。设备安装工程施工图预算经有关部门审批后,就正式确定为该工程的预算造价,即计划价格。

(2)施工图预算是签订施工合同和进行工程结算的依据。施工企业根据审定批准的施工图预算,与建设单位签订工程施工合同。工程竣工后,施工企业就以施工图预算为依据向建设单位办理结算。

(3)施工图预算是建设银行拨付价款的依据。建设银行根据审定批准后的施工图预算办理设备安装工程的拨款。

(4)施工图预算是企业编制施工计划的依据。施工企业的施工计划或施工技术财务计划的组成以及它们的相应计划指标体系中部分指标的确定,都必须以施工预算为依据。

(5)施工图预算是企业进行"两算"对比的依据。"两算"是指施工图预算和施工预算。施工企业常常通过"两算"的对比,从中发现矛盾,并及时分析原因予以纠正。

### (四)竣工结算

竣工结算是指建设工程承包商在单位工程竣工后,根据施工合同、设计变更、现场技术签证、费用签证等竣工资料编制的,用于确定工程竣工结算造价的经济文件。竣工结算是工程承包方与发包方办理工程竣工结算的重要依据,主要表现在以下几个方面:

(1)全面反映竣工项目的建设成果和财务情况的总结性文件;

(2)投资管理的重要环节;

(3)竣工验收报告的重要组成部分;

(4)建设单位向使用单位办理交付使用财产的重要依据;

(5)全面考核和分析投资效果的依据;

(6)向投资者报价的依据。

## 三、工程概预算的编制依据和编制程序

### (一)工程概预算的编制依据

工程概预算是一门技术与经济、政策与法规联系紧密的学科。其编制的主要依据如下:

(1)国家和上级主管部门颁发的有关法令、制度、规定。

(2)定额规定在现有生产力水平下,完成单位合格产品所需消耗的人工、材料、机

械台班等数量标准。因此，定额是确定工程造价的重要依据，也是必不可少的测试工具。

（3）设计资料。概预算是由设计单位的技术人员编制的。作为编制人员，应非常熟悉工程结构的设计特点及设计意图，并根据设计资料准确分析、计算工程细目的工程数量，掌握工程类别。因此，编制工程概预算离不开设计资料。工程概预算虽然是一种经济性文件，但不是由财务人员编制的，而是由工程技术人员进行编制。

（4）施工现场资料。编制工程概预算应深入调查、了解施工现场的实际情况；掌握施工方案及工程项目的进度情况，对材料的采集、加工、运输方式等都应进一步调查、核实，因为这些都是编制材料单价必不可少的资料。此外，当地的自然条件，如气温、雨、雪情况及沿线设施等，都是不可缺少的编制依据。

**（二）工程概预算的编制程序**

工程概预算的编制，应在了解设计图纸、掌握施工组织设计或施工技术组织措施并深入现场调查建设地区施工条件的基础上进行。

建筑设备安装工程概预算的编制步骤如下：了解并掌握预算定额的使用范围、具体内容、工程量计算规则和计算方法，应取费用项目、费用标准和计算公式；熟悉施工图及其文字说明；参加技术交底，解决施工图中的疑难问题；熟悉施工方案中的有关内容；确定并准备有关预算定额；确定分部工程项目；列出工程细目；计算工程量；套用预算定额；编制补充单价；计算合计和小计；进行工、料分析；计算应取费用；复核、计算单位工程总造价及单位造价；填写编制说明书并装订签章。

以上编制步骤，前几项是编制工程概预算的准备工作和基础。只有把准备工作做好，才能更好地编制工程预算。其具体编制程序如下：

1. 搜集各种编制依据资料

编制预算前，要搜集齐全的资料有施工图设计图纸、施工组织设计、预算定额、施工管理费和各项取费定额、材料预算价格表、地方预决算材料、预算调价文件和地方有关技术经济资料等。

2. 熟悉施工图纸和施工说明书、参加技术交底、解决疑难问题

设计图纸和施工说明书是编制工程概预算的重要基础资料。它为选择套用定额子目、取定尺寸和计算各项工程量提供重要的依据，因此，在编制预算前，必须对设计图纸和施工说明书进行全面、认真的了解和审查，并参加技术交底，共同解决施工图中的疑难问题。

3. 熟悉施工组织设计和了解现场情况

施工组织设计是由施工单位根据工程特点、施工现场的实际情况等各种有关条件编制的，是编制预算的依据。所以，必须完全熟悉施工组织设计的全部内容，并深入现场了解现场实际情况是否与设计一致，才能准确编制预算。

4. 学习并掌握工程概预算定额及其有关规定

必须熟悉现行预算定额的全部内容，了解和掌握定额子目的工程内容、施工方法、材料规格、质量要求、计量单位、工程量计算规则等，以便能熟练地查找和正确地应用。

5. 确定工程项目并计算工程量

工程项目的划分及工程量的计算，必须根据设计图纸和施工说明书提供的工程构造、

设计尺寸和做法要求，结合施工现场的施工条件，按照预算定额的项目划分、工程量的计算规则和计量单位的规定，对每个分项工程的工程量进行具体计算。它是工程预算编制工作中最繁重、最细致的重要环节，工程量计算的正确与否将直接影响预算的编制质量和进度。

(1)确定工程项目。在熟悉施工图纸及施工组织设计的基础上，要严格按定额的项目确定工程项目，为了防止丢项、漏项的现象发生，在编排项目时，首先将工程分为若干分部工程。

(2)计算工程量。工程量的计算不只是技术计算工作，对工程建设效益分析也具有重要作用。正确地计算工程量，对进行基本建设计划、统计施工作业计划工作、合理安排施工进度、组织劳动力和物资的供应都是不可或缺的，同时，也是进行基本建设财务管理与会计核算的重要依据。在计算工程量时，应注意以下几点：

1)在根据施工图纸和预算定额确定工程项目的基础上，必须严格按照定额规定和工程量计算规则，以施工图所注位置与尺寸为依据进行计算，不能人为地加大或缩小构件尺寸。

2)计算单位必须与定额中的计算单位相一致，才能准确地套用预算定额中的预算单价。

3)取定的建筑尺寸和规格要准确，且便于核对。

4)计算底稿要整齐，数字清晰，数值准确。对数字精确度的要求，工程量算至小数点后两位，钢材、木材及使用贵重材料的项目可算至小数点后三位，余数四舍五入。

5)要按照一定的计算顺序计算，为了便于计算和审核工程量，防止遗漏或重复计算，计算工程量时，除了按照定额项目的顺序进行计算外，也可以采用先外后内或先横后竖等不同的计算顺序。

6)利用基数，连续计算。有些"线"和"面"是计算许多分项工程的基数，在整个工程量计算中，要反复多次地进行运算，可在运算中找出共性因素，再根据预算定额分项工程量的有关规定，找出计算过程中各分项工程量的内在联系，从而快速完成大量的计算工作。

6. 编制工程预算书

(1)确定单位预算价值。填写预算单价时，要严格按照预算定额中的子目及有关规定进行，使用单价要准确，每一分项工程的定额编号、工程项目名称、规格、计量单位、单价均应与定额要求相符。

(2)计算分部分项工程费用。分部分项工程费用是用各分项工程量乘以预算定额工程预算单价而求得的。

(3)计算其他各项费用。分部分项工程费用计算完毕，即可计算人工费、材料费、施工机具使用费、规费、企业管理费、利润、税金等。

(4)计算工程预算总造价。汇总工程人工费、材料费、施工机具使用费、企业管理费、利润、税金等，即可求得工程预算总造价。

(5)校核。工程预算编制完毕后，应由有关人员对预算的各项内容进行逐项全面核对，保证工程预算的准确性。

(6)编写工程预算书的编制说明，填写工程预算书的封面，装订成册。编制说明一般包括以下内容：

1)工程概况。工程编号、工程名称、建设规模等。

2)编制依据。编制预算时所采用的图纸名称、标准图集、材料做法以及设计变更文件；采用的预算定额、材料预算价格及各种费用定额等资料。

3)其他有关说明。在预算表中无法表示且需要用文字做补充说明的内容。

工程预算书封面需要填写的内容有工程编号、工程名称、建设单位名称、施工单位名称、建设规模、工程预算造价、编制单位及日期等。

### 7. 工料分析

工料分析是在编制预算时，根据分部分项工程项目的数量和相应定额中的项目所列的用工及用料的数量，算出各工程项目所需的人工及用料数量，然后进行统计汇总，计算出整个工程的工料所需数量。

### 8. 复核、签章及审批

工程预算编制出来后，由本企业的有关人员对所编制预算的主要内容及计算情况进行一次全面检查核对，以便及时发现可能出现的差错并纠正，审核无误后，按规定上报，经上级机关批准后，再送交建设单位和建设银行审批。

## 本章小结

本章主要介绍基本建设与工程概预算的概念以及工程概预算的编制依据和编制程序。通过本章的学习，学生应了解工程基本建设的划分，掌握工程概预算的编制程序。

## 思考与练习

### 一、填空题

1. 基本建设是指国民经济中的各个部门为了扩大再生产而进行的增加固定资产的建设工作，即把一定的建筑材料、机械设备等，通过购置、建造、安装等一系列活动，转化为_____，形成新的生产能力或使用效益的过程。

2. 基本建设项目按建设性质，划分为_____、_____、_____、_____、_____。

3. 根据基本建设工程管理和确定工程造价的需要，基本建设项目划分为_____、_____、_____、_____和_____五个基本层次。

4. _____是指在项目建议书和可行性研究阶段，由可研单位或建设单位编制，用于确定建设项目的投资控制额的基本建设造价文件。

5. 施工图预算由_____或_____编制。

### 二、多项选择题

1. 基本建设项目按建设项目资金来源渠道划分为（　　）。

 A. 国家投资项目       B. 自筹建设项目

 C. 外资项目         D. 贷款项目

2. 根据建设程序进展阶段的不同，造价文件包括(　　)。

    A. 投资估算　　　　B. 设计概算　　　　C. 施工图预算　　　　D. 竣工结算

3. 设计概算的编制方法有(　　)。

    A. 根据概算指标编制概算　　　　　　　　B. 根据施工图预算编制概算

    C. 根据类似工程预算编制概算　　　　　　D. 根据概算定额编制概算

### 三、简答题

1. 什么是安装工程？

2. 什么是建设工程概预算？什么是建筑设备安装工程概预算？

3. 工程概预算的意义有哪些？其用途有哪些？

4. 施工图预算的作用有哪些？

5. 工程概预算的编制依据有哪些？

6. 简述工程概预算的编制程序。

# 第二章 建筑安装工程造价构成

## 第一节 工程造价的概念及特点

### 一、工程造价的概念

工程造价是指进行一个工程项目的建造所需要花费的全部费用，即从工程项目确定建设意向直至建成、竣工验收为止的整个建设期间所支出的总费用，这是保证工程项目建造正常进行的必要资金，是建设项目投资中最主要的部分。工程造价主要由工程费用和工程其他费用组成。

工程造价就是工程的建造价格。工程泛指一切建设工程，它的范围和内涵具有很大的不确定性。工程造价有如下两种含义：

(1)工程造价是指建设一项工程预期开支或实际开支的全部固定资产投资费用。显然，这一含义是从投资者——业主的角度来定义的。投资者选定一个投资项目，为了获得预期的效益，就要通过项目评估进行决策，然后进行设计招标、工程招标，直至竣工验收等一系列投资管理活动。在投资活动中所支付的全部费用形成了固定资产和无形资产。所有这些开支就构成了工程造价。从这个意义上说，工程造价就是工程投资费用，建设项目工程造价就是建设项目固定资产投资。

(2)工程造价是指工程价格，即为建成一项工程，预计或实际在土地市场、设备市场、技术劳务市场，以及承包市场等交易活动中所形成的建筑安装工程的价格和建设工程总价格。显然，工程造价的这一含义是以社会主义商品经济和市场经济为前提的。它是以工程这种特定的商品形式作为交易对象，通过招投标或其他交易方式，在进行多次预估的基础上，最终由市场形成的价格。

通常，人们将工程造价的第二种含义认定为工程承发包价格。应该肯定，承发包价格是工程造价中一种重要也是最典型的价格形式。它是在建筑市场通过招投标，由需求主体——投资者和供给主体——承包商共同认可的价格。鉴于建筑安装工程价格在项目固定资产中占有50％～60％的份额，又是工程建设中最活跃的部分；鉴于建筑企业是建设工程的实施者，占有重要的市场主体地位，工程承发包价格被界定为工程造价的第二种含义，很有现实意义。但是，这样界定对工程造价的含义理解较狭窄。

所谓工程造价的两种含义，是从不同角度把握同一事物的本质。对建设工程的投资者来说，面对市场经济条件下的工程造价就是项目投资，是"购买"项目要付出的价格。同时，也是投资者在作为市场供给主体"出售"项目时定价的基础。对于承包商、供应商和规划、设计等机构来说，工程造价是他们作为市场供给主体出售商品和劳务的价格的总和，或是特指范围的工程造价，如建筑安装工程造价。

工程造价的两种含义是对客观存在的概括。它们既共生于一个统一体，又相互区别。最主要的区别在于需求主体和供给主体在市场追求中的经济利益不同，因而管理性质和管理目标不同。从管理性质看，前者属于投资管理范畴，后者属于价格管理范畴。但两者又互相交叉。从管理目标看，作为项目投资或投资费用，投资者在进行项目决策和项目实施中，首先追求的是决策的正确性。投资是一种为实现预期收益而垫付资金的经济行为，项目决策是其重要的一环。项目决策中投资数额的大小、功能和价格（成本）比是投资决策最重要的依据。其次，在项目实施中完善项目功能、提高工程质量、降低投资费用、按期或提前交付使用，是投资者始终关注的问题。因此，降低工程造价是投资者始终如一的追求。作为工程价格，承包商所关注的是高额利润，为此，他们追求的是较高的工程造价。不同的管理目标反映他们不同的经济利益，但他们都要受那些支配价格运动的经济规律的影响和调节。他们之间的矛盾是市场的竞争机制和利益风险机制的必然反映。

区别工程造价的两种含义，其理论意义在于为投资者和以承包商为代表的供应商的市场行为提供理论依据。当政府提出降低工程造价时，是站在投资者的角度充当市场需求主体的角色；当承包商提出要提高工程造价和提高利润率，并获得更多的实际利润时，他们是要实现一个市场供给主体的管理目标。这是市场运行机制的必然结果。不同的利益主体绝不能混为一谈。同时，两种含义也是对单一计划经济理论的一个否定和反思。

## 二、工程造价的特点

### 1. 大额性

能够发挥投资效用的任一项工程，不仅实物形体庞大，而且造价高昂。动辄数百万元、数千万元、数亿元乃至十几亿元，特大型工程项目的造价可达百亿元、千亿元人民币。工程造价的大额性使其关系到有关各方面的重大经济利益，同时，也会对宏观经济产生重大影响。这就决定了工程造价的特殊地位，也说明了造价管理的重要意义。

### 2. 个别性及差异性

任何一项工程都有特定的用途、功能、规模。因此，对每一项工程的结构、造型、空间分割、设备配置和内外装饰都有具体的要求，因而使工程内容和实物形态都具有个别性和差异性。产品的差异性决定了工程造价的个别性差异。同时，每项工程所处地区、地段都不相同，使这一特点得到了强化。

### 3. 动态性

任何一项工程从决策到竣工交付使用，都有一个较长的建设期，而且由于不可控因素的影响，在预计工期内，存在许多影响工程造价的动态因素，如工程变更、设备材料价格、工资标准，以及费率、利率、汇率会发生变化，这种变化必然会影响到造价的变动。所以，工程造价在整个建设期中处于不确定状态，直至竣工决算后，才能最终确定工程的实际造价。

### 4. 层次性

造价的层次性取决于工程的层次性。一个建设项目往往含有多个能够独立发挥设计效能的单项工程（车间、写字楼、住宅楼等）。一个单项工程又是由能够各自发挥专业效能的多个单位工程（土建工程、电气安装工程等）组成。与此相适应，工程造价有建设项目总造价、单项工程造价和单位工程造价 3 个层次。如果专业分工更细，单位工程（如土建工程）的组成部分——分部分项工程也可以成为交换对象，如大型土（石）方工程、基础工程、装饰工程等，这样工程造价的层次就增加分部工程和分项工程而成为 5 个层次。即使从造价的计算和工程管理的角度看，工程造价的层次性也是非常突出的。

### 5. 兼容性

工程造价的兼容性首先表现在其具有两种含义；其次表现在工程造价构成因素的广泛性和复杂性。在工程造价中，成本因素非常复杂，其中获得建设工程用地支出的费用、项目可行性研究和规划设计费用、与政府一定时期政策（特别是产业政策和税收政策）相关的费用占有相当的份额。另外，盈利的构成也较为复杂，资金成本较大。

## 第二节　工程造价的组成

建设项目投资含固定资产投资和流动资产投资两个部分，建设项目总投资中的固定资产投资与建设项目的工程造价在量上相等。工程造价的构成按工程项目建设过程中各类费用支出或花费的性质、途径等来确定，工程造价基本构成中，包括用于购买工程项目所含各种设备的费用、用于建筑施工和安装施工所需支出的费用、用于委托工程勘察设计应支付的费用、用于购置土地所需的费用，同时，也包括用于建设单位自身进行项目筹建和项目管理所花费的费用等。总之，工程造价是工程项目按照确定的建设内容、建设规模、建设标准、功能要求、使用要求等全部建成并验收合格交付使用所需的全部费用。

我国现行工程造价的组成主要划分为设备及工具、器具购置费用，建筑安装工程费用，工程建设其他费用，预备费，建设期贷款利息，固定资产投资方向调节税等。其具体构成内容如图2-1所示。

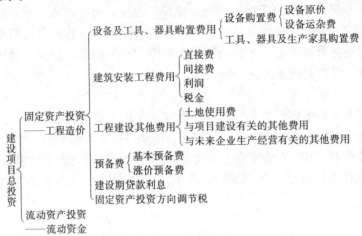

**图 2-1　现行工程造价的组成**

## 一、设备购置费的组成及计算

设备购置费是指达到固定资产标准，为建设工程项目购置或自制的各种国产或进口设备的费用。它由设备原价和设备运杂费构成，即

$$设备购置费＝设备原价＋设备运杂费$$

式中，设备原价是指国产设备或进口设备的原价；设备运杂费是指除设备原价之外，关于设备采购、运输、途中包装及仓库保管等方向支出费用的总和。

1. 国产设备原价的构成及计算

国产设备原价一般指的是设备制造厂的交货价或订货合同价。它一般根据生产厂或供应商的询价、报价、合同价确定，或采用一定的方法计算确定。国产设备原价分为国产标准设备原价和国产非标准设备原价。

(1)国产标准设备原价。国产标准设备是指按照主管部门颁布的标准图纸和技术要求，由设备生产厂家批量生产的，符合国家质量检验标准的设备。国产标准设备原价一般指的是设备制造厂的交货价，即出厂价。如设备是由设备公司成套供应，则以订货合同价为设备原价。有的设备有两种出厂价，即带有备件的出厂价和不带有备件的出厂价。在计算设备原价时，一般按带有备件的出厂价计算。

(2)国产非标准设备原价。国产非标准设备是指国家尚无定型标准，各设备生产厂家不可能在工艺过程中采用批量生产，只能按一次订货，并根据具体的设计图纸制造的设备。国产非标准设备原价有多种不同的计算方法，如成本计算估价法、系列设备插入估价法、分部组合估价法、定额估价法等，但无论采用哪种方法，都应该使非标准设备计价接近实际出厂价，并且计算方法要简便。按成本计算估价法，国产非标准设备原价的组成如下：

1)材料费。其计算公式如下：

$$材料费=材料净重×(1+加工损耗系数)×每吨材料综合价$$

2)加工费。加工费包括生产工人工资和工资附加费、燃料动力费、设备折旧费、车间经费等。其计算公式如下：

$$加工费=设备总质量(t)×设备每吨加工费$$

3)辅助材料费(简称辅材费)。辅助材料费包括焊条、焊丝、氧气、氩气、氮气、油漆、电石等费用。其计算公式如下：

$$辅助材料费=设备总质量×辅助材料费指标$$

4)专用工具费。按1)～3)项之和乘以一定百分比计算。

5)废品损失费。按1)～4)项之和乘以一定百分比计算。

6)外购配套件费。按设备设计图纸所列的外购配套件的名称、型号、规格、数量、质量，根据相应的价格加运杂费计算。

7)包装费。按1)～6)项之和乘以一定百分比计算。

8)利润。可按1)～5)项加7)项之和乘以一定利润率计算。

9)税金。税金主要是指增值税。其计算公式如下：

$$增值税=当期销项税额－进项税额$$

式中，当期销项税额为销售额乘以适用增值税税率，销售额为1)～8)项之和。

10)非标准设备设计费。按国家规定的设计费收费标准计算。

综上所述，单台国产非标准设备原价可按下式计算：

$$单台国产非标准设备原价=\{[(材料费+加工费+辅助材料费)×(1+专用工具费费率)×$$
$$(1+废品损失费费率)+外购配套件费]×(1+包装费费率)$$
$$－外购配套件费\}×(1+利润率)+税金+国产非标准设备$$
$$设计费+外购配套件费$$

**2. 进口设备原价的构成及计算**

进口设备的原价是指进口设备的抵岸价，即抵达买方边境港口或边境车站，且交完关税等税费后形成的价格。进口设备抵岸价的构成与进口设备的交货方式有关。

(1)进口设备的交货类别。进口设备的交货类别可分为内陆交货类、目的地交货类和装运港交货类(见表2-1)。

表2-1　进口设备的交货类别

| 序号 | 交货类别 | 说明 |
|---|---|---|
| 1 | 内陆交货类 | 内陆交货类即卖方在出口国内陆的某个地点交货。在交货地点，卖方及时提交合同规定的货物和有关凭证，并负担交货前的一切费用和风险；买方按时接收货物，交付货款，负担接货后的一切费用和风险，并自行办理出口手续和装运出口。货物的所有权也在交货后由卖方转移给买方 |

| 序号 | 交货类别 | 说明 |
|------|----------|------|
| 2 | 目的地交货类 | 目的地交货类即卖方在进口国的港口或内地交货，包括目的港船上交货价、目的港船边交货价(FOS)和目的港码头交货价(关税已付)及完税后交货价(进口国的指定地点)等。它们的特点是，买卖双方承担的责任、费用和风险是以目的地约定交货点为分界线，只有当卖方在交货点将货物置于买方控制下才算交货，才能向买方收取货款。这种交货类别对卖方来说承担的风险较大，在国际贸易中卖方一般不愿采用 |
| 3 | 装运港交货类 | 装运港交货类即卖方在出口国装运港交货，主要有装运港船上交货价(FOB)(习惯称离岸价格)，运费在内价(C&F)和运费、保险费在内价(CIF)(习惯称到岸价格)。它们的特点是，卖方按照约定的时间在装运港交货，只要卖方把合同规定的货物装船后提供货运单据，便完成交货任务，可凭单据收回货款。<br>装运港船上交货价(FOB)是我国进口设备采用最多的一种货价。采用装运港船上交货价时，卖方的责任是，在规定的期限内，负责在合同规定的装运港口将货物装上买方指定的船只，并及时通知买方；负担货物装船前的一切费用和风险，负责办理出口手续；提供出口国政府或有关方面签发的证件；负责提供有关装运单据。买方的责任是，负责租船或订舱，支付运费，并将船期、船名通知卖方；负担货物装船后的一切费用和风险；负责办理保险及支付保险费，办理在目的港的进口和收货手续；接收卖方提供的有关装运单据，并按合同规定支付货款 |

(2)进口设备原价的构成及计算。进口设备采用最多的是装运港船上交货价(FOB)，其抵岸价的构成可概括为如下计算公式：

进口设备原价＝货价＋国际运费＋运输保险费＋银行财务费＋外贸手续费＋关税＋增值税＋消费税＋海关监管手续费＋车辆购置附加费

1)货价。它一般是指装运港船上交货价(FOB)。设备货价分为原币货价和人民币货价，原币货价一律折算为美元表示，人民币货价按原币货价乘以外汇市场美元兑换人民币中间价确定。进口设备货价按有关生产厂商询价、报价、订货合同价计算。

2)国际运费。国际运费即从装运港(站)到达我国抵达港(站)的运费。我国进口设备大部分采用海洋运输，小部分采用铁路运输，个别采用航空运输。进口设备国际运费计算公式如下：

国际运费(海、陆、空)＝原币货价(FOB)×运费费率或国际运费(海、陆、空)

＝运量×单位运价

式中，运费费率或单位运价参照有关部门或进出口公司的规定执行。

3)运输保险费。对外贸易货物运输保险是由保险人(保险公司)与被保险人(出口人或进口人)订立保险契约，在被保险人交付议定的保险费后，保险人根据保险契约的规定对货物在运输过程中发生的承保责任范围内的损失给予经济上的补偿。这是一种财产保险。其计算公式如下：

$$运输保险费＝\frac{原币货价(FOB)＋国外运费}{1－保险费费率}×保险费费率$$

4)外贸手续费。它是指按对外经济贸易部规定的外贸手续费费率计取的费用，外贸手续费费率一般取1.5%。其计算公式如下：

外贸手续费＝[装运港船上交货价(FOB)＋国际运费＋运输保险费]×外贸手续费费率

5)关税。关税是由海关对进出国境或关境的货物和物品征收的一种税。其计算公式如下：

关税＝到岸价格(CIF)×进口关税税率

式中，到岸价格(CIF)包括离岸价格(FOB)、国际运费、运输保险费等，可作为关税完税价格。进口关税税率按我国海关总署发布的进口关税税率计算。

6)增值税。它是对从事进口贸易的单位和个人，在进口商品报关进口后征收的税种。我国增值税条例规定，进口应税产品均按组成计税价格和增值税税率直接计算应纳税额，即

$$进口产品增值税额＝组成计税价格×增值税税率$$

$$组成计税价格＝关税完税价格＋关税＋消费税$$

式中，增值税税率根据规定的税率计算。

7)消费税。它对部分进口设备(如轿车、摩托车等)征收，一般计算公式如下：

$$应纳消费税税额＝\frac{到岸价＋关税}{1-消费税税率}×消费税税率$$

8)海关监管手续费。它是指海关对进口减税、免税、保税货物实施监督、管理、提供服务的手续费。对于全额征收进口关税的货物，不计本项费用。其计算公式如下：

$$海关监管手续费＝到岸价×海关监管手续费费率$$

9)车辆购置附加费。进口车辆需缴纳进口车辆购置附加费。其计算公式如下：

$$进口车辆购置附加费＝(到岸价＋关税＋消费税＋增值税)×进口车辆购置附加费费率$$

3. 设备运杂费的构成及计算

设备运杂费按设备原价乘以设备运杂费费率计算，即

$$设备运杂费＝设备原价×设备运杂费费率$$

式中，设备运杂费费率按各部门及省、市等的规定计取。

设备运杂费通常由下列各项构成：

(1)国产标准设备由设备制造厂交货地点起至工地仓库(或施工组织设计指定的需要安装设备的堆放地点)止所发生的运费和装卸费。

进口设备则由我国到岸港口、边境车站起至工地仓库(或施工组织设计指定的需要安装设备的堆放地点)止所发生的运费和装卸费。

(2)在设备出厂价格中没有包含的设备包装和包装材料器具费。在设备出厂价格或进口设备价格中，如已包括了此项费用，则不应重复计算。

(3)供销部门的手续费，按有关部门规定的统一费率计算。

(4)建设单位(或工程承包公司)的采购与仓库保管费，是指采购、验收、保管和收发设备所发生的各种费用，包括设备采购、保管和管理人员工资、工资附加费、办公费、差旅交通费、设备供应部门办公和仓库所占固定资产使用费、工具用具使用费、劳动保护费、检验试验费等。这些费用可按主管部门规定的采购及保管费费率计算。

一般来讲，沿海和交通便利的地区，设备运杂费费率相对低一些；内地和交通不便利的地区就要相对高一些；边远省份则要更高一些。对于非标准设备来讲，应尽量就近委托设备制造厂生产，以大幅度降低设备运杂费。进口设备由于原价较高，国内运距较短，因而设备运杂费比率应适当降低。

## 二、工具、器具及生产家具购置费的构成及计算

工具、器具及生产家具购置费是指新建或扩建项目初步设计规定的，保证初期正常生

产必须购置的没有达到固定资产标准的设备、仪器、工卡模具、器具、生产家具和备品备件等的购置费用。一般以设备购置费为计算基数，按照部门或行业规定的工具、器具及生产家具费率计算。其计算公式如下：

工具、器具及生产家具购置费＝设备购置费×定额费率

## 第四节　建筑安装工程费用的构成与计算

### 一、建筑安装工程费用按费用构成要素划分

建筑安装工程费用按照费用构成要素划分为人工费、材料（包含工程设备，下同）费、施工机具使用费、企业管理费、利润、规费和税金。其中，除规费和税金外，其他费用均包含在分部分项工程费、措施项目费、其他项目费中，如图2-2所示。

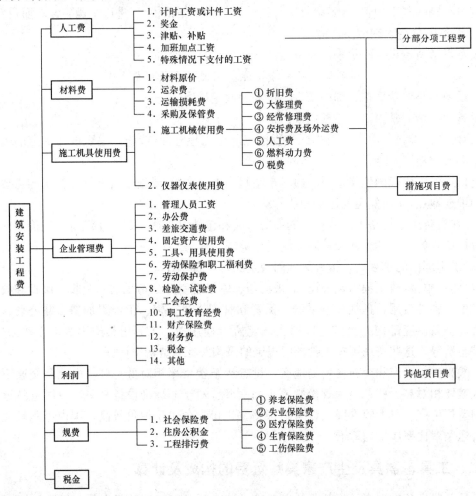

图 2-2　建筑安装工程费用按照费用构成要素划分

18

## (一)人工费

### 1. 人工费组成

人工费是指按工资总额构成规定,支付给从事建筑安装工程施工的生产工人和附属生产单位工人的各项费用。其内容包括以下几个方面:

(1)计时工资或计件工资。它是指按计时工资标准和工作时间或对已做工作按计件单价支付给个人的劳动报酬。

(2)奖金。它是指对超额劳动和增收节支支付给个人的劳动报酬。如节约奖金、劳动竞赛奖金等。

(3)津贴、补贴。它是指为了补偿职工特殊或额外的劳动消耗和因其他特殊原因支付给个人的津贴,以及为了保证职工工资水平不受物价影响支付给个人的物价补贴。如流动施工津贴、特殊地区施工津贴、高温(寒)作业临时津贴、高空津贴等。

(4)加班加点工资。它是指按规定支付的在法定节假日工作的加班工资和在法定日工作时间外延时工作的加点工资。

(5)特殊情况下支付的工资。它是指根据国家法律、法规和政策规定,因病、工伤、产假、计划生育假、婚丧假、事假、探亲假、定期休假、停工学习、执行国家或社会义务等原因按计时工资标准或计时工资标准的一定比例支付的工资。

### 2. 人工费计算

(1)人工费计算方法一:

$$人工费 = \sum(工日消耗量 \times 日工资单价)$$

$$日工资单价 = [生产工人平均月工资(计时、计件) + 平均月(奖金 + 津贴补贴 + 特殊情况下支付的工资)] \div 年平均每月法定工作日$$

该方法适用于施工企业投标报价时自主确定人工费,也是工程造价管理机构编制计价定额确定定额人工单价或发布人工成本信息的参考依据。

(2)人工费计算方法二:

$$人工费 = \sum(工程工日消耗量 \times 日工资单价)$$

该方法适用于工程造价管理机构编制计价定额时确定定额人工费,是施工企业投标报价的参考依据。

日工资单价是指施工企业平均技术熟练程度的生产工人在每个工作日(国家法定工作时间内)按规定从事施工作业应得的日工资总额。

工程造价管理机构确定日工资单价应通过市场调查,根据工程项目的技术要求,参考实物工程量人工单价综合分析确定,最低日工资单价不得低于工程所在地人力资源和社会保障部门所发布的最低工资标准的:普工1.3倍、一般技工2倍、高级技工3倍。

工程计价定额不可只列一个综合工日单价,应根据工程项目技术要求和工种差别适当划分多种日人工单价,确保各分部工程人工费的合理构成。

## (二)材料费

### 1. 材料费组成

材料费是指施工过程中耗费的原材料、辅助材料、构配件、零件、半成品或成品、工程设备的费用。其内容包括以下几个方面:

(1)材料原价。它是指材料、工程设备的出厂价格或商家供应价格。

(2)运杂费。它是指材料、工程设备自来源地运至工地仓库或指定堆放地点所发生的全部费用。

(3)运输损耗费。它是指材料在运输装卸过程中不可避免的损耗。

(4)采购及保管费。它是指为组织采购、供应和保管材料、工程设备的过程中所需要的各项费用,包括采购费、仓储费、工地保管费、仓储损耗。

工程设备是指构成或计划构成永久工程一部分的机电设备、金属结构设备、仪器装置及其他类似的设备和装置。

**2. 材料费计算**

(1)材料费。计算公式如下:

$$材料费 = \sum(材料消耗量 \times 材料单价)$$

$$材料单价 = \{(材料原价 + 运杂费) \times [1 + 运输损耗率(\%)]\} \times [1 + 采购及保管费费率(\%)]$$

(2)工程设备费。计算公式如下:

$$工程设备费 = \sum(工程设备量 \times 工程设备单价)$$

$$工程设备单价 = (设备原价 + 运杂费) \times [1 + 采购及保管费费率(\%)]$$

## (三)施工机具使用费

**1. 施工机具使用费组成**

施工机具使用费是指施工作业所发生的施工机械、仪器仪表使用费或其租赁费。

(1)施工机械使用费。施工机械使用费是以施工机械台班耗用量乘以施工机械台班单价表示,施工机械台班单价应由下列七项费用组成:

1)折旧费。它是指施工机械在规定的使用年限内,陆续收回其原值的费用。

2)大修理费。它是指施工机械按规定的大修理间隔台班进行必要的大修理,以恢复其正常功能所需的费用。

3)经常修理费。它是指施工机械除大修理以外的各级保养和临时故障排除所需的费用,包括为保障机械正常运转所需替换设备与随机配备工具附具的摊销和维护费用,机械运转中日常保养所需润滑与擦拭的材料费用及机械停滞期间的维护和保养费用等。

4)安拆费及场外运费。安拆费是指施工机械(大型机械除外)在现场进行安装与拆卸所需的人工、材料、机械和试运转费用以及机械辅助设施的折旧、搭设、拆除等费用;场外运费是指施工机械整体或分体自停放地点运至施工现场或由一施工地点运至另一施工地点的运输、装卸、辅助材料及架线等费用。

5)人工费。它是指机上司机(司炉)和其他操作人员的人工费。

6)燃料动力费。它是指施工机械在运转作业中所消耗的各种燃料及水、电等费用。

7)税费。它是指施工机械按照国家规定应缴纳的车船使用税、保险费及年检费等。

(2)仪器仪表使用费。它是指工程施工所需使用的仪器仪表的摊销及维修费用。

**2. 施工机具使用费计算**

(1)施工机械使用费。计算公式如下:

$$施工机械使用费 = \sum(施工机械台班消耗量 \times 机械台班单价)$$

$$机械台班单价 = 台班折旧费 + 台班大修费 + 台班经常修理费 + 台班安拆费及场外运费 +$$
$$台班人工费 + 台班燃料动力费 + 台班车船税费$$

工程造价管理机构在确定计价定额中的施工机械使用费时，应根据建筑施工机械台班费用计算规则结合市场调查编制施工机械台班单价。施工企业可以参考工程造价管理机构发布的台班单价，自主确定施工机械使用费的报价，如租赁施工机械，计算公式如下：

$$施工机械使用费 = \sum(施工机械台班消耗量 \times 机械台班租赁单价)$$

(2)仪器仪表使用费。计算公式如下：

$$仪器仪表使用费＝工程使用的仪器仪表摊销费＋维修费$$

**（四）企业管理费**

**1. 企业管理费组成**

企业管理费是指建筑安装企业组织施工生产和经营管理所需的费用。其内容包括以下几个方面：

(1)管理人员工资。它是指按规定支付给管理人员的计时工资，奖金，津贴、补贴，加班加点工资及特殊情况下支付的工资等。

(2)办公费。它是指企业管理办公使用的文具、纸张、账表、印刷、邮电、书报、办公软件、现场监控、会议、水电、烧水和集体取暖降温(包括现场临时宿舍取暖降温)等费用。

(3)差旅交通费。它是指职工因公出差、调动工作的差旅费、住勤补助费，市内交通费和误餐补助费，职工探亲路费，劳动力招募费，职工退休、退职一次性路费，工伤人员就医路费，工地转移费以及管理部门使用的交通工具的油料、燃料等费用。

(4)固定资产使用费。它是指管理和试验部门及附属生产单位使用的属于固定资产的房屋、设备、仪器等的折旧、大修、维修或租赁费。

(5)工具、用具使用费。它是指企业施工生产和管理使用的不属于固定资产的工具、器具、家具、交通工具和检验、试验、测绘、消防用具等的购置、维修和摊销费。

(6)劳动保险和职工福利费。它是指由企业支付的职工退职金、按规定支付给离休干部的经费、集体福利费、夏季防暑降温补贴、冬季取暖补贴、上下班交通补贴等。

(7)劳动保护费。它是指企业按规定发放的劳动保护用品的支出。如工作服、手套、防暑降温饮料以及在有碍身体健康的环境中施工的保健费用等。

(8)检验、试验费。它是指施工企业按照有关标准规定，对建筑以及材料、构件和建筑安装物进行一般鉴定、检查所发生的费用，包括自设试验室进行试验所耗用的材料等费用。不包括新结构、新材料的试验费，对构件做破坏性试验及其他特殊要求检验试验的费用和建设单位委托检测机构进行检测的费用，对此类检测发生的费用，由建设单位在工程建设其他费用中列支。但对施工企业提供的具有合格证明的材料进行检测不合格的，该检测费用由施工企业支付。

(9)工会经费。它是指企业按《中华人民共和国工会法》规定的全部职工工资总额比例计提的工会经费。

(10)职工教育经费。它是指按职工工资总额的规定比例计提，企业为职工进行专业技术和职业技能培训，专业技术人员继续教育、职工职业技能鉴定、职业资格认定以及根据需要对职工进行各类文化教育所发生的费用。

(11)财产保险费。它是指施工管理用财产、车辆等的保险费用。

(12)财务费。它是指企业为施工生产筹集资金或提供预付款担保、履约担保、职工工资支付担保等所发生的各种费用。

(13)税金。它是指企业按规定缴纳的房产税、车船使用税、土地使用税、印花税等。

应注意的是：营改增方案实施后，城市维护建设税、教育费附加、地方教育附加的计算基数均为应纳增值税额（即销项税额－进项税额），但由于在工程造价的前期预测时，无法明确可抵扣的进项税额的具体数额，造成此三项附加税无法计算。因此，根据关于印发《增值税会计处理规定》的通知（财会〔2016〕22号）等均作为"税金及附加"，在管理费中核算。

(14)其他。其他包括技术转让费、技术开发费、投标费、业务招待费、绿化费、广告费、公证费、法律顾问费、审计费、咨询费、保险费等。

2. 企业管理费费率

(1)以分部分项工程费为计算基础。计算公式如下：

$$企业管理费费率(\%)=\frac{生产工人年平均管理费}{年有效施工天数×人工单价}×人工费占分部分项工程费比例(\%)$$

(2)以人工费和机械费合计为计算基础。

计算公式如下：企业管理费费率(%)=

$$\frac{生产工人年平均管理费}{年有效施工天数×(人工单价＋每一工日机械使用费)}×100\%$$

(3)以人工费为计算基础。

计算公式如下：$$企业管理费费率(\%)=\frac{生产工人年平均管理费}{年有效施工天数×人工单价}×100\%$$

上述公式适用于施工企业投标报价时自主确定管理费，是工程造价管理机构编制计价定额确定企业管理费的参考依据。

工程造价管理机构在确定计价定额中企业管理费时，应以定额人工费（或定额人工费＋定额机械费）作为计算基数，其费率根据历年工程造价积累的资料，辅以调查数据确定，列入分部分项工程和措施项目中。

## (五)利润

利润是指施工企业完成所承包工程获得的盈利。施工企业根据企业自身需求并结合建筑市场实际自主确定，列入报价中。

工程造价管理机构在确定计价定额中利润时，应以定额人工费（或定额人工费＋定额机械费）作为计算基数，其费率根据历年工程造价积累的资料，并结合建筑市场实际确定，以单位(单项)工程测算，利润在税前建筑安装工程费的比重可按不低于5%且不高于7%的费率计算。利润应列入分部分项工程和措施项目中。

## (六)规费

1. 规费组成

规费是指按国家法律、法规规定，由省级政府和省级有关权力部门规定必须缴纳或计取的费用。其内容包括以下几个方面：

(1)社会保险费。

1)养老保险费。它是指企业按照规定标准为职工缴纳的基本养老保险费。

2)失业保险费。它是指企业按照规定标准为职工缴纳的失业保险费。

3)医疗保险费。它是指企业按照规定标准为职工缴纳的基本医疗保险费。

4)生育保险费。它是指企业按照规定标准为职工缴纳的生育保险费。

5)工伤保险费。它是指企业按照规定标准为职工缴纳的工伤保险费。

(2)住房公积金。它是指企业按照规定标准为职工缴纳的住房公积金。

(3)工程排污费。它是指企业按照规定缴纳的施工现场工程排污费。

其他应列而未列入的规费，按实际发生计取。

2. 规费计算

(1)社会保险费和住房公积金。社会保险费和住房公积金应以定额人工费为计算基础，根据工程所在的省、自治区、直辖市或行业建设主管部门规定费率计算。

$$社会保险费和住房公积金 = \sum (工程定额人工费 \times 社会保险费和住房公积金费率)$$

式中，社会保险费和住房公积金费率可以每万元发承包价的生产工人人工费和管理人员工资含量与工程所在地规定的缴纳标准综合分析取定。

(2)工程排污费。工程排污费等其他应列而未列入的规费应按工程所在地环境保护等部门规定的标准缴纳，如实计取列入。

## (七)税金

建筑安装工程费用中的税金是指按照国家税法规定的应计入建筑安装工程造价内的增值税额，按税前造价乘以增值税税率确定。

(1)采用一般计税方法时增值税的计算。

当采用一般计税方法时，建筑业增值税税率为11%。其计算公式为

$$增值税 = 税前造价 \times 11\%$$

税前造价为人工费、材料费、施工机具使用费、企业管理费、利润和规费之和，各费用项目均以不包含增值税可抵扣进项税额的价格计算。

(2)采用简易计税方法时增值税的计算。

1)简易计税的适用范围。根据《营业税改征增值税试点实施办法》以及《营业税改征增值税试点有关事项的规定》的规定，简易计税方法主要适用于以下几种情况：

①小规模纳税人发生应税行为适用简易计税方法计税。小规模纳税人通常是指纳税人提供建筑服务的年应征增值税销售额未超过500万元，并且会计核算不健全，不能按规定报送有关税务资料的增值税纳税人。年应税销售额超过500万元，但不经常发生应税行为的单位，也可选择按照小规模纳税人计税。

②一般纳税人以清包工方式提供的建筑服务，可以选择适用简易计税方法计税。以清包工方式提供建筑服务，是指施工方不采购建筑工程所需的材料或只采购辅助材料，并收取人工费、管理费或者其他费用的建筑服务。

③一般纳税人为甲供工程提供的建筑服务，就可以选择适用简易计税方法计税。甲供工程是指全部或部分设备、材料、动力由工程发包方自行采购的建筑工程。

④一般纳税人为建筑工程老项目提供的建筑服务，可以选择适用简易计税方法计税。建筑工程老项目：《建筑工程施工许可证》注明的合同开工日期在2016年4月30日前的建筑工程项目；未取得《建筑工程施工许可证》的，建筑工程承包合同注明的开工日期在2016年4月30日前的建筑工程项目。

2)简易计税的计算方法。当采用简易计税方法时，建筑业增值税税率为3%，其计算公式为

$$增值税 = 税前造价 \times 3\%$$

税前造价为人工费、材料费、施工机具使用费、企业管理费、利润和规费之和，各费用项目均以包含增值税进项税额的含税价格计算。

## 二、建筑安装工程费用按工程造价形成划分

建筑安装工程费用按照工程造价形成划分为分部分项工程费、措施项目费、其他项目费、规费、税金。其中，分部分项工程费、措施项目费、其他项目费包含人工费、材料费、施工机具使用费、企业管理费和利润，如图 2-3 所示。

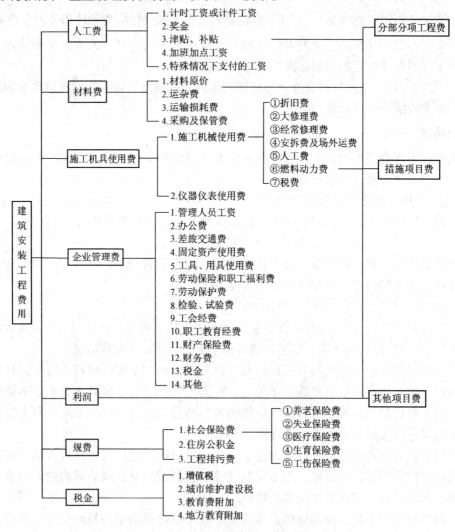

**图 2-3　建筑安装工程费用按照工程造价形成划分**

### (一)分部分项工程费

1. 分部分项工程费组成

分部分项工程费是指各专业工程的分部分项工程应予列支的各项费用。

(1)专业工程。它是指按现行国家计量规范划分的房屋建筑与装饰工程、仿古建筑工程、通用安装工程、市政工程、园林绿化工程、矿山工程、构筑物工程、城市轨道交通工

程、爆破工程等各类工程。

(2)分部分项工程。它是指按现行国家计量规范对各专业工程划分的项目。如房屋建筑与装饰工程划分的土石方工程，地基处理与边坡支护工程，桩基工程，砌筑工程，混凝土及钢筋混凝土工程，金属结构工程，木结构工程，门窗工程，屋面及防水工程，保温、隔热、防腐工程，楼地面装饰工程，墙、柱面装饰与隔断、幕墙工程，天棚工程，油漆、涂料、裱糊工程，其他装饰工程，拆除工程等。

2. 分部分项工程费计算

分部分项工程费计算如下：

$$分部分项工程费 = \sum (分部分项工程量 \times 综合单价)$$

式中，综合单价包括人工费、材料费、施工机具使用费、企业管理费和利润以及一定范围的风险费用(下同)。

### (二)措施项目费

1. 措施项目费组成

措施项目费是指为完成建设工程施工，发生于该工程施工前和施工过程中的技术、生活、安全、环境保护等方面的费用。其内容包括以下几个方面：

(1)安全文明施工费。

1)环境保护费。它是指施工现场为达到环保部门要求所需要的各项费用。

2)文明施工费。它是指施工现场文明施工所需要的各项费用。

3)安全施工费。它是指施工现场安全施工所需要的各项费用。

4)临时设施费。它是指施工企业为进行建设工程施工所必须搭设的生活和生产用的临时建筑物、构筑物及其他临时设施费用，包括临时设施的搭设、维修、拆除、清理费或摊销费等。

(2)夜间施工增加费。它是指因夜间施工所发生的夜班补助费，以及夜间施工降效、夜间施工照明设备摊销和照明用电等费用。

(3)二次搬运费。它是指因施工场地条件限制而发生的材料、构配件、半成品等一次运输不能到达指定地点，必须进行二次或多次搬运所发生的费用。

(4)冬、雨期施工增加费。它是指在冬期或雨期施工需增加的临时设施、防滑、排除雨雪、人工及施工机械效率降低等费用。

(5)已完工程及设备保护费。它是指竣工验收前，对已完工程及设备采取的必要保护措施所发生的费用。

(6)工程定位复测费。它是指工程施工过程中进行全部施工测量放线和复测工作的费用。

(7)特殊地区施工增加费。它是指工程在沙漠或其边缘地区、高海拔、高寒、原始森林等特殊地区施工增加的费用。

(8)大型机械设备进出场及安拆费。它是指机械整体或分体自停放场地运至施工现场或由一个施工地点运至另一个施工地点，所发生的机械进出场运输和转移费用及机械在施工现场进行安装、拆卸所需的人工费、材料费、机械费、试运转费和安装所需的辅助设施的费用。

(9)脚手架工程费。它是指施工需要的各种脚手架搭、拆、运输费用以及脚手架购置费的摊销(或租赁)费用。

措施项目及其包含的内容详见各类专业工程的现行国家或行业计量规范。

2. 措施项目费计算

(1)国家计量规范规定应予计量的措施项目，计算公式如下：

$$措施项目费 = \sum(措施项目工程量 \times 综合单价)$$

(2)国家计量规范规定不宜计量的措施项目。计算方法如下：

1)安全文明施工费。计算方法如下：

$$安全文明施工费 = 计算基数 \times 安全文明施工费费率(\%)$$

式中，计算基数应为定额基价(定额分部分项工程费+定额中可以计量的措施项目费)、定额人工费(或定额人工费+定额机械费)，其费率由工程造价管理机构根据各专业工程的特点综合确定。

2)夜间施工增加费。计算方法如下：

$$夜间施工增加费 = 计算基数 \times 夜间施工增加费费率(\%)$$

3)二次搬运费。计算方法如下：

$$二次搬运费 = 计算基数 \times 二次搬运费费率(\%)$$

4)冬、雨期施工增加费。计算方法如下：

$$冬、雨期施工增加费 = 计算基数 \times 冬、雨期施工增加费费率(\%)$$

5)已完工程及设备保护费。计算方法如下：

$$已完工程及设备保护费 = 计算基数 \times 已完工程及设备保护费费率(\%)$$

上述 2)~5)项措施项目的计费基数应为定额人工费(或定额人工费+定额机械费)，其费率由工程造价管理机构根据各专业工程特点和调查资料综合分析后确定。

**(三)其他项目费**

1. 其他项目费组成

(1)暂列金额。它是指建设单位在工程量清单中暂定并包括在工程合同价款中的一笔款项。它用于施工合同签订时尚未确定或者不可预见的所需材料、工程设备、服务的采购，施工中可能发生的工程变更、合同约定调整因素出现时的工程价款调整以及发生的索赔、现场签证确认等费用。

(2)计日工。它是指在施工过程中，施工企业完成建设单位提出的施工图纸以外的零星项目或工作所需的费用。

(3)总承包服务费。它是指总承包人为配合、协调建设单位进行的专业工程发包，对建设单位自行采购的材料、工程设备等进行保管以及施工现场管理、竣工资料汇总整理等服务所需的费用。

2. 其他项目费计算

(1)暂列金额由建设单位根据工程特点，按有关计价规定估算，施工过程中由建设单位掌握使用，扣除合同价款调整后如有余额，归建设单位。

(2)计日工由建设单位和施工企业按施工过程中的签证计价。

(3)总承包服务费由建设单位在招标控制价中根据总包服务范围和有关计价规定编制，施工企业投标时自主报价，施工过程中按签约合同价执行。

## (四)规费和税金

规费是指政府和有关权力部门根据国家法律、法规规定施工企业必须缴纳的费用。税金是指国家按照税法预先规定的标准,强制、无偿地要求纳税人缴纳的费用。两者都是工程造价的组成部分,但是其费用内容和计取标准都不是发承包人能自主确定的,更不是由市场竞争决定的。规费主要包括如下内容:

### 1. 社会保险费

《中华人民共和国社会保险法》第二条规定:"国家建立基本养老保险、基本医疗保险、工伤保险、失业保险、生育保险等社会保险制度,保障公民在年老、疾病、工伤、失业、生育等情况下依法从国家和社会获得物质帮助的权利。"

(1)养老保险费。《中华人民共和国社会保险法》第十条规定:"职工应当参加基本养老保险,由用人单位和职工共同缴纳基本养老保险费。"

国务院《关于建立统一的企业职工基本养老保险制度的决定》(国发〔1997〕26号)第三条规定:企业缴纳基本养老保险费(以下简称企业缴费)的比例,一般不得超过企业工资总额的20%(包括划入个人账户的部分),具体比例由省、自治区、直辖市人民政府确定。

(2)医疗保险费。《中华人民共和国社会保险法》第二十三条规定:"职工应当参加职工基本医疗保险,由用人单位和职工按照国家规定共同缴纳基本医疗保险费。"

国务院《关于建立城镇职工基本医疗保险制度的决定》(国发〔1998〕44号)第二条规定:基本医疗保险费由用人单位和职工共同缴纳。用人单位缴费率应控制在职工工资总额的6%左右,职工缴费率一般为本人工资收入的2%。随着经济发展,用人单位和职工缴费率可作相应调整。

(3)失业保险费。《中华人民共和国社会保险法》第四十四条规定:"职工应当参加失业保险,由用人单位和职工按照国家规定共同缴纳失业保险费。"

《失业保险条例》(国务院令第258号)第六条规定:"城镇企业事业单位按照本单位工资总额的百分之二缴纳失业保险费。城镇企业事业单位职工按照本人工资的百分之一缴纳失业保险费。城镇企业事业单位招用的农民合同制工人本人不缴纳失业保险费。"

(4)工伤保险费。《中华人民共和国社会保险法》第三十三条规定:"职工应当参加工伤保险,由用人单位缴纳工伤保险费,职工不缴纳工伤保险费。"

《中华人民共和国建筑法》第四十八条规定:"建筑施工企业应当依法为职工参加工伤保险缴纳工伤保险费。鼓励企业为从事危险作业的职工办理意外伤害保险,支付保险费。"

《工伤保险条例》(国务院令第586号)第十条规定:"用人单位应当按时缴纳工伤保险费。职工个人不缴纳工伤保险费。"

(5)生育保险费。《中华人民共和国社会保险法》第五十三条规定:"职工应当参加生育保险,由用人单位按照国家规定缴纳生育保险费,职工不缴纳生育保险费。"

### 2. 住房公积金

《住房公积金管理条例》(国务院令第262号)第十八条规定:"职工和单位住房公积金的缴存比例均不得低于职工上一年度月平均工资的5%;有条件的城市,可以适当提高缴存比例。具体缴存比例由住房公积金管理委员会拟订,经本级人民政府审核后,报省、自治区、直辖市人民政府批准。"

### 3. 工程排污费

《中华人民共和国水污染防治法》第二十一条规定"直接或者间接向水体排放工业废水和医疗污水以及其他按照规定应当取得排污许可证方可排放的废水、污水的企业事业单位和其他生产经营者，应当取得排污许可证；城镇污水集中处理设施的运营单位，也应当取得排污许可证。排污许可证应当明确排放水污染物的种类、浓度、总量和排放去向等要求。排污许可的具体办法由国务院规定。"

禁止企业事业单位和其他生产经营者无排污许可证或者违反排污许可证的规定向水体排放废水、污水。

由上述法律、行政法规以及国务院文件可见，规费是由国家或省级、行业建设主管部门依据国家有关法律、法规以及省级政府或省级有关权力部门的规定确定。因此，规定了在工程造价计价时，规费和税金应按国家或省级、行业建设主管部门的有关规定计算，并不得作为竞争性费用。

## 第五节　工程建设其他费用

工程建设其他费用是指从工程筹建到工程竣工验收交付使用止的整个建设期间，除建筑安装工程费用和设备、工器具购置费以外的，为保证工程建设顺利完成和交付使用后能够正常发挥效用而发生的一些费用。

工程建设其他费用，按其内容大体可分为三类。第一类为土地使用费，由于工程项目固定于一定地点与地面相连接，必须占用一定量的土地，也就必然要发生为获得建设用地而支付的费用；第二类是与项目建设有关的费用；第三类是与未来企业生产和经营活动有关的费用。

### 一、土地使用费

任何一个建设项目都固定于一定地点与地面相连接，必须占用一定量的土地，也就必然要发生为获得建设用地而支付的费用，这就是土地使用费。它是指通过划拨方式取得土地使用权而支付的土地征用及迁移补偿费，或者通过土地使用权出让方式取得土地使用权而支付的土地使用权出让金。

#### 1. 土地征用及迁移补偿费

土地征用及迁移补偿费，是指建设项目通过划拨方式取得无限期的土地使用权，依照《中华人民共和国土地管理法》等规定所支付的费用。其总和一般不得超过被征土地年产值的 20 倍，土地年产值则按该地被征用前 3 年的平均产量和国家规定的价格计算。其内容包括：

（1）土地补偿费。征用耕地（包括菜地）的补偿标准，按政府规定，为该耕地年产值的若干倍，具体补偿标准由省、自治区、直辖市人民政府在此范围内制定。征用园地、鱼塘、藕塘、苇塘、宅基地、林地、牧场、草原等的补偿标准，由省、自治区、直辖市人民政府制定。征收无收益的土地，不予补偿。

（2）青苗补偿费和被征用土地上的房屋、水井、树木等附着物补偿费。这些补偿费的标准由省、自治区、直辖市人民政府制定。征用城市郊区的菜地时，还应按照有关规定向国家缴纳新菜地开发建设基金。

（3）安置补助费。征用耕地、菜地的，每个农业人口的安置补助费为该地每亩年产值的2～3倍，每亩耕地的安置补助费最高不得超过其年产值的10倍。

（4）缴纳的耕地占用税或城镇土地使用税、土地登记费及征地管理费等。县市土地管理机关从征地费中提取土地管理费的比率，要按征地工作量大小，视不同情况，在1‰～4‰幅度内提取。

（5）征地动迁费。它包括征用土地上的房屋及附属构筑物、城市公共设施等拆除、迁建补偿费、搬迁运输费，企业单位因搬迁造成的减产、停工损失补贴费、拆迁管理费等。

（6）水利水电工程水库淹没处理补偿费。它包括农村移民安置迁建费，城市迁建补偿费，库区工矿企业、交通、电力、通信、广播、管网、水利等的恢复、迁建补偿费，库底清理费，防护工程费，环境影响补偿费用等。

2. 取得国有土地使用费

取得国有土地使用费包括土地使用权出让金、城市建设配套费、拆迁补偿与临时安置补助费等。

（1）土地使用权出让金。它是指建设工程通过土地使用权出让方式，取得有限期的土地使用权，依照《中华人民共和国城镇国有土地使用权出让和转让暂行条例》规定，支付的土地使用权出让金。

1）明确国家是城市土地的唯一所有者，并分层次、有偿、有限期地出让、转让城市土地。第一层次是城市政府将国有土地使用权出让给用地者，该层次由城市政府垄断经营。出让对象可以是有法人资格的企事业单位，也可以是外商。第二层次及以下层次的转让则发生在使用者之间。

2）城市土地的出让和转让可采用协议、招标、公开拍卖等方式。

①协议方式是由用地单位申请，经市政府批准同意后双方洽谈具体地块及地价。该方式适用于市政工程、公益事业用地以及需要减免地价的机关、部队用地和需要重点扶持、优先发展的产业用地。

②招标方式是在规定的期限内，由用地单位以书面形式投标，市政府根据投标报价、所提供的规划方案以及企业信誉综合考虑，择优而取。该方式适用于一般工程建设用地。

③公开拍卖是指在指定的地点和时间，由申请用地者叫价应价，价高者得。

这些方式由市场竞争决定，适用于盈利高的行业用地。

3）在有偿出让和转让土地时，政府对地价不做统一规定，但应坚持以下原则：

①地价对目前的投资环境不产生大的影响。

②地价与当地的社会经济承受能力相适应。

③地价要考虑已投入的土地开发费用、土地市场供求关系、土地用途和使用年限。

4）关于政府有偿出让土地使用权的年限，各地可根据时间、区位等各种条件做不同的规定，一般可在30～99年之间。按照地面附属建筑物的折旧年限来看，以50年为宜。

5)土地有偿出让和转让，土地使用者和所有者要签约，明确使用者对土地享有的权利和对土地所有者应承担的义务。

①有偿出让和转让使用权，应向土地受让者征收契税。

②转让土地如有增值，应向转让者征收土地增值税。

③在土地转让期间，国家要区别不同地段、不同用途向土地使用者收取土地占用费。

(2)城市建设配套费。它是指因进行城市公共设施的建设而分摊的费用。

(3)拆迁补偿与临时安置补助费。此项费用由两部分构成，即拆迁补偿费和临时安置补助费或搬迁补助费。其中，拆迁补偿费是指拆迁人对被拆迁人，按照有关规定予以补偿所需的费用。拆迁补偿的形式可分为产权调换和货币补偿两种形式。

产权调换的面积按照所拆迁房屋的建筑面积计算；货币补偿的金额按照被拆迁人或者房屋承租人支付搬迁补助费。在过渡期内，被拆迁人或者房屋承租人自行安排住处的，拆迁人应当支付临时安置补助费。

## 二、与项目建设有关的其他费用

根据项目的不同，与项目建设有关的其他费用构成也不尽相同，一般包括以下各项。在进行工程估算及概算中，可根据实际情况进行计算。

### 1. 建设单位管理费

建设单位管理费是指建设项目从立项、筹建、建设、联合试运转、竣工验收、交付使用及后评估等全过程管理所需的费用。其内容包括以下几项：

(1)建设单位开办费。它是指新建项目为保证筹建和建设工作正常进行所需办公设备、生活家具、用具、交通工具等购置费用。

(2)建设单位经费。它包括工作人员的基本工资、工资性补贴、职工福利费、劳动保护费、劳动保险费、办公费、差旅交通费、工会经费、职工教育经费、固定资产使用费、工具用具使用费、技术图书资料费、生产人员招募费、工程招标费、合同契约公证费、工程质量监督检测费、工程咨询费、法律顾问费、审计费、业务招待费、排污费、竣工交付使用清理及竣工验收费、后评估等费用。不包括应计入设备、材料预算价格的建设单位采购及保管设备材料所需的费用。

建设单位管理费按照单项工程费用之和(包括设备工、器具购置费和建筑安装工程费用)乘以建设单位管理费费率计算。

建设单位管理费费率按照建设项目的不同性质、不同规模确定。有的建设项目按照建设工期和规定的金额计算建设单位管理费。

### 2. 勘察设计费

勘察设计费是指为本建设项目提供项目建议书、可行性研究报告及设计文件等所需费用。其内容包括以下几项：

(1)编制项目建议书、可行性研究报告及投资估算、工程咨询、评价以及为编制上述文件所进行勘察、设计、研究试验等所需费用。

(2)委托勘察、设计单位进行初步设计、施工图设计及概预算编制等所需费用。

(3)在规定范围内由建设单位自行完成的勘察、设计工作所需费用。

在勘察设计费中，项目建议书、可行性研究报告按国家颁布的收费标准计算，设计费按国家颁布的工程设计收费标准计算；勘察费一般民用建筑 6 层以下的按 3～5 元/m² 计算，高层建筑按 8～10 元/m² 计算，工业建筑按 10～12 元/m² 计算。

### 3. 研究试验费

研究试验费是指为建设项目提供和验证设计参数、数据、资料等所进行的必要的试验费用，以及设计规定在施工中必须进行试验、验证所需费用。其包括自行或委托其他部门研究试验所需的人工费、材料费、试验设备及仪器使用费等。这项费用按照设计单位根据本工程项目需要提出的研究试验内容和要求进行计算。

### 4. 建设单位临时设施费

建设单位临时设施费是指建设期间建设单位所需临时设施的搭设、维修、摊销费用或租赁费用。

临时设施包括临时宿舍、文化福利及公用事业房屋与构筑物、仓库、办公室、加工厂以及规定范围内的道路、水、电、管线等临时设施和小型临时设施。

### 5. 工程监理费

工程监理费是指建设单位委托工程监理单位对工程实施监理工作所需费用。

### 6. 工程保险费

工程保险费是指建设项目在建设期间根据需要实施工程保险所需的费用。它包括以各种建筑工程及其在施工过程中的物料、机器设备为保险标的的建筑工程一切险，以安装工程中的各种机器、机械设备为保险标的的安装工程一切险，以及机器损坏保险等。根据不同的工程类别，分别以其建筑、安装工程费乘以建筑、安装工程保险费率计算。民用建筑（住宅楼、综合性大楼、商场、旅馆、医院、学校）占建筑工程费的 2‰～4‰；其他建筑（工业厂房、仓库、道路、码头、水坝、隧道、桥梁、管道等）占建筑工程费的 3‰～6‰；安装工程（农业、工业、机械、电子、电气、纺织、矿山、石油、化学及钢铁工业、钢结构桥梁）占建筑工程费的 3‰～6‰。

### 7. 引进技术和进口设备其他费用

引进技术和进口设备其他费用，其包括出国人员费用、国外工程技术人员来华费用、技术引进费、分期或延期付款利息、担保费以及进口设备检验鉴定费。

（1）出国人员费用。它是指为引进技术和进口设备派出人员在国外培训和进行设计联络，设备检验等的差旅费、制装费、生活费等。这项费用根据设计规定的出国培训和工作的人数、时间及派往国家，按财政部、外交部规定的临时出国人员费用开支标准及中国民用航空公司现行国际航线票价等进行计算，其中使用外汇部分应计算银行财务费用。

（2）国外工程技术人员来华费用。它是指为安装进口设备、引进国外技术等而聘用外国工程技术人员进行技术指导工作所发生的费用。它包括技术服务费、外国技术人员的在华工资、生活补贴、差旅费、医药费、住宿费、交通费、宴请费、参观游览等招待费用。这项费用按每人每月费用指标计算。

（3）技术引进费。它是指为引进国外先进技术而支付的费用。它包括专利费、专有技术费（技术保密费）、国外设计及技术资料费、计算机软件费等。这项费用根据合同或协议的价格计算。

（4）分期或延期付款利息。它是指利用出口信贷引进技术或进口设备采取分期或延期付款的办法所支付的利息。

(5)担保费。它是指国内金融机构为买方出具保函的担保费。这项费用按有关金融机构规定的担保费率计算(一般可按承保金额的 5‰ 计算)。

(6)进口设备检验鉴定费。它是指进口设备按规定付给商品检验部门的进口设备检验鉴定费。这项费用按进口设备货价的 3‰～5‰ 计算。

### 8. 工程承包费

工程承包费是指具有总承包条件的工程公司，对工程建设项目从开始建设至竣工投产全过程的总承包所需的管理费用。具体内容包括组织勘察设计、设备材料采购、非标设备设计制造与销售、施工招标、发包、工程预决算、项目管理、施工质量监督、隐蔽工程检查、验收和试车直至竣工投产的各种管理费用。该费用按国家主管部门或省、自治区、直辖市协调规定的工程总承包费取费标准计算。如无规定时，一般工业建设项目为投资估算的 6%～8%，民用建筑(包括住宅建设)和市政项目为 4%～6%。不实行工程承包的项目不计算本项费用。

## 三、与未来企业生产经营有关的其他费用

### 1. 联合试运转费

联合试运转费是指新建企业或改扩建企业在工程竣工验收前，按照设计的生产工艺流程和质量标准对整个企业进行联合试运转所发生的费用支出与联合试运转期间的收入部分的差额部分。联合试运转费用一般根据不同性质的项目，按需进行试运转的工艺设备购置费的百分比计算。

### 2. 生产准备费

生产准备费是指新建企业或新增生产能力的企业，为保证竣工交付使用进行必要的生产准备所发生的费用。费用内容包括以下几项：

(1)生产人员培训费，其包括自行培训、委托其他单位培训的人员的工资、工资性补贴、职工福利费、差旅交通费、学习资料费、学习费、劳动保护费等。

(2)生产单位提前进厂参加施工、设备安装和调试等，以及熟悉工艺流程及设备性能等人员的工资、工资性补贴、职工福利费、差旅交通费、劳动保护费等。

生产准备费一般根据需要培训和提前进厂人员的人数及培训时间，按生产准备费指标进行估算。

应该指出，生产准备费在实际执行中是一笔在时间上、人数上、培训深度上很难划分的、活口很大的支出，尤其要严格掌握。

### 3. 办公和生活家具购置费

办公和生活家具购置费是指为保证新建、改建、扩建项目初期正常生产、使用和管理所必须购置的办公和生活家具、用具的费用。改建、扩建项目所需的办公和生活用具购置费，应低于新建项目。其范围包括办公室、会议室、资料档案室、阅览室、文娱室、食堂、浴室、理发室、单身宿舍和设计规定必须建设的托儿所、卫生所、招待所、中小学校等家具用具购置费。这项费用按照设计定员人数乘以综合指标计算，一般为 600～800 元/人。

## 第六节　预备费和建设期贷款利息

### 一、预备费

按我国现行规定，预备费包括基本预备费和涨价预备费。

1. 基本预备费

基本预备费是指在初步设计及概算内难以预料的工程费用。其内容包括以下几项：

（1）在批准的初步设计范围内，技术设计、施工图设计及施工过程中所增加的工程费用；设计变更、局部地基处理等增加的费用。

（2）一般自然灾害造成的损失和预防自然灾害所采取的措施费用。实行工程保险的工程项目费用应适当降低。

（3）竣工验收时，为鉴定工程质量，对隐蔽工程进行必要的挖掘和修复费用。

基本预备费是按设备及工具、器具购置费，建筑安装工程费和工程建设其他费三者之和为计取基础，乘以基本预备费率进行计算。

基本预备费＝（设备及工具、器具购置费＋建筑安装工程费＋工程建设其他费）×基本
　　　　　预备费率

基本预备费率的取值应执行国家及部门的有关规定。

2. 涨价预备费

涨价预备费是指建设项目在建设期间内由于价格等变化引起工程造价变化的预测预留费用。费用内容包括人工、设备、材料、施工机械的价差费，建筑安装工程费及工程建设其他费用调整，利率、汇率调整等增加的费用。

涨价预备费的测算方法，一般根据国家规定的投资综合价格指数，以估算年份价格水平的投资额为基数，采用复利方法计算。其计算公式为

$$PF = \sum_{t=1}^{n} I_t \left[ (1+f)^t - 1 \right]$$

式中　$PF$——涨价预备费；

　　　$n$——建设期年份数；

　　　$I_t$——建设期中第 $t$ 年的投资计划额，包括设备及工具器具购置费，建筑安装工程费，工程建设其他费及基本预备费；

　　　$f$——年均投资价格上涨率。

### 二、建设期贷款利息

财务费是指为了筹措建设项目资金所发生的各项费用，其包括工程建设期间投资贷款利息、企业债券发行费、国外借款手续费和承诺费、汇兑净损失及调整外汇手续费、金融机构手续费以及为筹措建设资金发生的其他财务费用等。其中，最主要的是在工程项目建

设期投资贷款而产生的利息。

建设期投资贷款利息是指建设项目使用银行或其他金融机构的贷款，在建设期应归还的借款的利息。建设项目筹建期间借款的利息，按规定可以计入购建资产的价值或开办费。贷款机构在贷出款项时，一般都是按复利考虑的。对于投资者来说，在项目建设期间，投资项目一般没有还本付息的资金来源，即使按要求还款，其资金也可能是通过再申请借款来支付。当项目建设期长于一年时，为简化计算，可假定借款发生当年均在年中支用，按半年计息，年初欠款按全年计息，这样，建设期投资贷款的利息可按下式计算：

$$q_j = \left(P_{j-1} + \frac{1}{2}A_j\right) \cdot i$$

式中　$q_j$——建设期第 $j$ 年应计利息；

　　　$P_{j-1}$——建设期第 $(j-1)$ 年年末贷款累计金额与利息累计金额之和；

　　　$A_j$——建设期第 $j$ 年贷款金额；

　　　$i$——年利率。

# 第七节　建筑安装工程计价程序

## 一、建设单位工程招标控制价计价程序

根据住房和城乡建设部、财政部《关于印发〈建筑安装工程费用项目组成〉的通知》（建标〔2013〕44 号），建设单位工程招标控制价计价程序见表 2-2。

**表 2-2　建设单位工程招标控制价计价程序**

工程名称：标段：

| 序号 | 内容 | 计算方法 | 金额/元 |
|------|------|----------|---------|
| 1 | 分部分项工程费 | 按计价规定计算 | |
| 1.1 | | | |
| 1.2 | | | |
| 1.3 | | | |
| 1.4 | | | |
| 1.5 | | | |
| | | | |
| | | | |
| | | | |
| | | | |

| 序号 | 内容 | 计算方法 | 金额/元 |
|------|------|----------|---------|
|  |  |  |  |
|  |  |  |  |
|  |  |  |  |
| 2 | 措施项目费 | 按计价规定计算 |  |
| 2.1 | 其中：安全文明施工费 | 按规定标准计算 |  |
| 3 | 其他项目费 |  |  |
| 3.1 | 其中：暂列金额 | 按计价规定估算 |  |
| 3.2 | 其中：专业工程暂估价 | 按计价规定估算 |  |
| 3.3 | 其中：计日工 | 按计价规定估算 |  |
| 3.4 | 其中：总承包服务费 | 按计价规定估算 |  |
| 4 | 规费 | 按规定标准计算 |  |
| 5 | 税金（扣除不列入计税范围的工程设备金额） | （1＋2＋3＋4）×规定税率 |  |
| 招标控制价合计＝1＋2＋3＋4＋5 |

## 二、施工企业工程投标报价计价程序

根据住房和城乡建设部、财政部《关于印发〈建筑安装工程费用项目组成〉的通知》（建标〔2013〕44号），施工企业工程投标报价计价程序见表2-3。

**表 2-3　施工企业工程投标报价计价程序**

工程名称：标段：

| 序号 | 内容 | 计算方法 | 金额/元 |
|------|------|----------|---------|
| 1 | 分部分项工程费 | 自主报价 |  |
| 1.1 |  |  |  |
| 1.2 |  |  |  |
| 1.3 |  |  |  |
| 1.4 |  |  |  |
| 1.5 |  |  |  |
|  |  |  |  |
|  |  |  |  |
|  |  |  |  |
|  |  |  |  |
|  |  |  |  |
|  |  |  |  |
|  |  |  |  |

| 序号 | 内容 | 计算方法 | 金额/元 |
|------|------|----------|---------|
| 2 | 措施项目费 | 自主报价 | |
| 2.1 | 其中：安全文明施工费 | 按规定标准计算 | |
| 3 | 其他项目费 | | |
| 3.1 | 其中：暂列金额 | 按招标文件提供金额计列 | |
| 3.2 | 其中：专业工程暂估价 | 按招标文件提供金额计列 | |
| 3.3 | 其中：计日工 | 自主报价 | |
| 3.4 | 其中：总承包服务费 | 自主报价 | |
| 4 | 规费 | 按规定标准计算 | |
| 5 | 税金(扣除不列入计税范围的工程设备金额) | (1＋2＋3＋4)×规定税率 | |
| 投标报价合计＝1＋2＋3＋4＋5 | | | |

## 三、竣工结算计价程序

根据住房和城乡建设部、财政部《关于印发〈建筑安装工程费用项目组成〉的通知》(建标〔2013〕44 号)，竣工结算计价程序见表 2-4。

表 2-4　竣工结算计价程序

工程名称：　标段：

| 序号 | 汇总内容 | 计算方法 | 金额/元 |
|------|----------|----------|---------|
| 1 | 分部分项工程费 | 按合同约定计算 | |
| 1.1 | | | |
| 1.2 | | | |
| 1.3 | | | |
| 1.4 | | | |
| 1.5 | | | |
| | | | |
| | | | |
| | | | |
| | | | |
| | | | |
| | | | |
| | | | |
| | | | |
| | | | |
| | | | |

| 序号 | 汇总内容 | 计算方法 | 金额/元 |
|---|---|---|---|
| | | | |
| 2 | 措施项目 | 按合同约定计算 | |
| 2.1 | 其中：安全文明施工费 | 按规定标准计算 | |
| 3 | 其他项目 | | |
| 3.1 | 其中：专业工程结算价 | 按合同约定计算 | |
| 3.2 | 其中：计日工 | 按计日工签证计算 | |
| 3.3 | 其中：总承包服务费 | 按合同约定计算 | |
| 3.4 | 索赔与现场签证 | 按发承包双方确认数额计算 | |
| 4 | 规费 | 按规定标准计算 | |
| 5 | 税金(扣除不列入计税范围的工程设备金额) | (1+2+3+4)×规定税率 | |
| 竣工结算总价合计＝1+2+3+4+5 | | | |

## 本章小结

本章主要介绍工程造价的概念及特点、工程造价的组成、建筑安装工程费用的构成与计算、建筑安装工程的计价程序。通过本章的学习，学生应掌握工程造价的组成及安装工程费用计算。

## 思考与练习

### 一、填空题

1. 设备购置费是指达到固定资产标准，为建设工程项目购置或自制的各种国产或进口设备的费用。它由_____和_____构成。

2. _____一般指的是设备制造厂的交货价或订货合同价。它一般根据生产厂或供应商的询价、报价、合同价确定，或采用一定的方法计算确定。

3. 国际运费即从_____到达_____的运费。

4. _____是对从事进口贸易的单位和个人，在进口商品报关进口后征收的税种。

5. _____是指建筑安装企业组织施工生产和经营管理所需的费用。

6. _____是指施工企业完成所承包工程获得的盈利。施工企业根据企业自身需求并结合建筑市场实际自主确定，列入报价中。

7. 税金是指国家税法规定的应计入建筑安装工程造价内的_____。

8. _____是指各专业工程的分部分项工程应予列支的各项费用。

### 二、多项选择题

1. 工程造价的含义包括(　　)。

A. 工程造价是指建设一项工程预期开支或实际开支的全部固定资产投资费用

B. 工程造价是指工程价格，即为建成一项工程，预计或实际在土地市场、设备市场、技术劳务市场，以及承包市场等交易活动中所形成的建筑安装工程的价格和建设工程总价格

C. 工程造价是以工程这种特定的商品形式作为交易对象，通过招投标或其他交易方式，在进行多次预估的基础上，最终由企业形成的价格

D. 工程造价不等于工程投资费用

2. 加工费包括（　　）等。

A. 生产工人工资　　B. 工资附加费　　C. 燃料动力费　　D. 设备折旧费

E. 车间经费

3. 进口设备的交货类别可分为（　　）。

A. 内陆交货类　　B. 厂房交货类　　C. 目的地交货类　　D. 装运港交货类

4. 社会保险费包括（　　）。

A. 养老保险费　　B. 失业保险费　　C. 医疗保险费　　D. 生育保险费

E. 住房公积金

5. 安全文明施工费包括（　　）。

A. 环境保护费　　B. 文明施工费　　C. 安全施工费　　D. 夜间施工增加费

E. 临时设施费

## 三、简答题

1. 简述工程造价的特点。

2. 设备运杂费通常由哪几项构成？

3. 人工费由哪几项组成？

4. 材料费的内容包括哪些？

5. 施工机械台班单价由哪些费用组成？

6. 简述工程承包费。

# 第三章　建筑安装工程定额体系

 **能力目标**

1. 能对工程建设定额进行分类。
2. 具有确定人工定额消耗量、材料定额消耗量、机械台班定额消耗量的能力。
3. 具有确定人工单价、材料预算价、机械台班预算价格的能力。
4. 具有编制预算定额、概算定额、概算指标的能力。

 **知识目标**

1. 了解工程建设定额的概念、作用及特点，掌握其分类。
2. 了解工时研究的概念，掌握工人工作时间消耗和机械工作时间消耗的分类。
3. 掌握人工定额消耗量、材料定额消耗量、机械台班定额消耗量的确定方法。
4. 了解人工单价、材料价格、机械台班单价的组成，掌握其确定的方法。
5. 了解预算定额、概算定额、概算指标的概念、作用，掌握其编制的方法。

## 第一节　工程建设定额概述

### 一、工程建设定额的概念

所谓工程建设定额，就是进行生产经营活动时，在人力、物力、财力消耗方面所应遵守或达到的数量标准。在建筑生产中，为了完成建筑产品，必须消耗一定数量的人工、材料和机械台班及相应的资金。

### 二、工程建设定额的作用

在工程建设和企业管理中，确定和执行先进、合理的定额是技术和经济管理工作中的重要一环。在工程项目的计划、设计和施工中，定额具有以下几个方面的作用：

(1)定额是编制计划的基础。工程建设活动需要编制各种计划来组织与指导生产，而计划编制中又需要各种定额来作为计算人力、物力、财力等资源需要量的依据。因此，定额是编制计划的重要基础。

（2）定额是确定工程造价的依据和评价设计方案经济合理性的尺度。工程造价是根据由设计规定的工程规模、工程数量及相应需要的劳动力、材料、机械设备消耗量，以及其他必须消耗的资金确定的。其中，劳动力、材料、机械设备的消耗量又是根据定额计算出来的，因此，定额是确定工程造价的依据。同时，建设项目投资的大小又反映了各种不同设计方案技术经济水平的高低，因此，定额又是比较和评价设计方案经济合理性的尺度。

（3）定额是组织和管理施工的工具。建筑企业要计算和平衡资源需要量、组织材料供应、调配劳动力、签发任务单、组织劳动竞赛、调动人的积极因素、考核工程消耗和劳动生产率、贯彻按劳分配工资制度、计算工人报酬等，都要利用定额。因此，从组织施工和管理生产的角度来说，企业定额又是建筑企业组织和管理施工的工具。

（4）定额是总结先进生产方法的手段。定额是在平均先进的条件下，通过对生产流程的观察、分析、综合等过程制定的，它可以最严格地反映生产技术和劳动组织的先进合理程度。因此，人们可以以定额方法为手段，对同一产品在同一操作条件下的不同的生产方法进行观察、分析和总结，从而得到一套比较完整、优良的生产方法，作为生产中推广的范例。

由此可见，定额是实现工程项目，确定人力、物力和财力等资源需要量，有计划地组织生产，提高劳动生产率，降低工程造价，完成和超额完成计划的重要的技术经济工具，是工程管理和企业管理的基础。

## 三、工程建设定额的特点

### 1. 权威性

工程建设定额具有很大的权威性，这种权威性在一些情况下具有经济法规性质。权威性反映统一的意志和要求，也反映信誉和信赖程度及定额的严肃性。

工程建设定额权威性的客观基础是定额的科学性。只有科学的定额才具有权威性。但是，在社会主义市场经济条件下，它必然涉及各有关方面的经济关系和利益关系。赋予工程建设定额以一定的权威性，就意味着在规定的范围内，对于定额的使用者和执行者来说，无论主观上是否愿意，都必须按定额的规定执行。在当前市场不作规范的情况下，赋予工程建设定额以权威性十分重要。但是，在竞争机制引入工程建设的情况下，定额的水平必然会受市场供求状况的影响，从而在执行中不可避免地产生定额水平的浮动。

应该指出的是，在社会主义市场经济条件下，对定额的权威性不应该绝对化。定额毕竟是主观对客观的反映，定额的科学性会受到人们认识的局限。与此相关的，定额的权威性也就会受到削弱核心的挑战。更为重要的是，随着投资体制的改革和投资主体多元化格局的形成、经营机制的转换，企业可以根据市场的变化和自身的情况，自主地调整自己的决策行为。因此，一些与经营决策有关的工程建设定额的权威性特征就会弱化。

### 2. 科学性

工程建设定额的科学性首先表现在定额是在认真研究客观规律的基础上，自觉地遵守客观规律的要求，实事求是地制定的。因此，它能正确地反映单位产品生产所必需的劳动量，从而以最少的劳动消耗而取得最大的经济效益，促进劳动生产率的不断提高。

工程建设定额的科学性还表现在制定定额所采用的方法上，通过不断吸收现代科学技术的新成就，从而不断得到完善，形成一套严密的确定定额水平的科学方法。这些方法不仅在实践中已经行之有效，而且还有利于研究建筑产品生产过程中的工时利用情况，从中找出影响劳动消耗的各种主客观因素，设计出合理的施工组织方案，挖掘生产潜力，提高企业管理水平，减少以至杜绝生产中的浪费现象，促进生产的不断发展。

### 3. 统一性

工程建设定额的统一性，主要是由国家对经济发展的有计划的宏观调控职能决定的。为了使国民经济按照既定的目标发展，就需要借助于某些标准、定额、参数等，对工程建设进行规划、组织、调节、控制。而这些标准、定额、参数必须在一定的范围内是一种统一的尺度，才能实现上述职能，利用它对项目的决策、设计方案、投标报价、成本控制进行比选和评价。

工程建设定额的统一性按照其影响力和执行范围来看，有全国统一定额、地区统一定额、行业统一定额等；按照定额的制定、颁布和贯彻使用来看，有统一的程序、统一的原则、统一的要求和统一的用途。

在生产资料私有制的条件下，定额的统一性很难想象，充其量也只是工程量计算规则的统一和信息提供。我国工程建设定额的统一性与工程建设本身的巨大投入和巨大产出有关。它对国民经济的影响不仅表现在投资的总规模和全部建设项目的投资效益等方面，还表现在具体建设项目的投资数额及其投资效益方面，因而需要借助统一的工程建设定额进行社会监督。这一点和工业、农业生产中的工时定额、原材料定额也不同。

### 4. 稳定性与时效性

工程建设定额中的任何一种都是一定时期技术发展和管理水平的反映，因而在一段时间内都表现出稳定的状态。稳定的时间有长有短，一般为5～10年。保持定额的稳定性是维护定额的权威性所必需的，更是有效地贯彻定额所必需的。某种定额处于经常修改变动之中，就必然造成执行中的困难和混乱，使人们感到没有必要去认真对待它，很容易导致定额权威性的丧失。工程建设定额的不稳定也会给定额的编制工作带来极大的困难。

工程建设定额的稳定性是相对的，生产力向前发展了，定额就会与已经发展了的生产力不相适应。这样，它原有的作用就会逐步减弱以至消失，需要重新编制或修订。

### 5. 系统性

工程建设定额是相对独立的系统。它是由多种定额结合而成的有机的整体。它的结构复杂，有鲜明的层次和明确的目标。

工程建设定额的系统性是由工程建设的特点决定的。按照系统论的观点，工程建设就是一个庞大的实体系统。工程建设定额是为这个实体系统服务的，因而工程建设本身的多种类、多层次就决定了以它为服务对象的工程建设定额的多种类、多层次。从整个国民经济来看，进行固定资产生产和再生产的工程建设，是一个多项工程集合体的整体，其中包括农林、水利、轻纺、机械、煤炭、电力、石油、冶金、化工、建材工业、交通运输、邮电工程，以及商业物资、卫生体育、社会福利和住宅工程等。这些工程的建设都有严格的项目划分，如建设项目、单项工程、单位工程、分部分项工程；在计划和实施过程中有严密的逻辑阶段，如规划、可行性研究、设计、施工、竣工交付使用，以及投入使用后的维修。与此相适应的，必然形成工程建设定额的多种类、多层次。

### 四、工程建设定额的分类

工程建设定额是根据国家一定时期的管理体制和管理制度，不同定额的用途和适用范围，由指定机构按照一定程序和规则来制定的。工程建设定额反映了工程建设产品和各种资源消耗之间的客观规律。工程建设定额是一个综合概念，它是多种类、多层次单位产品生产消耗数量标准的总和。为了对工程建设定额有一个全面的了解，可以按照不同原则和方法对它进行科学的分类。

（1）按定额的基本因素不同，工程建设定额可分为人工消耗定额、材料消耗定额和机械台班消耗定额。

1）人工消耗定额即为劳动定额。在施工定额、预算定额、概算定额等各类定额中，人工消耗定额都是其中重要的组成部分。人工消耗定额是完成一定的合格产品规定活劳动消耗的数量标准。为了便于综合和核算，人工消耗定额大多采用工作时间消耗量来计算劳动消耗的数量，所以劳动定额主要的表现形式是时间定额。但为了便于组织施工和任务分配，也同时采用产量定额的形式来表示人工消耗定额。

2）材料消耗定额简称材料定额。材料消耗定额是指完成一定合格产品所需消耗原材料、半成品、成品、构配件、燃料及水电等的数量标准。材料作为劳动对象，是构成工程的实体物资，需用数量较大，种类较多，所以材料消耗定额亦是各类定额的重要组成部分。

3）机械台班消耗定额简称机械定额。它和人工消耗定额一样，也是施工定额、预算定额、概算定额等多种定额中的组成部分。机械台班消耗定额是指为完成一定合格产品所规定的施工机械消耗的数量标准，其表现形式有机械时间定额和机械产量定额。

（2）按定额的测定对象和使用要求，工程建设定额可分为施工定额、预算定额（综合预算定额）、概算定额、概算指标、投资估算指标。

1）施工定额是以同一性质的施工过程（工序）为编制对象，规定某种建筑产品的劳动消耗量、材料消耗量和机械台班消耗量。施工定额是施工企业组织生产和加强管理的企业内部使用的一种定额，属于企业生产定额性质。施工定额的项目划分很细，是工程建设定额中分项最细、定额子目最多的一种定额，是工程建设定额中最基础的定额，也是编制预算定额的基础。

2）预算定额是以各分项工程或结构构件为编制对象，规定某种建筑产品的劳动消耗量、材料消耗量和机械台班消耗量。一般在定额中列有相应地区的单价，是计价性的定额。预算定额在工程建设中占有十分重要的地位，从编制程序看，施工定额是预算定额的编制基础，而预算定额则是概算定额、概算指标或投资估算指标的编制基础，可以说，预算定额在计价定额中是基础性定额。

3）概算定额是以扩大分项工程或结构构件为编制对象，规定某种建筑产品的劳动消耗量、材料消耗量和机械台班消耗量，并列有工程费用，也属于计价性定额。它的项目划分得粗细，与扩大初步设计的深度相适应。它是预算定额的综合和扩大，是控制项目投资的重要依据。

4）概算指标是以整个房屋或构筑物为编制对象，规定每 100 m² 建筑面积（或每座构筑物体积）为计量单位所需要的人工、材料、机械台班消耗量的标准。它比概算定额更进一步综合扩大，更具有综合性。

5）投资估算指标是以独立单项工程或完整的工程项目为计算对象，它是在确定项目投资需要量时使用的定额，综合性与概括性极强。其综合概略程度与可行性研究阶段相适应。投资估算指标是以预算定额、概算定额、概算指标为基础编制的。

(3)按编制部门和使用范围不同，工程建设定额可分为全国统一定额、行业统一定额、地区统一定额、企业定额及补充定额等。

1)全国统一定额是由国家住房城乡建设主管部门综合我国工程建设中技术和施工组织技术条件的情况编制的，在全国范围内执行的定额。

2)行业统一定额是由各行业建设主管部门充分考虑本行业专业技术特点、施工生产和管理水平而编制的，一般只在本行业和相同专业性质的范围内使用的定额。

3)地区统一定额是由各省、自治区、直辖市在考虑地区特点和统一定额水平的条件下编制的，只在规定的地区范围内使用的定额。

4)企业定额是由施工企业根据企业具体情况，参照国家、部门和地区定额编制方法制定的定额。企业定额只在企业内部执行，是衡量企业生产力水平的一个标志。企业定额水平一般应高于国家现行定额，这样才能满足生产技术发展、企业管理和市场竞争的需要。

5)补充定额是指随着设计、施工技术的发展，在现行定额不能满足需要的情况下，为补充现行定额中漏项或缺项而制定的。补充定额是只能在指定的范围内使用的指标。

(4)按专业的不同，工程建设定额可分为建筑工程定额、安装工程定额、仿古建筑及园林工程定额、装饰工程定额、公路工程定额、铁路工程定额、井巷工程定额、水利工程定额等。

## 第二节　建筑安装工程人工、材料、机械台班定额消耗量的确定

### 一、工时研究

#### (一)工时研究的概念

工时即工作时间，它是指工作班延续时间(不包括午休)。

工时研究即工作时间的研究，就是把劳动者在整个生产过程中所消耗的工作时间，根据其性质、范围和具体情况，予以科学地划分，归纳类别，分析取舍，明确规定哪些属于定额时间、哪些属于非定额时间，找出造成非定额时间的原因，以便拟定技术和组织措施，消除产生非定额时间因素，充分利用工作时间，提高劳动效率。

工时研究的直接结果是制定出时间定额。研究施工中的工作时间，最主要的目的是确定施工的时间定额或产量定额，亦称为确定时间标准。

工时研究还可以用于编制施工作业计划，检查劳动效率和定额执行情况，决定机械操作的人员组成，组织均衡生产，选择更好的施工方法和机械设备，决定工人和机械的调配，确定工程的计划成本以及作为计算工人劳动报酬的基础。但这些用途和目的，只有在确定了时间定额或产量定额的基础上才能达到。

施工过程的研究是工作研究的中心，工作时间的研究则是工作研究要达到的结果。工作时间的研究通常分为两个系统进行——工人作业时间消耗和机械作业时间消耗。

### (二)施工过程研究

**1. 施工过程的概念和分类**

施工过程是在建筑工地范围内所进行的生产过程,其目的是建造、恢复、改建、移动或拆除工业、民用建筑物或构筑物的全部或一部分。施工过程是由不同工种、不同技术等级的建筑工人完成的,并且必须有一定的劳动对象——建筑材料、半成品、配件、预制品等,以及一定的劳动工具——手动工具、小型机具和机械等。如砌筑墙体、粉刷墙面、安装门窗和安设管道等,都属于施工过程。

研究施工过程,首先要对施工过程进行分类。

(1)按完成方法不同,施工过程可以分为手工操作过程(手动过程)、机械化过程(机动过程)和机手并动过程(半机械化过程)。

(2)按劳动分工特点不同,施工过程可以分为个人完成的过程、工人班组完成的过程和施工队完成的过程。

(3)按组织的复杂程度,施工过程可以分为工序、工作过程和综合工作过程。

1)工序是组织上分不开和技术上相同的施工过程。工序的主要特征是工人班组、工作地点、施工工具和材料均不发生变化。如果其中有一个因素发生变化,就意味着从一个工序转入另一个工序。从施工技术操作和组织观点来看,工序是工艺方面最简单的施工过程。从劳动过程的观点来看,工序又可以分解为操作和动作。

施工动作是施工工序中最小的可以测算的部分。施工操作是一个施工动作接着另一个施工动作的综合。每一个动作和操作都是完成施工工序的一部分。

施工工序、操作和动作的关系如图 3-1 所示。

2)工作过程是由同一工人或同一工人班组所完成的在技术操作上相互有机联系的工序总和。其特点是人员编制不变、工作地点不变,而材料和工具则可以更换。

3)综合工作过程是同时进行、在组织上有机地联系在一起、最终能获得一种产品的工作过程的总和。

施工过程的工序或其组成部分,如果以同样次序不断重复,并且每经一次重复都可以生

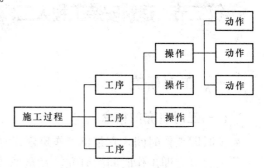

**图 3-1 施工工序、操作和动作的关系**

产出同一种产品,则称为循环的施工过程;若施工过程的工序或其组成部分不是以同样的次序重复,或者生产出来的产品各不相同,则称为非循环的施工过程。

**2. 影响施工过程的主要因素**

在建筑安装施工过程中,生产效率受到诸多因素的影响。这些因素导致同一单位的产品消耗的作业时间各不相同,甚至差别很大。因此,有必要对影响施工过程的因素进行研究,以便正确地确定单位产品所需要的正常作业时间消耗。

(1)技术因素。它包括产品的种类和质量要求,所用材料、半成品、构配件的类别、规格和性能,所用工具和机械设备的类别、型号、性能及完好情况。

(2)组织因素。它包括施工组织与施工方法,劳动组织,工人技术水平、操作方法和劳动态度,工资分配形式,社会主义劳动竞赛。

(3)自然因素。它包括气候条件、地质情况、人为障碍等。

## (三)工人工作时间消耗的分类

工人在工作班内消耗的工作时间,按其消耗的性质,基本可以分为两大类——必须消耗的工作时间(定额时间)和损失时间(非定额时间)。

必须消耗的工作时间是工人在正常施工条件下,为完成一定产品(工作任务)所消耗的时间。它是制定定额的主要依据。

损失时间与产品生产无关,而与施工组织和技术上的缺点以及与工人在施工过程的个人过失或某些偶然因素有关的时间消耗。

工人工作时间的一般分类如图 3-2 所示。

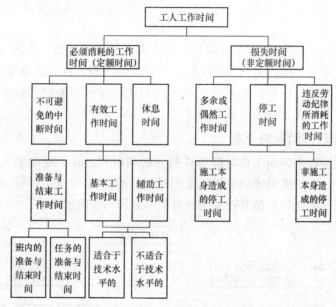

图 3-2　工人工作时间分类图

### 1. 必须消耗的工作时间

从图 3-2 可以看出,必须消耗的工作时间包括不可避免的中断时间、有效工作时间和休息时间。

(1)不可避免的中断时间是由施工工艺特点引起的工作中断所消耗的时间。不可避免的中断时间应和休息时间结合起来考虑,不可避免的中断时间增加,休息时间就要相对减少。

(2)有效工作时间是从生产效果来看与产品生产直接有关的时间消耗,其中包括基本工作时间、辅助工作时间、准备与结束工作时间的消耗。

(3)休息时间是指在施工过程中,工人为了恢复体力所必需的短暂的间歇及因个人需要(如喝水、上厕所)而消耗的时间,但午饭时的工作中断时间不属于施工过程中的休息时间,因为这段时间并不列入工作之内。休息时间的长短和劳动条件有关。劳动繁重紧张、劳动条件差(如高温),则休息时间需要长一些。

### 2. 损失时间

从图 3-2 还可以看出,损失时间包括多余或偶然工作时间、停工时间、违反劳动纪律所消耗的工作时间。

(1)多余或偶然工作时间包括多余或偶然工作引起的时间损失两种情况。

1)多余工作是工人进行了任务以外而又不能增加产品数量的工作。

2)偶然工作是工人在任务外进行但能够获得一定产品的工作。

(2)停工时间是工作班内停止工作造成的时间损失。停工时间按其性质,可分为施工本身造成的停工时间和非施工本身造成的停工时间两种。

1)施工本身造成的停工时间,是由于施工组织不善、材料供应不及时、工作面准备工作做得不好、工作地点组织不良等情况引起的停工时间。

2)非施工本身造成的停工时间,是由于气候条件以及水源、电源中断引起的停工时间。由于自然气候条件的影响而又不在冬、雨期施工范围内的时间损失,应给予合理的考虑,作为必须消耗的时间。

(3)违反劳动纪律所消耗的工作时间,是指工人在工作班开始和午休后的迟到,午饭前和工作班结束前的早退,擅自离开工作岗位,工作时间内聊天或办私事等造成的工时损失。由于个别工人违反劳动纪律而影响其他工人无法工作的时间损失也包括在内。此项工时损失不允许存在,因此,在定额中不做考虑。

**(四)机械工作时间消耗的分类**

在机械化施工过程中,对工作时间消耗的分析和研究,除了要对工人工作时间的消耗进行分类研究之外,还需要分类研究机械工作时间的消耗。

机械工作时间的消耗,可按其性质进行分类,如图 3-3 所示。

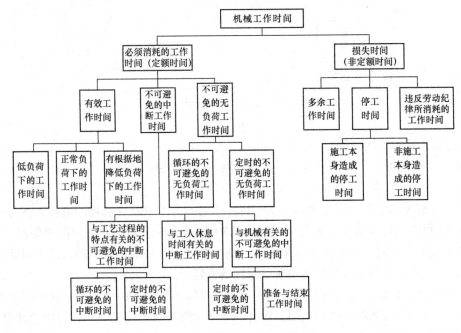

**图 3-3　机械工作时间分类图**

**1. 必须消耗的工作时间**

从图 3-3 可以看出,机械工作必须消耗的工作时间包括有效工作时间、不可避免的无负荷工作时间和不可避免的中断工作时间。

(1)有效工作时间又包括正常负荷下的工作时间、有根据地降低负荷下的工作时间和低负荷下的工作时间。

1)正常负荷下的工作时间，是机械在与机械说明书规定的计算负荷相符合情况下进行工作的时间。

2)有根据地降低负荷下的工作时间，是在个别情况下由于技术上的原因，机械在低于其计算负荷下工作的时间。例如，汽车运输质量小而体积大的货物时，不能充分利用汽车的载重吨位；起重机吊装轻型结构时，不能充分利用其起重能力，因而低于其计算负荷。

3)低负荷下的工作时间，是工人或技术人员的过错所造成的施工机械在降低负荷的情况下工作的时间。

(2)不可避免的无负荷工作时间，是由施工过程的特点和机械结构的特点造成的机械无负荷工作时间。按其出现的性质，可分为循环的不可避免的无负荷工作时间和定时的不可避免的无负荷工作时间两种。

(3)不可避免的中断工作时间，是与工艺过程的特点、机械的使用和保养、工人休息有关的不可避免的中断工作时间。

2. 损失时间

机械工作损失时间包括多余工作时间、停工时间和违反劳动纪律所消耗的工作时间。

(1)多余工作时间，是机器进行任务内和工艺过程内未包括的工作而延续的时间，如工人没有及时供料而使机器空运转的时间。

(2)停工时间，按其性质，也可分为施工本身造成的停工时间和非施工本身造成的停工时间。前者是施工组织不当而引起的停工现象，如由于未及时供给机器燃料而引起的停工；后者是因气候条件所引起的停工现象，如暴雨时压路机的停工。上述停工中延续的时间，均为机器的停工时间。

(3)违反劳动纪律所消耗的工作时间，是指工人迟到、早退或擅离岗位等原因引起的机器停工时间。

## 二、人工定额消耗量的确定

1. 分析基础资料，拟订编制方案

(1)影响工时消耗因素的确定。

1)技术因素。它包括完成产品的类别，材料、构配件的种类和型号等级，机械和机具的种类、型号和尺寸，产品质量等。

2)组织因素。它包括操作方法和施工的管理与组织、工作地点的组织、人员组成和分工、工资与奖励制度、原材料和构配件的质量及供应的组织、气候条件等。

(2)计时观察资料的整理。对每次计时观察的资料进行整理后，要对整个施工过程的观察资料进行系统的分析研究和整理。

整理观察资料的方法大多是采用平均修正法。平均修正法是一种在对测时数列进行修正的基础上，求出平均值的方法。修正测时数列，就是剔除或修正那些偏高、偏低的可疑数值，目的是保证数列不受那些偶然性因素的影响。

如果测时数列受到产品数量的影响，采用加权平均值则是比较适当的。因为采用加权平均值可在计算单位产品工时消耗时，考虑到每次观察中产品数量变化的影响，从而获得可靠的数据。

（3）日常积累资料的整理和分析。

（4）拟订定额的编制方案。编制方案包括以下内容：

1）提出拟编定额的定额水平总的设想。

2）拟定定额分章、分节、分项的目录。

3）选择产品和人工、材料、机械的计量单位。

4）设计定额表格的形式和内容。

2. 确定正常的施工条件

拟定施工的正常条件包括以下几点：

（1）拟定工作地点。工作地点是工人施工活动的场所。拟定工作地点时，应注意，工人在操作时不受妨碍，所使用的工具和材料应按使用顺序放置于工人最便于取用的地方，以减少疲劳和提高工作效率，工作地点应保持清洁和秩序井然。

（2）拟定工作组成。拟定工作组成就是将工作过程按照劳动分工的可能，划分为若干工序，以达到合理使用技术工人的目的。可以采用两种基本方法：一种是把工作过程中简单的工序划分给技术熟练程度较低的工人去完成；另一种是分出若干个技术程度较低的工人，去帮助技术程度较高的工人工作。采用后一种方法就把个人完成的工作过程变成小组完成的工作过程。

（3）拟定施工人员编制。拟定施工人员编制即确定小组人数、技术工人的配备，以及劳动的分工和协作。原则是使每个工人都能充分发挥作用，均衡地担负工作任务。

3. 确定人工定额消耗量

时间定额是在拟定基本工作时间、辅助工作时间、不可避免的中断时间、准备与结束工作时间、休息时间及定额时间的基础上制定的。

（1）拟定基本工作时间。基本工作时间在必须消耗的工作时间中占的比重最大。在确定基本工作时间时，必须细致、精确。基本工作时间消耗一般应根据计时观察资料来确定。其做法是，首先确定工作过程每一组成部分的工时消耗，然后再综合出工作过程的工时消耗。如果组成部分的产品计量单位和工作过程的产品计量单位不符，就需先求出不同计量单位的换算系数，进行产品计量单位的换算，然后再相加，求得工作过程的工时消耗。

（2）拟定辅助工作时间和准备与结束工作时间。辅助工作时间和准备与结束工作时间的确定方法与基本工作时间相同。但是，如果这两项工作时间在整个工作班工作时间消耗中所占比重不超过5%～6%，则可归纳为一项，以工作过程的计量单位表示，确定出工作过程的工时消耗。

如果在计时观察时不能取得足够的资料，也可采用工时规范或经验数据来确定。如具有现行的工时规范，可以直接利用工时规范中规定的辅助和准备与结束工作时间的百分比来计算。

（3）拟定不可避免的中断时间。在确定不可避免中断时间的定额时，必须注意，只有是由工艺特点所引起的不可避免中断，才可列入工作过程的时间定额。

不可避免的中断时间也需要根据测时资料通过整理分析获得，也可以根据经验数据或工时规范，以占工作日的百分比表示此项工时消耗的时间定额。

(4)拟定休息时间。休息时间应根据工作班作息制度、经验资料、计时观察资料，以及对工作的疲劳程度做全面分析来确定。同时，应考虑尽可能利用不可避免中断时间作为休息时间。

(5)拟定定额时间。确定的基本工作时间、辅助工作时间、准备与结束工作时间、不可避免的中断时间和休息时间之和，就是人工定额的定额时间。根据定额时间可计算出产量定额，定额时间和产量定额互为倒数。

利用工时规范，可以计算人工定额的定额时间。其计算公式如下：

$$作业时间＝基本工作时间＋辅助工作时间$$

$$规范时间＝准备与结束工作时间＋不可避免的中断时间＋休息时间$$

$$工序作业时间＝基本工作时间＋辅助工作时间＝基本工作时间/[1－辅助时间（％）]$$

$$定额时间＝\frac{作业时间}{1－规范时间（％）}$$

## 三、材料定额消耗量的确定

### (一)施工中材料消耗的组成

施工中材料的消耗可分为必须消耗的材料和损失的材料两类。必须消耗的材料，是指在合理用料的条件下，生产合格产品所需消耗的材料。它包括直接用于建筑和安装工程的材料、不可避免的施工废料、不可避免的材料损耗。它属于施工正常消耗，是确定材料消耗定额的基本数据。其中，直接用于建筑和安装工程的材料，编制材料净用量定额；不可避免的施工废料和材料损耗，编制材料损耗定额。

### (二)材料消耗定额的制定方法

材料消耗定额必须在充分研究材料消耗规律的基础上制定。科学的材料消耗定额应当是材料消耗规律的正确反映。材料消耗定额是通过施工生产过程中对材料消耗进行观测、试验，以及根据技术资料的统计与理论计算等方法制定的。

1. 观测法

观测法，也称现场测定法。它是指在合理使用材料的条件下，施工现场按一定程序对完成合格产品的材料耗用量进行测定，通过分析、整理，最后得出一定的施工过程单位产品的材料消耗定额。

利用现场测定法主要是编制材料损耗定额，也可以提供编制材料净用量定额的数据。其优点是能通过现场观察、测定，取得产品产量和材料消耗的情况，为编制材料定额提供技术依据。

2. 试验法

试验法是指通过在材料试验室中进行试验和测定数据来确定材料消耗定额的方法。例如，以各种原材料为变量因素，求得不同强度等级混凝土的配合比，从而计算出每立方米混凝土中各种材料的用量。

利用试验法，主要是编制材料净用量定额。通过试验，能够对材料的结构、化学成分和物理性能以及按强度等级控制的混凝土、砂浆配比做出科学的结论，为编制材料消耗定额提供有技术依据的、比较精确的计算数据。

### 3. 统计法

统计法是指通过对现场进料、用料的大量统计资料进行分析计算，获得材料消耗数据的方法。这种方法不能分清材料消耗的性质，因而不能作为确定材料净用量定额和材料损耗定额的精确依据。

对积累的各分部分项工程结算的产品所耗用材料的统计分析，是根据各分部分项工程拨付材料数量、剩余材料数量及总共完成产品数量来进行计算的。

采用统计法，必须保证统计和测算的耗用材料和相应产品一致。在施工现场中的某些材料，往往难以区分用在各个不同部位上的准确数量。因此，要有意识地加以区分，以得到有效的统计数据。

### 4. 理论计算法

理论计算法是根据施工图运用一定的数学公式，直接计算材料耗用量。计算法只能计算出单位产品的材料净用量，材料的损耗量仍要在现场通过实测取得。采用这种方法必须对工程结构、图纸要求、材料特性和规格、施工及验收规范、施工方法等先进行了解和研究。理论计算法适用于不易产生损耗，且容易确定废料的材料，如木材、钢材、砖瓦、预制构件等材料。因为这些材料根据施工图纸和技术资料从理论上都可以计算出来，不可避免的损耗也有一定的规律可循。

### (三)周转性材料消耗量计算

周转性材料在施工过程中不是指通常的一次性消耗材料，而是指可多次周转使用，经过修理、补充才逐渐耗尽的材料，如模板、钢板桩、脚手架等，实际上它亦是一种施工工具和措施。在编制材料消耗定额时，应按多次使用、分次摊销的办法确定。

周转性材料消耗的定额量是指每使用一次摊销的数量，其计算必须考虑一次使用量、周转使用量、周转回收量和周转性材料摊销量之间的关系。

(1)一次使用量是指周转性材料一次使用的基本量，即一次投入量。周转性材料的一次使用量根据施工图计算，其用量与各分部分项工程部位、施工工艺和施工方法有关。

(2)周转使用量是指周转性材料在周转使用和补损的条件下，每周转一次的平均需用量，根据一定的周转次数和每次周转使用的损耗量等因素来确定。

1)周转次数是指周转性材料从第一次使用起可重复使用的次数。它与不同的周转性材料、使用的工程部位、施工方法及操作技术有关。正确规定周转次数，可对准确计算用料、加强周转性材料管理和经济核算起重要作用。

2)损耗量是周转性材料使用一次后由于损坏而需补损的数量，故在周转性材料中又称"补损量"，按一次使用量的百分数计算。该百分数即为损耗率。

(3)周转回收量是指周转性材料在周转使用后除去损耗部分的剩余数量，即可以回收的数量。

(4)周转性材料摊销量是指完成一定计量单位产品，一次消耗周转性材料的数量。

## 四、机械台班定额消耗量的确定

### 1. 确定机械1 h纯工作正常生产率

确定机械正常生产率时，必须首先确定出机械纯工作1 h的正常生产率。

机械纯工作时间，就是指机械的必须消耗时间。机械1 h纯工作正常生产率，就是在正常施工组织条件下，具有必需的知识和技能的技术工人操纵机械1h的生产率。

根据机械工作特点的不同，机械1h纯工作正常生产率的确定方法也有所不同。

(1)对于循环动作机械，确定机械纯工作1h正常生产率的计算公式如下：

$$机械一次循环的正常延续时间＝\sum（循环各组成部分正常延续时间）－交叠时间$$

$$机械纯工作1h循环次数＝\frac{60\times60（s）}{一次循环的正常延续时间}$$

机械纯工作1h正常生产率＝机械纯工作1h循环次数×一次循环生产的产品数量

(2)对于连续动作机械，机械纯工作1h正常生产率要根据机械的类型和结构特征，以及工作过程的特点来进行确定。其计算公式如下：

$$连续动作机械纯工作1h正常生产率＝\frac{工作时间内生产的产品数量}{工作时间（h）}$$

工作时间内的产品数量和工作时间的消耗，要通过多次现场观察和机械说明书来取得数据。

对于同一机械进行作业属于不同的工作过程，如挖掘机所挖土壤的类别不同，碎石机所破碎的石块硬度和粒径不同，均需分别确定其纯工作1h的正常生产率。

## 2. 确定施工机械的正常利用系数

施工机械的正常利用系数，是指机械在工作班内对工作时间的利用率。机械的利用系数和机械在工作班内的工作状况有着密切的关系。所以，要确定机械的正常利用系数，首先要拟定机械工作班保证合理利用工时的正常工作状况，保证合理利用工时。

确定施工机械的正常利用系数，要计算工作班正常状况下准备与结束工作，机械启动、维护等工作必须消耗的时间，以及机械有效工作的开始与结束时间，从而进一步计算出机械在工作班内的纯工作时间和机械正常利用系数。机械正常利用系数的计算公式如下：

$$机械正常利用系数＝\frac{机械在一个工作班内纯工作时间}{一个工作班的延续时间（8h）}$$

## 3. 计算施工机械台班定额

计算施工机械台班定额是编制机械定额工作的最后一步。在确定了机械工作正常条件、机械1h纯工作正常生产率和机械正常利用系数之后，采用下列公式计算施工机械的台班产量定额：

施工机械台班产量定额＝机械1h纯工作正常生产率×工作班纯工作时间

或　　施工机械台班产量定额＝机械1h纯工作正常生产率×工作班延续时间×

机械正常利用系数

$$施工机械时间定额＝\frac{1}{施工机械台班产量定额指标}$$

## 第三节　建筑安装工程人工、材料、机械台班单价的确定

### 一、人工日工资单价的组成和确定方法

人工日工资单价是指施工企业平均技术熟练程度的生产工人，在每个工作日（国家法定工作时间内）按规定从事施工作业应得的日工资总额。合理确定人工日工资单价是正确计算人工费和工程造价的前提和基础。

**1. 人工日工资单价组成内容**

人工日工资单价由计时工资或计件工资、奖金、津贴补贴以及特殊情况下支付的工资组成。

（1）计时工资或计件工资。计时工资或计件工资是指按计时工资标准和工作时间或对已做工作按计件单价支付给个人的劳动报酬。

（2）奖金。奖金是指对超额劳动和增收节支支付给个人的劳动报酬，如节约奖、劳动竞赛奖等。

（3）津贴补贴。津贴补贴是指为了补偿职工特殊或额外的劳动消耗和因其他原因支付给个人的津贴，以及为了保证职工工资水平不受物价影响而支付给个人的物价补贴，如流动施工津贴、特殊地区施工津贴、高温（寒）作业临时津贴、高空津贴等。

（4）特殊情况下支付的工资。特殊情况下支付的工资是指根据国家法律、法规和政策规定，因病、工伤、产假、计划生育假、婚丧假、事假、探亲假、定期休假、停工学习、执行国家或社会义务等原因按计时工资标准或计时工资标准的一定比例支付的工资。

**2. 人工日工资单价确定方法**

（1）年平均每月法定工作日。由于人工日工资单价是每一个法定工作日的工资总额，因此需要对年平均每月法定工作日进行计算。其计算公式如下：

$$年平均每月法定工作日 = \frac{全年日历日 - 法定假日}{12}$$

式中，法定假日是指双休日和法定假日。

（2）日工资单价的计算。确定了年平均每月法定工作日后，将上述工资总额进行分摊，即形成了人工日工资单价。其计算公式如下：

$$日工资单价 = \frac{生产工人平均月工资（计时、计价）+ 平均月（奖金 + 津贴补贴 + 特殊情况下支付的工资）}{年平均每月法定工作日}$$

（3）日工资单价的管理。虽然施工企业投标报价时可以自主确定人工费，但由于人工日工资单价在我国具有一定的政策性，因此工程造价管理机构确定日工资单价应根据工程项目的技术要求，通过市场调查并参考实物的工程量人工单价综合分析确定，发布的最低日工资单价不得低于工程所在地人力资源和社会保障部门所发布的最低工资标准的：普工 1.3 倍、一般技工 2 倍、高级技工 3 倍。

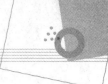

### 3. 影响人工日工资单价的因素

影响人工日工资单价的因素很多，归纳起来有以下几个方面：

(1)社会平均工资水平。建筑安装工人人工日工资单价必然和社会平均工资水平趋同。社会平均工资水平取决于经济发展水平。由于经济的增长，社会平均工资也会增加，从而影响人工日工资单价的提高。

(2)生活消费指数。生活消费指数的提高会影响人工日工资单价的提高，以减少生活水平的下降或维持原来的生活水平。生活消费指数的变动取决于物价的变动，尤其取决于生活消费品物价的变动。

(3)人工日工资单价的组成内容。住房和城乡建设部、财政部《关于印发〈建筑安装工程费用项目组成〉的通知》(建标〔2013〕44号)将职工福利费和劳动保护费从人工日工资单价中删除，这也必然影响人工日工资单价的变化。

(4)劳动力市场供需变化。劳动力市场如果需求大于供给，人工日工资单价就会提高；供给大于需求，市场竞争激烈，人工日工资单价就会下降。

(5)政府推行的社会保障和福利政策也会影响人工日工资单价的变动。

## 二、材料单价的组成和确定方法

在建筑工程中，材料费占总造价的60%～70%，在金属结构工程中所占比重还要大，是直接工程费的主要组成部分。因此，合理确定材料价格构成，正确计算材料单价，有利于合理确定和有效控制工程造价。

### (一)材料单价的构成和分类

#### 1. 材料单价的构成

材料单价是指材料(包括构件、成品及半成品等)从其来源地(或交货地点、供应者仓库提货地点)到达施工工地仓库(施工地点内存放材料的地点)后出库的综合平均价格。材料单价一般由材料原价(或供应价格)、材料运杂费、运输损耗费、采购及保管费组成。此外，在计价时，材料费中还应包括单独列项计算的检验试验费。

$$材料费 = \sum(材料消耗量 \times 材料单价) + 检验试验费$$

#### 2. 材料单价的分类

材料单价按适用范围划分，可分为地区材料单价和某项工程使用的材料单价。地区材料单价是按地区(城市或建设区域)编制，供该地区所有工程使用；某项工程(一般是指大中型重点工程)使用的材料单价，是以一个工程为编制对象，专供该工程项目使用。

地区材料单价与某项工程使用的材料单价的编制原理和方法是一致的，只是在材料来源地、运输数量权数等具体数据上有所不同。

### (二)材料单价的确定方法

材料单价是由材料原价(或供应价格)、材料运杂费、运输损耗费、采购及保管费合计而成的。

#### 1. 材料原价(或供应价格)

材料原价是指国内采购材料的出厂价格，以及国外采购材料抵达买方边境、港口或车站并缴纳完各种手续费、税费后所形成的价格。在确定原价时，凡同一种材料因来源地、交货地、供货单位、生产厂家不同，而有几种价格（原价）时，根据不同来源地供货数量比例，采取加权平均的方法确定其综合原价。其计算公式如下：

$$加权平均原价 = \frac{K_1 C_1 + K_2 C_2 + \cdots + K_n C_n}{K_1 + K_2 + \cdots + K_n}$$

式中，$K_1$，$K_2$，$\cdots$，$K_n$——各不同供应地点的供应量或不同使用地点的需要量；

$C_1$，$C_2$，$\cdots$，$C_n$——各不同供应地点的原价。

若材料供货价格为含税价格，则材料原价应以购进货物适用的税率或征收率扣减增值税进项税额。

**2. 材料运杂费**

材料运杂费是指国内采购材料自来源地、国外采购材料自到岸港运至工地仓库或指定堆放地点发生的费用，含外埠中转运输过程中所发生的一切费用和过境、过桥费用，它包括调车和驳船费、装卸费、运输费及附加工作费等。同一品种的材料有若干个来源地，应采用加权平均的方法计算材料运杂费。其计算公式如下：

$$加权平均运杂费 = \frac{K_1 T_1 + K_2 T_2 + \cdots + K_n T_n}{K_1 + K_2 + \cdots + K_n}$$

式中，$K_1$，$K_2$，$\cdots$，$K_n$——各不同供应地点的供应量或不同使用地点的需要量；

$T_1$，$T_2$，$\cdots$，$T_n$——各不同运距的运费。

**3. 运输损耗费**

在材料的运输中应考虑一定的场外运输损耗费用，这在运输装卸过程中是不可避免的。运输损耗费的计算公式如下：

$$运输损耗费 = （材料原价 + 运杂费） \times 相应材料损耗率$$

**4. 采购及保管费**

采购及保管费是指组织材料采购、检验、供应和保管过程中发生的费用，它包含采购费、仓储费、工地管理费和仓储损耗费。

采购及保管费一般按照材料到库价格以费率取定，其计算公式如下：

$$采购及保管费 = 材料运到工地仓库价格 \times 采购及保管费率（\%）$$

或 $$采购及保管费 = （材料原价 + 运杂费 + 运输损耗费） \times 采购及保管费率（\%）$$

综上所述，材料单价的一般计算公式为

$$材料单价 = \{（供应价格 + 运杂费） \times [1 + 运输损耗率（\%）]\} \times [1 + 采购及保管费率（\%）]$$

由于我国幅员广阔，建筑材料产地与使用地点的距离各地差异很大，建筑材料采购、保管、运输方式也不尽相同，因此，材料单价原则上按地区范围编制。

**（三）影响材料单价变动的因素**

（1）市场供需变化。材料原价是材料单价中最基本的组成。市场供大于求，价格就会下降；反之，价格就会上升，从而会影响材料单价的涨落。

（2）材料生产成本的变动直接影响材料单价的波动。

（3）流通环节的多少和材料供应体制也会影响材料单价。

（4）运输距离和运输方法的改变会影响材料运输费用的增减，从而影响材料单价。

（5）国际市场行情会对进口材料单价产生影响。

## 三、施工机械台班单价的组成和确定方法

施工机械使用费是根据施工中耗用的机械台班数量和机械台班单价确定的。施工机械台班耗用量按有关定额规定计算；施工机械台班单价是指一台施工机械，在正常运转条件下一个工作台班中所发生的全部费用，每台班按 8 h 工作制计算。正确制定施工机械台班单价是合理确定和控制工程造价的重要方面。

### (一)施工机械台班单价的组成

根据 2015 年中华人民共和国住房和城乡建设部发布的《建设工程施工机械台班费用编制规则》，施工机械台班单价由七项费用组成，它包括折旧费、检修费、维护费、安拆费及场外运费、人工费、燃料动力费和其他费。

(1)折旧费。折旧费是指施工机械在规定的耐用总台班内，陆续收回其原值的费用。

(2)检修费。检修费是指施工机械在规定的耐用总台班内，按规定的检修间隔进行必要的检修，以恢复其正常功能所需的费用。

(3)维护费。维护费是指施工机械在规定的耐用总台班内，按规定的维护间隔进行各级维护和临时故障排除所需的费用。保障机械正常运转所需替换设备与随机配备工具附具的摊销费用、机械运转及日常维护所需润滑与擦拭的材料费用及机械停滞期间的维护费用等。

(4)安拆费及场外运费。安拆费是指施工机械在现场进行安装与拆卸所需的人工、材料、机械和试运转费用以及机械辅助设施的折旧、搭设、拆除等费用。场外运费是指施工机械整体或分体自停放地点运至施工现场或由一施工地点运至另一施工地点的运输、装卸、辅助材料等费用。

(5)人工费。人工费是指机上司机(司炉)和其他操作人员的人工费。

(6)燃料动力费。燃料动力费是指施工机械在运转作业中所耗用的燃料及水、电等费用。

(7)其他费。其他费是指施工机械按照国家规定应缴纳的车船税、保险费及检测费等。

### (二)施工机械台班单价的确定方法

施工机械台班单价应按下式计算：

台班单价＝折旧费＋检修费＋维护费＋安拆费及场外运费＋人工费＋燃料动力费＋其他费

1. 折旧费

折旧费按下式计算：

$$折旧费＝\frac{预算价格×(1-残值率)}{耐用总台班}$$

2. 检修费

检修费按下式计算：

$$检修费＝\frac{一次检修费×检修次数}{耐用总台班}$$

3. 维护费

维护费按下式计算：

$$维护费 = \frac{\sum(各级维护一次费用 \times 各级维护次数) + 临时故障排除费}{耐用总台班} +$$

$$替换设备和工具附具台班摊销费$$

### 4. 安拆费及场外运费

安拆费及场外运费根据施工机械不同，分为不需计算、计入台班单价和单独计算三种类型。

（1）不需计算。

1）不需安拆的施工机械，不计算一次安拆费。

2）不需相关机械辅助运输的自行移动机械，不计算场外运费。

3）固定在车间的施工机械，不计算安拆费及场外运费。

（2）计入台班单价。安拆简单、移动需要起重及运输机械的轻型施工机械，其安拆费及场外运费计入台班单价。

（3）单独计算。

1）安拆复杂、移动需要起重及运输机械的重型施工机械，其安拆费及场外运费可单独计算。

2）利用辅助设施移动的施工机械，其辅助设施（包括轨道与枕木等）的折旧、搭设和拆除等费用可单独计算。

安拆费及场外运费应按下式计算：

$$安拆费及场外运费 = \frac{一次安拆费及场外运费 \times 年平均安拆次数}{年工作台班}$$

### 5. 人工费

人工费按下式计算：

$$人工费 = 人工消耗量 \times \left(1 + \frac{年制度工作日 - 年工作台班}{年工作台班}\right) \times 人工单价$$

### 6. 燃料动力费

燃料动力费应按下式计算：

$$燃料动力费 = \sum(燃料动力消耗量 \times 燃料动力单价)$$

### 7. 其他费

其他费应按下式计算：

$$其他费 = \frac{年车船税 + 年保险费 + 年检测费}{年工作台班}$$

## 四、施工仪器仪表台班单价的组成和确定方法

### (一)施工仪器仪表台班单价的组成

根据《建设工程施工仪器仪表台班费用编制规则》的规定，施工仪器仪表划分为自动化仪表及系统、电工仪器仪表、光学仪器、分析仪表、试验机、电子和通信测量仪器仪表及专用仪器仪表七个类别。

施工仪器仪表台班单价由折旧费、维护费、校验费和动力费四项费用组成。施工仪器仪表台班单价中的费用组成不包括检测软件的相关费用。

### (二)施工仪器仪表台班单价的确定方法

#### 1. 折旧费

施工仪器仪表台班折旧费是指施工仪器仪表在耐用总台班内,陆续收回其原值的费用。其计算公式如下:

$$台班折旧费 = \frac{施工仪器仪表原值 \times (1 - 残值率)}{耐用总台班}$$

#### 2. 维护费

施工仪器仪表台班维护费是指施工仪器仪表各级维护、临时故障排除所需的费用,以及为保证仪器仪表正常使用所需备件(备品)的维护费用。其计算公式如下:

$$台班维护费 = \frac{年维护费}{年工作台班}$$

年维护费是指施工仪器仪表在一个年度内发生的维护费用,年维护费应按相关技术指标结合市场价格综合取定。

#### 3. 校验费

施工仪器仪表台班校验费是指按国家与地方政府规定的标定与检验的费用。其计算公式如下:

$$台班校验费 = \frac{年校验费}{年工作台班}$$

年校验费是指施工仪器仪表在一个年度内发生的校验费用。年校验费应按相关技术指标取定。

#### 4. 动力费

施工仪器仪表台班动力费是指施工仪器仪表在施工过程中所耗用的电费。其计算公式如下:

$$台班动力费 = 台班耗电量 \times 电价$$

台班耗电量应根据施工仪器仪表不同类别,按相关技术指标综合取定;电价应执行编制期工程造价管理机构发布的信息价格。

---

# 第四节　施工定额

## 一、施工定额的概念与作用

#### 1. 施工定额的概念

施工定额是以同一性质的施工过程或工序为测定对象,确定建筑安装工人在正常施工条件下,为完成单位合格产品所需人工、机械、材料消耗的数量标准。施工定额是施工企业直接用于建筑工程施工管理的一种定额。施工定额是由人工定额、材料消耗定额和机械台班定额组成,是最基本的定额。

### 2. 施工定额的作用

施工定额是施工企业进行科学管理的基础。施工定额作用的体现有：它是施工企业编制施工预算，进行工料分析和"两算"对比的基础；它是编制施工组织设计、施工作业设计和确定人工、材料及机械台班需要量计划的基础；它是施工企业向工作班（组）签发任务单、限额领料的依据；它是组织工人班（组）开展劳动竞赛、实行内部经济核算、承发包、计取劳动报酬和奖励工作的依据；它是编制预算定额和企业补充定额的基础。

## 二、施工定额的编制原则

### 1. 平均先进原则

所谓平均先进水平，是指在正常条件下，多数施工班组或生产者经过努力可以达到，少数班组或生产者可以接近，个别班组或生产者可以超过的水平。通常，它低于先进水平，略高于平均水平。这种水平使先进的班组和工人感到有一定压力，大多数处于中间水平的班组或工人感到定额水平可望也可即。平均先进水平不迁就少数落后者，而是使他们产生努力工作的责任感，尽快达到平均先进水平。

平均先进水平是一种鼓励先进、勉励中间、鞭策后进的定额水平。贯彻"平均先进"的原则，才能促进企业科学管理和不断提高劳动生产率，进而达到提高企业经济效益的目的。

### 2. 简明适用性原则

企业施工定额设置应简单明了，便于查阅，计算要满足劳动组织分工，划分经济责任与核算个人生产成本的劳动报酬的需要。同时，企业自行设定的定额项目的设置要尽量齐全、完备，根据企业特点合理划分定额步距，常用的对工料消耗影响大的定额项目步距可小一些；反之，步距可大一些，这样有利于企业报价与成本分析。

### 3. 以专家为主编制定额的原则

企业施工定额的编制要求有一支经验丰富、技术与管理知识全面、有一定政策水平的专家队伍，可以保证编制施工定额的延续性、专业性和实践性。

### 4. 坚持实事求是、动态管理的原则

企业施工定额应本着实事求是的原则，结合企业经营管理的特点，确定人工、材料、机械各项消耗的数量，对影响造价较大的主要常用项目，要多考虑施工组织设计，采用先进的工艺，从而使定额在运用上更贴近实际、技术上更先进、经济上更合理，使工程单价真实反映企业的个别成本。

此外，还应注意到市场行情瞬息万变，企业的管理水平和技术水平也在不断地更新，不同的工程在不同的时段，都有不同的价格，因此企业施工定额的编制还要注意便于动态管理的原则。

企业施工定额的编制还要注意量价分离、独立自产，及时采用新技术、新结构、新材料、新工艺等原则。

## 三、施工定额的内容和应用

### 1. 施工定额的内容

（1）文字说明部分。文字说明部分包括总说明、分册（章）说明和分节说明三种。

1）总说明，主要包括定额的用途、编制的依据、适用范围、有关综合性的工作内容、施工方法、质量要求、定额指标的计算方法和有关规定及说明等。

2）分册（章）说明，主要包括分册（章）范围内的工作内容、工程质量及安全要求、施工方法、工程量计算规则和有关规定及说明等。

3）分节说明，主要包括本节内的工作内容、施工方法、质量要求等。

（2）分节定额部分。分节定额部分包括定额的文字说明、定额项目表和附注。文字说明上面已做介绍。

"附注"一般列在定额表的下面，主要是根据施工内容和条件的变动，规定人工、材料、机械定额用量的变化，一般采用乘数和增减料的方法计算。附注是对定额表的补充。

（3）附录。附录一般放在定额分册说明之后，其主要包括名词解释、附图及有关参考资料，如材料消耗计算附表，砂浆、混凝土配合比表等。

2. 施工定额的应用

（1）直接套用。在使用施工定额时，当工程项目的设计要求、施工条件及施工方法与定额项目表中的内容、规定要求完全一致时，即可直接套用。

（2）换算调整。当工程设计要求、施工条件及施工方法与定额项目的内容及规定不完全相符时，应按定额规定换算调整。

## 四、施工定额的编制方法

在编制施工定额的过程中，由于其包括劳动定额、材料消耗定额和机械台班消耗定额三个方面，因此，施工定额的编制方法因劳动定额组成内容的不同而不同。但总的来说，编制方法有两种，即实物法和实物单价法。实物法由劳动定额、材料消耗定额和机械台班三部分组成。它是指施工定额仅列出生产单位合格产品所必须消耗的人工、材料、机械台班定额的数量标准。实物单价法是指陈列出生产单位合格产品所必须消耗的人工、材料、机械台班定额的数量标准外，还列出定额子目的基价。基价等于劳动定额、材料消耗定额和机械台班定额的确定的人工、材料、机械台班消耗量乘以相应的单价。它与预算定额单位估价表相似。实物法是实物单价法的基础。因此，以实物法编制施工定额比较常见。

# 第五节　预算定额

## 一、预算定额的概念与作用

### 1. 预算定额的概念

预算定额是规定消耗在合格质量的单位工程基本构造要素上的人工、材料和机械台班的数量标准，是计算建筑安装产品价格的基础。

预算定额是工程建设中的一项重要的技术经济文件。它的各项指标反映了在完成规定计量单位符合设计标准和施工及验收规范要求的分项工程消耗的活劳动和物化劳动的数量限度。这种限度最终决定着单项工程和单位工程的成本和造价。

2. 预算定额的作用

预算定额的作用主要表现在以下几方面：

(1)预算定额是编制施工图预算、确定建筑安装工程造价的基础。

(2)预算定额是编制施工组织设计的依据。

(3)预算定额是工程结算的依据。

(4)预算定额是施工单位进行经济活动分析的依据。

(5)预算定额是编制概算定额的基础。

(6)预算定额是合理编制招标控制价、投标报价的基础。

## 二、预算定额的编制

### (一)预算定额的编制原则

为保证预算定额的质量，充分发挥预算定额的作用，便于实际使用，在编制工作中应遵循以下原则。

1. 按社会平均水平确定预算定额的原则

预算定额是确定和控制建筑安装工程造价的主要依据，因此它必须遵照价值规律的客观要求，按生产过程中所消耗的社会必要劳动时间确定定额水平，即按照"在现有的社会正常的生产条件，社会平均的劳动熟练程度和劳动强度下制造某种使用价值所需要的劳动时间"来确定定额水平。所以，预算定额的平均水平是在正常的施工条件，合理的施工组织和工艺条件、平均劳动熟练程度和劳动强度下，完成单位分项工程基本构造要素所需要的劳动时间。

预算定额的水平以大多数施工单位的施工定额水平为基础。但是，预算定额绝不是简单地套用施工定额的水平。首先，在比施工定额的工作内容综合扩大的预算定额中，也包含了更多的可变因素，需要保留合理的幅度差；其次，预算定额应当是平均水平，而施工定额是平均先进水平，两者相比，预算定额水平相对要低一些，但是应限制在一定的范围内。

2. 简明适用的原则

预算定额的内容和形式，既要满足各方面使用的需要，具有多方面的适应性，同时又要简明扼要、层次清楚、结构严谨，以免在执行中因模棱两可而出现争议。

预算定额项目应尽量齐全、完整，要把已成熟的和推广使用的新技术、新结构、新材料、新机具和新工艺项目编入定额。为了稳定预算定额的水平，应统一考核尺度和简化工程量计算，在编制预算定额时应尽量减少定额的换算工作。

3. 坚持统一性与差别性相结合的原则

所谓统一性，就是从培育全国统一市场规范计价行为出发，计价定额的制定规划和组织实施由国务院住房城乡建设主管部门归口，并负责全国统一定额的制定或修订，颁发有关工程造价管理的规章、制度、办法等。这样有利于通过定额和工程造价的管理，实现建筑安装工程价格的宏观调控。通过编制全国统一的定额，使建筑安装工程具有一个统一的计价依据，也使考核设计和施工的经济效果具有一个统一尺度。

所谓差别性，就是在统一性的基础上，各部门和省、自治区、直辖市主管部门可以在自己的管辖范围内，根据本部门和地区的具体情况，制定部门和地区性定额、补充性制度和管理办法，以适应我国幅员辽阔、地区间部门发展不平衡和差异大的实际情况。

4. 坚持由专业人员编审的原则

编制预算定额有很强的政策性和专业性，既要合理地把握定额水平，又要反映新工艺、新结构和新材料的定额项目，还要推进定额结构的改革。因此，必须建立专业队伍，长期稳定地积累经验和资料，不断补充和修订定额，促进预算定额适应市场经济的要求。

**(二)预算定额的编制依据**

预算定额的编制依据主要包括以下几方面：

(1)现行人工定额和施工定额。预算定额是在现行人工定额和施工定额的基础上编制的。预算定额中人工、材料、机械台班消耗水平，需要根据人工定额或施工定额取定；预算定额的计量单位的选择，也要以施工定额为参考，从而保证两者的协调性和可比性，降低预算定额的编制工作量，缩短编制时间。

(2)现行设计规范、施工验收规范和安全操作规程。预算定额在确定人工、材料和机械台班消耗数量时，必须考虑上述各项法规的要求和影响。

(3)具有代表性的典型工程施工图及有关标准图。对这些图纸进行仔细分析研究，并计算出工程数量，作为编制定额时选择施工方法、确定定额含量的依据。

(4)新技术、新结构、新材料和先进的施工方法等。这类资料是调整定额水平和增加新的定额项目所必需的依据。

(5)有关科学试验、技术测定和统计、经验资料。这类资料是确定定额水平的重要依据。

(6)现行的预算定额、材料预算价格及有关文件规定等。这类资料包括过去定额编制过程中积累的基础资料，也是编制预算定额的依据和参考。

**(三)预算定额的编制步骤**

预算定额的编制一般按下列几个步骤进行。

1. 编制前的准备

在这个阶段，主要是根据收集到的有关资料和国家政策性文件，拟订编制方案，对编制过程中一些重大原则问题做出统一的规定。

2. 编制预算定额初稿，测算预算定额水平

(1)编制预算定额初稿。在这个阶段，根据确定的定额项目和基础资料，进行反复分析和测算，编制定额项目人工计算表、材料及机械台班计算表，并附注有关计算说明，然后汇总编制预算定额项目表，即预算定额初稿。

(2)测算预算定额水平。新定额编制成稿，必须与原定额进行对比测算，分析水平升降原因。一般新编定额的水平应该不低于历史上已经达到过的水平，并略有提高。在定额水平测算前，必须编出同一工人工资、材料价格、机械台班费的新、旧两套定额的工程单价。

3. 修改定稿、整理资料

(1)印发征求意见。定额初稿编制完成后，需要征求各有关方面的意见和组织讨论、反馈意见，在统一意见的基础上整理分类，制订修改方案。

(2)修改整理报批。按修改方案的决定，将初稿按照定额的顺序进行修改，并经审核无误后形成报批稿，经批准后交付印刷。

(3)撰写编制说明。为顺利地贯彻执行定额，需要撰写新定额编制说明。其内容包括项目、子目数量；人工、材料、机械的内容范围；资料的依据和综合取定情况；定额中允许换算和不允许换算规定的计算资料；人工、材料、机械单价的计算和资料；施工方法、工艺的选择及材料运距的考虑；各种材料损耗率的取定资料；调整系数的使用；其他应该说明的事项与计算数据、资料。

(4)立档、成卷。定额编制资料是贯彻执行定额中需查对资料时的唯一依据，也为修编定额提供历史资料数据，应作为技术档案永久保存。

### (四)预算定额编制中的主要工作

#### 1. 定额项目的划分

因建筑产品结构复杂、形体庞大，所以就整个产品来计价是不可能的。但可根据不同部位、不同消耗或不同构件，将庞大的建筑产品分解成各种不同的，较为简单、适当的计量单位(称为分部分项工程)，作为计算工程量的基本构造要素，在此基础上编制预算定额项目。

确定定额项目时的要求如下：

(1)便于确定单位估价表。

(2)便于编制施工图预算。

(3)便于进行计划、统计和成本核算工作。

#### 2. 工程内容的确定

基础定额子目中，人工、材料消耗量和机械台班使用量是直接由工程内容确定的，所以，工程内容范围的确定是十分重要的。

#### 3. 确定预算定额的计量单位

预算定额与施工定额计量单位往往不同。施工定额的计量单位一般按工序或施工过程确定；而预算定额的计量单位主要是根据分部分项工程和结构构件的形体特征及其变化而确定。由于工作内容的综合性，预算定额的计量单位亦具有综合性。工程量计算规则的规定应确切反映定额项目所包含的工作内容。

预算定额的计量单位关系到预算工作的繁简程度和准确性。因此，要正确地确定各分部分项工程的计量单位。

#### 4. 确定施工的方法

编制预算定额所取定的施工方法，必须选用正常、合理的施工方法，用于确定各专业的工程和施工机械。

#### 5. 确定预算定额中人工、材料、机械台班的消耗量

确定预算定额中的人工、材料、机械台班消耗指标时，必须首先按施工定额的分项逐项计算出消耗指标；然后，再按预算定额的项目加以综合。但是，这种综合不是简单的合并和相加，而是需要在综合过程中增加两种定额之间的适当水平差。预算定额的水平，首先取决于这些消耗量的合理确定。

人工、材料和机械台班消耗量指标，应根据定额编制原则和要求，采用理论与实际相结合、图纸计算与施工现场测算相结合、编制人员与现场工作人员相结合等方法进行计算和确定，使定额既符合政策要求，又与客观情况一致，便于贯彻执行。

6. 编制定额表和拟定有关说明

定额项目表的一般格式是：横向排列为各分项工程的项目名称，竖向排列为分项工程的人工、材料和施工机械消耗量指标。有的定额项目表下部还有附注，以说明设计有特殊要求时，怎样进行调整和换算。

预算定额的主要内容包括目录，总说明，各章、节说明，定额表以及有关附录等。

## 三、预算定额消耗量的编制方法

确定预算定额人工、材料、机械台班消耗指标时，必须先按施工定额的分项逐项计算出消耗指标，再按预算定额的项目加以综合。但是，这种综合不是简单的合并和相加，而需要在综合过程中增加两种定额之间的适当的水平差。预算定额的水平，首先取决于这些消耗量的合理确定。

人工、材料和机械台班消耗量指标，应根据定额编制原则和要求，采用理论与实际相结合、图纸计算与施工现场测算相结合、编制人员与现场工作人员相结合等方法进行计算和确定，使定额既符合政策要求，又与客观情况一致，便于贯彻执行。

1. 预算定额中人工工日消耗量的计算

人工的工日数可以有两种确定方法，一种是以劳动定额为基础确定；另一种是以现场观察测定资料为基础计算，其主要用于遇到劳动定额缺项时，采用现场工作日写实等测时方法测定和计算定额的人工耗用量。

预算定额中人工工日消耗量是指在正常施工条件下，生产单位合格产品所必须消耗的人工工日数量，是由分项工程所综合的各个工序劳动定额包括的基本用工和其他用工两部分组成的。

(1)基本用工。基本用工是指完成一定计量单位的分项工程或结构构件的各项工作过程的施工任务所必须消耗的技术工种用工。基本用工按技术工种相应劳动定额工时定额计算，以不同工种列出定额工日。基本用工如下：

1)完成定额计量单位的主要用工。它按综合取定的工程量和相应劳动定额进行计算。计算公式如下：

$$基本用工 = \sum (综合取定的工程量 \times 劳动定额)$$

例如，工程实际中的砖基础，有1砖厚、1/2砖厚、2砖厚等之分，用工各不相同，在预算定额中，由于不区分厚度，需要按照统计的比例，加权平均得出综合的人工消耗。

2)按劳动定额规定应增(减)计算的用工量。如在砖墙项目中，分项工程的工作内容包括附墙烟囱孔、垃圾道、壁橱等零星组合部分的内容，其人工消耗量相应增加附加人工消耗。由于预算定额是在施工定额子目的基础上综合扩大的，包括的工作内容较多，施工的工效视具体部位而不一样，所以，需要额外增加人工消耗，而这种人工消耗也可以列入基本用工内。

(2)其他用工。其他用工是辅助基本用工消耗的工日，它包括超运距用工、辅助用工和人工幅度差用工。

1)超运距用工。超运距是指劳动定额中已包括的材料、半成品的场内水平搬运距离与预算定额所考虑的现场材料、半成品堆放地点到操作地点的水平运输距离之差。其计算公式如下：

$$超运距＝预算定额取定运距－劳动定额已包括的运距$$

$$超运距用工＝\sum（超运距材料数量×时间定额）$$

当实际工程现场运距超过预算定额取定运距时，可另行计算现场二次搬运费。

2)辅助用工。辅助用工是指技术工种劳动定额内不包括而在预算定额内又必须考虑的用工，如机械土方工程配合用工、材料加工(筛砂、洗石、淋化石膏)、电焊点火用工等。其计算公式如下：

$$辅助用工＝\sum（材料加工数量×相应的加工劳动定额）$$

3)人工幅度差用工。人工幅度差用工即预算定额与劳动定额的差额，主要是指在劳动定额中未包括而在正常施工情况下不可避免但又很难准确计量的用工和各种工时损失。其内容包括如下：

①各工种间的工序搭接及交叉作业相互配合或影响所发生的停歇用工；

②施工机械在单位工程之间转移及临时水电线路移动所造成的停工；

③质量检查和隐蔽工程验收工作的影响；

④班组操作地点转移用工；

⑤工序交接时对前一道工序不可避免的修整用工；

⑥施工中不可避免的其他零星用工。

人工幅度差计算公式如下：

$$人工幅度差＝(基本用工＋辅助用工＋超运距用工)×人工幅度差系数$$

人工幅度差系数一般为 10%～15%。在预算定额中，人工幅度差的用工量列入其他用工量中。

2. 预算定额中材料消耗量的计算

材料消耗量的计算方法主要有以下几项：

(1)凡有标准规格的材料，按规范要求计算定额计量单位的耗用量，如砖、防水卷材、块料面层等。

(2)凡设计图纸标注尺寸及下料要求的，按设计图纸尺寸计算材料净用量，如门窗制作用材料、方料、板料等。

(3)换算法。各种胶结、涂料等材料的配合比用料，可以根据要求条件换算，得出材料用量。

(4)测定法。测定法包括实验室试验法和现场观察法。各种强度等级的混凝土及砌筑砂浆配合比的耗用原材料数量的计算，须按照规范要求试配，经过试压合格并经过必要的调整后得出水泥、砂子、石子、水的用量。对新材料、新结构又不能用其他方法计算定额消耗用量时，须用现场测定方法来确定，根据不同条件可以采用写实记录法和观察法，得出定额的消耗量。

材料损耗量是指在正常条件下不可避免的材料损耗，如现场内材料运输及施工操作过程中的损耗等。其关系式如下：

$$损耗率＝损耗量/净用量×100\%$$

$$损耗量＝净用量×损耗率(\%)$$

$$消耗量＝净用量＋损耗量$$

或 $$消耗量＝净用量×[1＋损耗率(\%)]$$

**3. 预算定额中机械台班消耗量的计算**

预算定额中的机械台班消耗量是指在正常施工条件下，生产单位合格产品(分部分项工程或结构构件)必须消耗的某种型号施工机械的台班数量。

(1)根据施工定额确定机械台班消耗量。根据施工定额确定机械台班消耗量是指用施工定额中机械台班产量加机械幅度差计算预算定额的机械台班消耗量。

机械台班幅度差是指在施工定额中所规定的范围内没有包括，而在实际施工中又不可避免产生的影响机械或使机械停歇的时间。其内容包括以下几项：

1)施工机械转移工作面及配套机械相互影响损失的时间。

2)在正常施工条件下，机械在施工中不可避免的工序间歇。

3)工程开工或收尾时工作量不饱满所损失的时间。

4)检查工程质量影响机械操作的时间。

5)临时停机、停电影响机械操作的时间。

6)机械维修引起的停歇时间。

大型机械幅度差系数为土方机械25%、打桩机械33%、吊装机械30%。砂浆、混凝土搅拌机由于按小组配用，以小组产量计算机械台班产量，不另增加机械幅度差。其他分部工程中如钢筋加工、木材、水磨石等，各项专用机械的幅度差为10%。

综上所述，预算定额中机械台班消耗量按下式计算：

预算定额中机械台班消耗量＝施工定额机械台班消耗量×(1＋机械幅度差系数)

(2)以现场测定资料为基础确定机械台班消耗量。以现场测定资料为基础确定机械台班消耗量是指如遇到施工定额缺项者，则需要依据单位时间完成的产量测定。

## 四、通用安装工程消耗量定额简介

2015年3月4日，中华人民共和国住房和城乡建设部以建标〔2015〕34号文件发布了关于印发《房屋建筑与装饰工程消耗量定额》《通用安装工程消耗量定额》《市政工程消耗量定额》《建设工程施工机械台班费用编制规则》《建设工程施工仪器仪表台班费用编制规则》的通知。以上定额及规则自2015年9月1日起施行。

《通用安装工程消耗量定额》是完成规定计量单位分部分项工程所需的人工、材料、施工机械台班的消耗量标准；是各地区、部门工程造价管理机构编制建设工程定额确定消耗量，编制国有投资工程投资估算、设计概算、最高投标限价的依据。《通用安装工程消耗量定额》(TY02－31－2015)共分十二册，其主要内容包括：

第一册《机械设备安装工程》；

第二册《热力设备安装工程》；

第三册《静置设备与工艺金属结构制作安装工程》；

第四册《电气设备安装工程》；

第五册《建筑智能化工程》；

第六册《自动化控制仪表安装工程》；

第七册《通风空调工程》；

第八册《工业管道工程》；

第九册《消防工程》；

第十册《给水排水、采暖、燃气工程》；

第十一册《通信设备及线路工程》；

第十二册《刷油、防腐蚀、绝热工程》。

《通用安装工程消耗量定额》的相关说明如下：

(1)定额适用于工业与民用建筑的新建、扩建通用安装工程。

(2)定额以国家和有关部门发布的国家现行设计规范、施工及验收规范、技术操作规程、质量评定标准、产品标准和安全操作规程，现行工程量清单计价规范、计算规范和有关定额为依据编制，并参考了有关地区和行业标准、定额，以及典型工程设计、施工和其他资料。

(3)定额按正常施工条件、国内大多数施工企业采用的施工方法、机械化程度和合理的劳动组织及工期进行编制。

1)设备、材料、成品、半成品、构配件完整无损，符合质量标准和设计要求，附有合格证书和实验记录。

2)安装工程和土建工程之间的交叉作业正常。

3)正常的气候、地理条件和施工环境。

4)安装地点、建筑物、设备基础、预留孔洞等均符合安装要求。

(4)关于人工：

1)定额的人工以合计工日表示，并分别列出普工、一般技工和高级技工的工日消耗量。

2)定额的人工包括基本用工、超运距用工、辅助用工和人工幅度差。

3)定额的人工每工日按 8 小时工作制计算。

(5)关于材料：

1)定额中的材料包括施工中消耗的主要材料、辅助材料、周转材料和其他材料。

2)定额中材料消耗量包括净用量和损耗量。其中，损耗量包括从工地仓库、现场集中堆放地点(或现场加工地点)至操作(或安装)地点的施工场内运输损耗、施工操作损耗、施工现场堆放损耗等，规范(设计文件)规定的预留量、搭接量不在损耗率中考虑。

3)定额中的周转性材料按不同施工方法，不同类别、材质，计算出一次摊销量进入消耗量定额。

4)对于用量少、低值易耗的零星材料，列为其他材料。

(6)关于机械：

1)定额中的机械按常用机械、合理机械配备和施工企业的机械化装备程度，并结合工程实际综合确定。

2)定额的机械台班消耗量是按正常机械施工工效并考虑机械幅度差综合取定。

3)凡单位价值在 2 000 元以内、使用年限在一年以内不构成固定资产的施工机械，不列入机械台班消耗量，作为工具用具在建筑安装工程费中的企业管理费考虑，其消耗的燃料动力等列入材料。

(7)关于仪器仪表：

1)定额的仪器仪表台班消耗量是按正常施工工效综合取定的。

2)凡单位价值在 2 000 元以内、使用年限在一年以内不构成固定资产的仪器仪表，不列入仪器仪表台班消耗量。

(8)关于水平和垂直运输：

1)设备：其包括自安装现场指定堆放地点运至安装地点的水平和垂直运输。

2)材料、成品、半成品：其包括自施工单位现场仓库或现场指定堆放地点运至安装地点的水平和垂直运输。

3)垂直运输基准面：室内以室内地平面为基准面，室外以设计标高正负零平面为基准面。

(9)定额未考虑施工与生产同时进行、有害身体健康的环境中施工时降效增加费，发生时另行计算。

(10)定额适用于海拔在 2 000 m 以下的地区，超过上述情况时，由各地区、部门结合高原地区的特殊情况，自行制定调整办法。

(11)定额注有"××以内"或"××以下"者，均包括××本身；"××以外"或"××以上"者，则不包括××本身。

(12)凡本说明未尽事宜，详见各册、章说明和附录。

# 第六节  概算定额和概算指标

## 一、概算定额

### (一)概算定额的概念

概算定额是指生产一定计量单位的经扩大的建筑工程结构构件或分部分项工程所需要的人工、材料和机械台班的消耗数量及费用的标准。

概算定额是在预算定额的基础上，根据有代表性的建筑工程通用图和标准图等资料，进行综合、扩大和合并而成。因此，建筑工程概算定额亦称"扩大结构定额"。

概算定额与预算定额的相同之处是都以建(构)筑物各个结构部分和分部分项工程为单位表示，内容也都包括人工、材料和机械台班使用量定额三个基本部分，并列有基准价。

概算定额表达的主要内容、表达的主要方式及基本使用方法都与综合预算定额相近。

$$定额基准价 = 定额单位人工费 + 定额单位材料费 + 定额单位机械费 = 人工概算定额消$$
$$耗量 \times 人工工资单价 + \sum (材料概算定额消耗量 \times 材料预算价格) +$$
$$\sum (施工机械概算定额消耗量 \times 机械台班费用单价)$$

概算定额与预算定额的不同之处在于项目划分和综合扩大程度上的差异，同时，概算定额主要用于设计概算的编制。由于概算定额综合了若干分项工程的预算定额，因此概算工程量计算和概算表的编制比编制施工图预算简化了很多。

编制概算定额时，应考虑到能适应规划、设计、施工各阶段的要求。概算定额与预算定额应保持一致水平，即在正常条件下，反映大多数企业的设计、生产及施工管理水平。

概算定额的内容和深度是以预算定额为基础的综合与扩大。在合并中，不得遗漏或增加细目，以保证定额数据的严密性和正确性。概算定额务必简化、准确和适用。

**(二)概算定额的作用**

(1)概算定额是在扩大初步设计阶段编制概算、技术设计阶段编制修正概算的主要依据。

(2)概算定额是编制建筑安装工程主要材料申请计划的基础。

(3)概算定额是进行设计方案技术经济比较和选择的依据。

(4)概算定额是编制概算指标的计算基础。

(5)概算定额是确定基本建设项目投资额、编制基本建设计划、实行基本建设大包干、控制基本建设投资和施工图预算造价的依据。

因此，正确合理地编制概算定额在提高设计概算的质量、加强基本建设经济管理、合理使用建设资金、降低建设成本、充分发挥投资效果等方面，具有非常重要的作用。

**(三)概算定额编制的原则和依据**

1. 概算定额编制的原则

为了提高设计概算质量，加强基本建设经济管理，合理使用国家建设资金，降低建设成本，充分发挥投资效果，在编制概算定额时，必须遵循以下原则：

(1)使概算定额适应设计、计划、统计和拨款的要求，更好地为基本建设服务。

(2)概算定额水平的确定，应与预算定额的水平基本一致。必须是反映正常条件下大多数企业的设计、生产施工管理水平。

(3)概算定额的编制深度，要适应设计深度的要求，项目划分应坚持简化、准确和适用的原则，以主体结构分项为主，合并其他相关部分，进行适当综合扩大；概算定额项目计量单位应与预算定额尽量一致；应考虑统筹法及应用电子计算机编制的要求，以简化工程量和概算的计算编制。

(4)为了稳定概算定额水平，统一考核尺度和简化计算工程量，编制概算定额时，原则上不留活口；对于设计和施工变化多而影响工程量多、价差大的，应根据有关资料进行测算，综合取定常用数值；对于其中还包括不了的个性数值，可适当留些活口。

2. 概算定额编制的依据

概算定额编制的依据主要有以下几个方面：

(1)现行的全国通用的设计标准、规范和施工验收规范。

(2)现行的预算定额。

(3)标准设计和有代表性的设计图纸。

(4)过去颁发的概算定额。

(5)现行的人工工资标准、材料预算价格和施工机械台班单价。

(6)有关的施工图预算和结算资料。

**(四)概算定额编制的步骤**

概算定额的编制一般分四个阶段进行，即准备阶段、编制初稿阶段、测算阶段和审查定稿阶段。

(1)准备阶段。该阶段主要是确定编制机构和人员组成，进行调查研究，了解现行概算定额执行情况和存在问题，明确编制目的，制订概算定额的编制方案和确定概算定额的项目。

（2）编制初稿阶段。该阶段是根据已经确定的编制方案和概算定额项目，收集和整理各种编制依据，对各种资料进行深入细致的测算和分析，确定人工、材料和机械台班的消耗量指标，最后编制概算定额初稿。概算定额水平与预算定额水平之间应有一定的幅度差，幅度差一般在5%以内。

（3）测算阶段。该阶段的主要工作是测算概算定额水平，即测算新编制概算定额与原概算定额及现行预算定额之间的水平。其测算方法应满足既要分项进行测算，又要通过编制单位工程概算以单位工程为对象进行综合测算的要求。

（4）审查定稿阶段。概算定额经测算比较定稿后，可报送国家授权机关审批。

**（五）概算定额基价的编制**

概算定额基价与预算定额基价一样，只包括人工费、材料费和机械费，是编制扩大单位估价表所确定的单价，用于编制设计概算。概算定额基价和预算定额基价的编制方法相同。概算定额基价按下列公式计算：

$$概算定额基价＝人工费＋材料费＋机械费$$

$$人工费＝现行概算定额中人工工日消耗量×人工单价$$

$$材料费＝\sum（现行概算定额中材料消耗量×相应材料单价）$$

$$机械费＝\sum（现行概算定额中机械台班消耗量×相应机械台班单价）$$

# 二、概算指标

## （一）概算指标的概念和作用

### 1. 概算指标的概念

概算指标是以一个建筑物或构筑物为对象，按各种不同的结构类型，确定以每 $100\ \text{m}^2$ 或 $1\ 000\ \text{m}^3$ 和每座为计量单位的人工、材料和机械台班（机械台班一般不以量列出，用系数计入）的消耗指标（量）或每万元投资额中各种指标的消耗数量。

### 2. 概算指标的作用

（1）概算指标可以作为编制投资估算的参考。

（2）概算指标是初步设计阶段编制概算书，确定工程概算造价的依据。

（3）概算指标中的主要材料指标可以作为匡算主要材料用量的依据。

（4）概算指标是设计单位进行设计方案比较、设计技术经济分析的依据。

（5）概算指标是编制固定资产投资计划，确定投资额和主要材料计划的主要依据。

## （二）概算指标的表现形式

概算指标在具体内容的表示方法上，可分为综合概算指标和单项概算指标两种形式。

（1）综合概算指标。综合概算指标是按照工业或民用建筑及其结构类型而制定的概算指标。综合概算指标的概况性较大，其准确性、针对性不如单项概算指标。

（2）单项概算指标。单项概算指标是指为某种建筑或构筑物而编制的概算指标。单项概算指标的针对性较强，故指标中对工程结构形式要做介绍。只要工程项目的结构形式及工程内容与单项概算指标中的工程概况相吻合，编制出的设计概算则比较准确。

### (三)概算指标的编制

**1. 概算指标编制的原则**

(1)按平均水平确定概算指标的原则。在我国社会主义市场经济条件下，概算指标作为确定工程造价的依据，同样必须遵守价值规律的客观要求。在编制概算指标时，必须按社会必要劳动时间，贯彻平均水平的编制原则。只有这样，才能使概算指标合理确定和控制工程造价的作用得到充分发挥。

(2)概算指标的内容与表现形式要贯彻简明适用的原则。为适应市场经济的客观要求，概算指标的项目划分应根据用途的不同，确定其项目的综合范围。遵循粗而不漏、适应面广的原则，体现综合扩大的性质。概算指标从形式到内容应该简明易懂，要便于在采用时根据拟建工程的具体情况进行必要的调整换算，能在较大范围内满足不同用途的需要。

(3)概算指标的编制依据必须具有代表性。概算指标所依据的工程设计资料，应是有代表性的，技术上是先进的，经济上是合理的。

**2. 概算指标编制的依据**

(1)标准设计图纸和各类工程典型设计。

(2)国家颁发的建筑标准、设计规范、施工规范等。

(3)各类工程造价资料。

(4)现行的概算定额和预算定额及补充定额。

(5)人工工资标准、材料预算价格、机械台班预算价格及其他价格资料。

**3. 概算指标编制的步骤**

(1)准备阶段。该阶段主要是收集资料，确定指标项目，研究编制概算指标的有关方针、政策和技术性的问题。

(2)编制阶段。该阶段主要是选定图纸，并根据图纸资料计算工程量和编制单位工程预算书，以及按编制方案确定的指标项目和人工及主要材料消耗指标，填写概算指标表格。

(3)审核定案及审批阶段。概算指标初步确定后要进行审查、比较，进行必要的调整后，送国家授权机关审批。

# 第七节　投资估算指标

投资估算指标用于编制投资估算，往往以独立的单项工程或完整的工程项目为计算对象，其主要作用是为项目决策和投资控制提供依据。投资估算指标比其他各种计价定额具有更大的综合性和概括性。投资估算指标按其综合程度可分为建设项目投资估算指标、单项工程投资估算指标和单位工程投资估算指标。

建设项目投资估算指标有两种：一种是工程总投资或总造价指标；另一种是以生产能力或其他计量单位为计算单位的综合投资指标。单项工程投资估算指标一般以生产能力等为计算单位，包括建筑安装工程费、设备及工器具购置以及应计入单项工程投资的其他费用。单位工程投资估算指标一般以"m²""m³""座"等为单位。

投资估算指标应列出工程内容、结构特征等资料，以便应用时依据实际情况进行必要的调整。

投资估算指标编制工作一般可分为下面三个阶段进行：

(1)收集整理资料阶段。收集整理已建成或正在建设的，符合现行技术政策和技术发展方向、有可能重复采用的、有代表性的工程设计施工图和设计标准，以及相应的竣工决算或施工图预算资料等。这些资料是编制工作的基础，资料收集得越广泛，反映的问题就越多，编制工作考虑得越全面，就越有利于提高投资估算指标的实用性和覆盖面。同时，对调查收集到的资料要选择占投资比重大、相互关联多的项目进行认真的分析整理，由于已建成或正在建设的工程的设计意图、建设时间和地点、资料的基础等不同，相互之间的差异很大，需要去粗取精、去伪存真地加以整理，才能重复利用。将整理后的数据资料按项目划分栏目加以归类，按照编制年度的现行定额、费用标准和价格，调整成编制年度的造价水平及相互比例。

(2)平衡调整阶段。由于调查收集的资料来源不同，虽然经过一定的分析整理，但难免会因设计方案、建设条件和建设时间上的差异带来的某些影响而使数据失准或漏项等，因此必须对有关资料进行综合平衡调整。

(3)测算审查阶段。测算是将新编的指标和选定工程的概预算，在同一价格条件下进行比较，检验其"量差"的偏离程度是否在允许偏差的范围之内，如偏差过大，则要查找原因，进行修正，以保证指标的确切、实用。测算同时也是对指标编制质量进行的一次系统检查，应由专人进行，以保持测算口径的统一，在此基础上组织有关专业人员予以全面审查定稿。

## 本章小结

本章主要介绍工程建设定额的概念、作用、特点、分类，建筑安装工程人工、材料、机械台班定额消耗量的确定，建筑安装工程人工、材料、机械台班单价的确定，建筑安装工程计价定额的编制。在学习过程中，学生应充分理解人工定额、材料消耗定额、机械台班消耗定额的概念，在理解的基础上熟练掌握人工定额、材料消耗定额、机械台班消耗定额的编制与应用，并且正确计算人工单价、材料价格、机械台班单价，为提高施工企业机械化水平、施工企业的生产水平打好基础。

## 思考与练习

### 一、填空题

1. 按定额的基本因素不同，工程建设定额可分为_____、_____、_____。

2. 按定额的测定对象和使用要求不同，工程建设定额可分为_____、_____、_____、_____、_____。

3. 工时即工作时间，是指工作班_____时间(不包括午休)。

4. 必须消耗的工作时间包括_____、_____和_____。

5. 损失时间包括由_____、_____、_____。

6. 施工中材料的消耗可分为_____和_____两类。

7. 人工日工资单价由_____、_____、_____以及_____组成。

## 二、多项选择题

1. 按编制部门和使用范围的不同，工程建设定额可分为(　　)。

   A. 全国统一定额　　B. 行业统一定额　　C. 地区统一定额　　D. 企业定额

   E. 补充定额

2. 按劳动分工特点的不同，施工过程可以分为(　　)。

   A. 个人完成的过程　　　　　　　　B. 工人班组完成的过程

   C. 施工队完成的过程　　　　　　　D. 机械化过程

3. 影响施工过程的主要因素有(　　)。

   A. 技术因素　　　　B. 人为因素　　　C. 组织因素　　　　D. 自然因素

4. 施工仪器仪表台班单价由(　　)组成。

   A. 折旧费　　　　　　　　　　　　B. 安拆费及场外运费

   C. 维护费　　　　　　　　　　　　D. 校验费

   E. 动力费

## 三、简答题

1. 定额具有哪几个方面的作用？

2. 影响工时消耗的因素有哪些？

3. 简述材料消耗定额的制定方法。

4. 影响人工日工资单价的因素有哪些？

5. 施工定额的作用是什么？

6. 预算定额的编制依据是什么？

7. 概算指标编制的步骤是什么？

# 第四章  工程量清单计价

## 第一节  工程量清单计价与计价规范

### 一、工程量清单计价概述

#### 1. 工程量清单计价的概念

工程量清单是载明建设工程分部分项工程项目、措施项目、其他项目的名称和相应数量以及规费、税金项目等明细清单。

工程量清单体现了招标人要求投标人完成的工程及相应的工程数量，全面反映了投标报价要求，是投标人进行报价的依据，也是招标文件不可分割的一部分。工程量清单的内容应完整、准确，合理的清单项目设置和准确的工程数量是清单计价的前提和基础。对招标人来讲，工程量清单是进行投资控制的前提和基础，工程量清单编制的质量会直接关系和影响到工程建设的最终结果。

工程量清单计价是一种国际上通行的工程造价计价方式。它是在建设工程招标投标过程中，招标人按照国家统一的工程量计算规则提供工程数量，由投标人依据工程量清单、施工图、企业金额、市场价格自主报价，并经评审后合理低价中标的工程造价计价方式。

工程量清单计价应包括按招标文件规定，完成工程量清单所列项目的全部费用，包括分部分项工程费、措施项目费、其他项目费和规费、税金。工程量清单应采用综合单价计价，它包括完成工程量清单中一个规定计量单位项目所需的人工费、材料费、施工机具使用费、管理费和利润，并考虑风险因素。综合单价不仅适用于分部分项工程量清单，还适用于措施项目清单和其他项目清单。

2. 工程量清单计价的特点

工程量清单计价真实反映了工程实际，在工程招标投标过程中，投标企业在投标报价时，必须考虑工程本身的内容、范围、技术特点要求以及招标文件的有关规定、工程现场情况等因素；同时，还必须充分考虑到许多其他方面的因素，如投标单位自己制订的工程总进度计划、施工方案、分包计划、资源安排计划等。这些因素对投标报价有着直接而重大的影响，而且对每一项招标工程来讲都具有其特殊性的一面，所以应该允许投标单位针对这些方面灵活机动地调整报价，以使报价能够与工程实际相吻合。而只有这样，才能把投标定价自主权真正交给招标和投标单位，投标单位才会对自己的报价承担相应的风险与责任，从而建立起真正的风险制约和竞争机制，避免合同实施过程中的推诿和扯皮现象的发生，为工程管理提供方便。

工程量清单计价的特点具体体现在以下几个方面：

(1)统一计价规则。通过制定统一的建设工程工程量清单计价方法、统一的工程量计量规则、统一的工程量清单项目设置规则，以达到规范计价行为的目的。这些规则和办法是强制性的，建设各方面都应该遵守，这是工程造价管理部门首次在文件中明确政府应管什么，不应管什么。

(2)有效控制消耗量。通过由政府发布统一的社会平均消耗量指导标准，为企业提供一个社会平均尺度，避免企业盲目或随意大幅度减少或扩大消耗量，从而达到保证工程质量的目的。

(3)彻底放开价格。将工程消耗量定额中的人工、材料、机械价格和利润、管理费全面放开，由市场的供求关系自行确定价格。

(4)企业自主报价。投标企业根据自身的技术专长、材料采购渠道和管理水平等，制定企业自己的报价定额，自主报价。企业尚无报价定额的，可参考使用造价管理部门颁布的工程消耗量定额。

(5)市场有序竞争形成价格。通过建立与国际惯例接轨的工程量清单计价模式，引入充分竞争形成价格的机制，制定衡量投标报价合理性的基础标准。在投标过程中，有效引入竞争机制，淡化标底的作用，在保证质量、工期的前提下，按《中华人民共和国招标投标法》及有关条款规定，最终以"不低于成本"的合理低价者中标。

3. 工程量清单计价的基本原理

工程量清单计价的基本原理就是以招标人提供的工程量清单为平台，投标人根据自身的技术、财务、管理能力进行投标报价，招标人根据具体的评标细则进行优选，这种计价方式是市场定价体系的具体表现形式。

工程量清单计价的基本过程可以描述为在统一工程量计算规则的基础上，制定统一的工程量清单项目设置规则，根据具体工程的施工图纸计算出各个清单项目的工程量，再根据各种渠道所获得的工程造价信息和经验数据计算得到工程造价。其基本过程如图 4-1 所示。

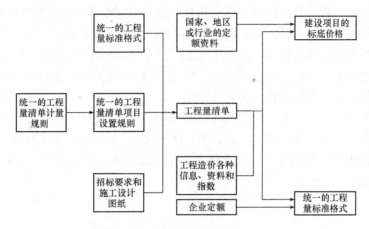

**图 4-1　工程量清单计价过程示意图**

从图 4-1 可以看出，其编制过程可以分为工程量清单格式的编制和利用工程量清单来编制投标报价两个阶段。投标报价是在业主提供的工程量计算结果的基础上，根据企业自身所掌握的各种信息、资料，结合企业定额进行编制的。

## 二、工程量清单计价规范的发布与适用范围

2012 年 12 月 25 日，中华人民共和国住房和城乡建设部、国家质量监督检验检疫总局发布了《建设工程工程量清单计价规范》（GB 50500—2013）（以下简称"13 计价规范"），中华人民共和国住房和城乡建设部发布了《房屋建筑与装饰工程工程量计算规范》（GB 50854—2013）（以下简称"13 计算规范"），于 2013 年 7 月 1 日起实施。

"13 计价规范"及"13 计算规范"是在《建设工程工程量清单计价规范》（GB 50500—2008）（以下简称"08 计价规范"）的基础上，以原建设部发布的工程基础定额、消耗量定额、预算定额以及各省、自治区、直辖市或行业建设主管部门发布的工程计价定额为参考，以工程计价相关的国家或行业的技术标准、规范、规程为依据，收集近年来新的施工技术、工艺和新材料的项目资料，经过整理，在全国广泛征求意见后编制而成。

"13 计价规范"适用于建设工程发承包及实施阶段的招标工程量清单、招标控制价、投标报价的编制，工程合同价款的约定，竣工结算的办理以及施工过程中的工程计量、合同价款支付、施工索赔与现场签证、合同价款调整和合同价款争议的解决等计价活动。相对于"08 计价规范"，"13 计价规范"将"建设工程工程量清单计价活动"修改为"建设工程发承包及实施阶段的计价活动"，从而对清单计价规范的适用范围进行了明确，表明了无论哪种计价方式，建设工程发承包及实施阶段的计价活动必须执行"13 计价规范"。之所以规定"建设工程发承包及实施阶段的计价活动"，主要是因为工程建设具有周期长、金额大、不确定因素多的特点，从而决定了建设工程计价具有分阶段计价的特点，建设工程决策阶段、设计阶段的计价要求与发承包及实施阶段计价要求是有区别的，这就避免了因理解上的歧义而发生纠纷。

"13 计价规范"规定："建设工程发承包及实施阶段的工程造价应由分部分项工程费、措施项目费、其他项目费、规费和税金组成。"这说明了无论采用什么计价方式，建设工程发承包及实施阶段的工程造价均由这五部分组成，这五部分也称为建筑安装工程费。

"13 计价规范"规定："招标工程量清单、招标控制价、投标报价、工程计量、合同价款调整、合同价款结算与支付以及工程造价鉴定等工程造价文件的编制与核对，应由具有专业资格的工程造价人员承担。"同时还规定："承担工程造价文件的编制与核对的工程造价人员及其所在单位，应对工程造价文件的质量负责。"

另外，由于建设工程造价计价活动不仅要客观反映工程建设的投资，还应体现工程建设交易活动的公正、公平的原则，因此，"13 计价规范"规定，工程建设双方，包括受其委托的工程造价咨询方，在建设工程发承包及实施阶段从事计价活动时，均应遵循客观、公正、公平的原则。

## 第二节　工程量清单编制

### 一、工程量清单编制的依据

招标工程量清单是工程量清单计价的基础，应作为编制招标控制价、投标报价、计算或调整工程量、索赔等的依据之一，招标工程量清单应根据以下依据进行编制：

(1)"13 计价规范"和"13 计算规范"；

(2)国家或省级、行业建设主管部门颁发的计价定额和办法；

(3)建设工程设计文件及相关资料；

(4)与建设工程项目有关的标准、规范、技术资料；

(5)拟定的招标文件；

(6)施工现场情况、地勘水文资料、工程特点及常规施工方案；

(7)其他相关资料。

### 二、工程量清单编制的内容

1. 分部分项工程项目编制

(1)分部分项工程量清单应包括项目编码、项目名称、项目特征、计量单位和工程量。这是构成分部分项工程量清单的五个要件，在分部分项工程量清单的组成中缺一不可。

(2)分部分项工程量清单应根据"13 计算规范"中附录规定的项目编码、项目名称、项目特征、计量单位和工程量计算规则进行编制。其格式见表 4-1。在分部分项工程量清单的编制过程中，由招标人负责前六项内容填列，金额部分在编制招标控制价或投标报价时填列。

**表 4-1 分部分项工程和单价措施项目清单与计价表**

工程名称：×××装饰装修工程　　　　　　标段：　　　　　　　　　

| 序号 | 项目编码 | 项目名称 | 项目特征 | 计量单位 | 工程量 | 金额/元 | | |
| --- | --- | --- | --- | --- | --- | --- | --- | --- |
| | | | | | | 综合单价 | 合价 | 其中：暂估价 |
| | | | | | | | | |
| | | | | | | | | |
| | | | | | | | | |
| | | | | | | | | |
| 合计 | | | | | | | | |

（3）分部分项工程量清单项目编码栏应根据相关国家工程量计算规范项目编码栏内规定的 9 位数字另加 3 位顺序码共 12 位阿拉伯数字填写。各位数字的含义如下：一、二位为专业工程代码，房屋建筑与装饰工程为 01，仿古建筑为 02，通用安装工程为 03，市政工程为 04，园林绿化工程为 05，矿山工程为 06，构筑物工程为 07，城市轨道交通工程为 08，爆破工程为 09；三、四位为专业工程附录分类顺序码；五、六位为分部工程顺序码；七至九位为分项工程项目名称顺序码；十至十二位为清单项目名称顺序码。

在编制工程量清单时，应注意的是，项目编码的设置不得有重码，特别是当同一标段（或合同段）的一份工程量清单中含有多个单项或单位工程且工程量清单是以单项或单位工程为编制对象时，项目编码中的十至十二位的设置不得有重码。例如，一个标段（或合同段）的工程量清单中含有三个单项或单位工程，每一单项或单位工程中都有项目特征相同的现浇混凝土矩形梁，在工程量清单中又需反映三个不同单项或单位工程的现浇混凝土矩形梁工程量时，工程量清单应以单项或单位工程为编制对象，第一个单项或单位工程的油浸电力变压器的项目编码为 030401001001，第二个单项或单位工程的干式变压器的项目编码为 030401001002，第三个单项或单位工程的整流变压器的项目编码为 030401001003，并分别列出各单项或单位工程变压器安装的工程量。

（4）分部分项工程量清单项目名称栏应按相关工程国家工程量计算规范的规定，根据拟建工程实际填写。在实际填写过程中，"项目名称"有两种填写方法：一种是完全保持相关工程国家工程量计算规范的项目名称不变；另一种是根据工程实际在工程量计算规范项目名称下另行确定详细名称。

（5）分部分项工程量清单项目特征栏应按相关工程国家工程量计算规范的规定，根据拟建工程实际进行描述。在对分部分项工程项目清单的项目特征描述时，可按下列要点进行：

1）必须描述的内容。

①涉及正确计量的内容必须描述。如对于门窗，若采用"樘"计量，则 1 樘门或窗有多大，直接关系到门窗的价格，对门窗洞口或框外围尺寸进行描述是十分必要的。

②涉及结构要求的内容必须描述。如混凝土构件的混凝土的强度等级，因混凝土强度等级不同，其价格也不同，必须描述。

③涉及材质要求的内容必须描述。如油漆的品种是调和漆还是硝基清漆等；管材的材质是钢管还是塑料管等；管材的规格、型号。

④涉及安装方式的内容必须描述。如管道工程中的管道的连接方式就必须描述。

2)可不描述的内容。

①对计量计价没有实质影响的内容可以不描述。如对现浇混凝土柱的高度、断面大小等特征规定，可以不描述，因为混凝土构件是按"m³"计量的，对此的描述实质意义不大。

②应由投标人根据施工方案确定的可以不描述。

③应由投标人根据当地材料和施工要求确定的可以不描述。如对混凝土构件中的混凝土拌合料使用的石子种类及粒径、砂的种类的特征规定可以不描述。因为混凝土拌合料使用砾石还是碎石，使用粗砂还是中砂、细砂或特细砂，除构件本身有特殊要求需要指定外，主要取决于工程所在地砂、石子材料的供应情况。至于石子的粒径大小，主要取决于钢筋配筋的密度。

④应由施工措施解决的可以不描述。如对现浇混凝土板、梁的标高的特征规定可以不描述。因为同样的板或梁都可以归并在同一个清单项目中，但由于标高的不同，这样做会导致因楼层的变化对同一项目提出多个清单项目，不同楼层的工效是不一样的，但这样的差异可以由投标人在报价中考虑，或采取相应施工措施解决。

3)可不详细描述的内容。

①无法准确描述的可不详细描述。如土壤类别，由于我国幅员辽阔，南北东西差异较大，特别是对于南方来说，在同一地点，由于表层土与表层土以下的土壤，其类别是不同的，要求清单编制人准确判定某类土壤的所占比例是困难的，在这种情况下，可考虑将土壤类别描述为合格，注明由投标人根据地勘资料自行确定土壤类别，决定报价。

②施工图纸、标准图集标注明确的可不再详细描述。对这些项目，可采取"详见××图集或××图号"的方式，对不能满足项目特征描述要求的部分，仍应用文字描述。由于施工图纸、标准图集是发承包双方都应遵守的技术文件，这样描述可以有效减少在施工过程中对项目理解的不一致。

③有一些项目可不详细描述，但清单编制人在项目特征描述中应注明由投标人自定。如土方工程中的"取土运距""弃土运距"等。首先，要求清单编制人决定在多远取土或取、弃土运往多远是困难的；其次，由投标人根据在建工程施工情况统筹安排，自主决定取、弃土方的运距，可以充分体现竞争的要求。

④如清单项目的项目特征与现行定额中某些项目的规定是一致的，也可采用见××定额项目的方式进行描述。

4)项目特征的描述方式。描述清单项目特征的方式大致可分为"问答式"和"简化式"两种。其中，"问答式"是指清单编写人按照工程计价软件上提供的规范，在要求描述的项目特征上采用答题的方式进行描述，如描述砖基础清单项目特征时，可采用"1. 砖品种、规格、强度等级：页岩标准砖 MU15 240 mm×115 mm×53 mm。2. 砂浆强度等级：M10 水泥砂浆。3. 防潮层种类及厚度：20 mm 厚 1：2 水泥砂浆（防水粉 5%）。""简化式"是对需要描述的项目特征内容根据当地的用语习惯，采用口语化的方式直接表述，省略了规范上的描述要求，如同样在描述砖基础清单项目特征时，可采用"M10 水泥砂浆、MU15 页岩标准砖砌条形基础，20 mm 厚 1：2 水泥砂浆（防水粉 5%）防潮层"。

（6）分部分项工程量清单的计量单位应按相关工程国家工程量计算规范规定的计量单位填写。有些项目工程量计算规范中有两个或两个以上计量单位，应根据拟建工程项目的实际，选择最适宜表现该项目特征并方便计量的单位。如泥浆护壁成孔灌注桩项目，工程量计算规范以"m³""m"和"根"三个计量单位表示，此时就应根据工程项目的特点，选择其中一个即可。

（7）分部分项工程量清单的"工程量"应按相关工程国家工程量计算规范规定的工程量计算规则计算填写。

工程量的有效位数应满足下列规定：

1）以"t"为单位，应保留小数点后三位小数，第四位小数四舍五入；

2）以"m""m²""m³""kg"为单位，应保留小数点后两位小数，第三位小数四舍五入；

3）以"个""件""根""组""系统"为单位，应取整数。

（8）分部分项工程量清单编制应注意的问题。

1）不能随意设置项目名称，清单项目名称一定要按"13 计算规范"附录的规定设置。

2）正确对项目进行描述，一定要将完成该项目的全部内容完整地体现在清单上，不能有遗漏，以便投标人报价。

2. 措施项目编制

措施项目清单是指为完成工程项目施工，发生于该工程施工准备和施工过程中的技术、生活、安全、环境保护等方面的项目。"13 计算规范"中有关措施项目的规定和具体条文比较少。投标人可根据施工组织设计中采取的措施增加项目。

措施项目清单的设置，首先，要参考拟建工程的施工组织设计，以确定安全文明施工、材料的二次搬运等项目。其次，要参阅施工技术方案，以确定夜间施工增加费、大型机械进出场及安拆费、脚手架工程费等项目。参阅相关的工程施工规范及工程验收规范，可以确定施工技术方案没有表达的，但是为了实现施工规范及工程验收规范要求而必须发生的技术措施。

（1）措施项目清单应根据拟建工程的实际情况列项。

（2）措施项目中可以计算工程量的项目清单，宜采用分部分项工程量清单的方式编制，列出项目编码、项目名称、项目特征、计量单位和工程量计算规则（见表 4-1）；不能计算工程量的项目清单，以"项"为计量单位（见表 4-2）。

表 4-2 总价措施项目清单与计价表

| 序号 | 项目编码 | 项目名称 | 计算基础 | 费率/% | 金额/元 | 调整费率/% | 调整后金额/元 | 备注 |
|---|---|---|---|---|---|---|---|---|
| | | 安全文明施工费 | | | | | | |
| | | 夜间施工增加费 | | | | | | |
| | | 二次搬运费 | | | | | | |
| | | 冬、雨期施工增加费 | | | | | | |
| | | 已完工程及设备保护费 | | | | | | |
| | | … | | | | | | |
| | | 合计 | | | | | | |

注：1. "计算基础"中安全文明施工费可为"定额基价""定额人工费"或"定额人工费+定额机械费"，其他项目可为"定额人工费"或"定额人工费+定额机械费"。

2. 按施工方案计算的措施费，若无"计算基础"和"费率"的数值，也可只填"金额"数值，但应在备注栏中说明施工方案的出处或计算方法。

编制人(造价人员)：                                              复核人(造价工程师)：

(3)"13 计算规范"将实体性项目划分为分部分项工程量清单,非实体性项目划分为措施项目。所谓非实体性项目,一般来说,其费用的发生和金额的大小与使用时间、施工方法或者两个以上工序相关,与实际完成的实体工程量的多少关系不大,典型的是大中型施工机械、文明施工和安全防护、临时设施等。但有的非实体性项目则是可以计算工程量的项目,典型的建筑工程是混凝土浇筑的模板工程,用分部分项工程量清单的方式采用综合单价,有利于措施费的确定和调整,更有利于合同管理。

3. 其他项目编制

其他项目清单应按照:①暂列金额;②暂估价,包括材料(工程设备)暂估单价、工程设备暂估单价、专业工程暂估价;③计日工;④总承包服务费等列项。

其他项目清单宜按照表 4-3 的格式编制,出现未包含在表格中内容的项目,可根据工程实际情况补充。

表 4-3 其他项目清单与计价表

| 序号 | 项目名称 | 金额/元 | 结算金额/元 | 备注 |
|---|---|---|---|---|
| 1 | 暂列金额 | | 明细详见表 4-4 | |
| 2 | 暂估价 | | | |
| 2.1 | 材料(工程设备)暂估价/结算价 | | 明细详见表 4-5 | |
| 2.2 | 专业工程暂估价/结算价 | | 明细详见表 4-6 | |
| 3 | 计日工 | | 明细详见表 4-7 | |
| 4 | 总承包服务费 | | 明细详见表 4-8 | |
| 5 | 索赔与现场签证 | | | |
| | 合计 | | | |
| 注:材料(工程设备)暂估单价计入清单项目综合单价中,此处不汇总。 | | | | |

工程建设标准的高低、工程的复杂程度、工程的工期长短、工程的组成内容、发包人对工程管理要求等,都直接影响其他项目清单的具体内容,本书仅提供了四项内容作为列项参考,不足部分可根据工程的具体情况进行补充。

(1)暂列金额。暂列金额是招标人暂定并包括在合同中的一笔款项。不管采用何种合同形式,其理想的标准是,一份合同的价格就是其最终的竣工结算价格,或者至少两者应尽可能接近。我国规定对政府投资工程实行概算管理,经项目审批部门批复的设计概算是工程投资控制的刚性指标,即使具商业性开发项目,也有成本的预先控制问题,否则,无法相对准确地预测投资的收益和科学合理地进行投资控制。但工程建设自身的特性决定了工程的设计需要根据工程进展不断地进行优化和调整,业主需求可能会随工程建设进展而出现变化,工程建设过程还会存在一些不能预见、不能确定的因素。消化这些因素必然会影响合同价格的调整,暂列金额正是因应这类不可避免的价格调整而设立的,以便达到合理确定和有效控制工程造价的目标。

暂列金额应根据工程特点按有关计价规定估算。暂列金额可按照表 4-4 的格式列示。

#### 表 4-4　暂列金额明细表

工程名称：　　　　　　　　　　　　　标段：　　　　　　　　　　　　　　第　页　共　页

| 序号 | 项目名称 | 计量单位 | 暂定金额/元 | 备注 |
|---|---|---|---|---|
| 1 | | | | |
| 2 | | | | |
| 3 | | | | |
| 4 | | | | |
| 5 | | | | |
| 合计 | | | | — |

注：此表由招标人填写，如不能详列，也可只列暂定金额总额，投标人应将上述暂列金额计入投标总价中。

(2)暂估价。暂估价是指招标阶段直至签订合同协议时，招标人在招标文件中提供的用于支付必然要发生但暂时不能确定价格的材料以及专业工程的金额。暂估价类似于 FIDIC 合同条款中的 Prime Cost Items，在招标阶段预见肯定要发生，只是因为标准不明确或者需要由专业承包人完成，暂时无法确定价格。暂估价数量和拟用项目应当结合工程量清单中的"暂估价表"予以补充说明。

为方便合同管理，需要纳入分部分项工程项目清单综合单价中的暂估价应只是材料、工程设备费，以方便投标人组价。

专业工程的暂估价应是综合暂估价，包括除规费和税金以外的管理费、利润等。总承包招标时，专业工程设计深度往往是不够的，一般需要交由专业设计人设计，出于提高可建造性考虑，国际上惯例，一般由专业承包人负责设计，以发挥其专业技能和专业施工经验的优势。这类专业工程交由专业分包人完成是国际工程的良好实践，目前在我国工程建设领域也已经比较普遍。公开透明、合理地确定这类暂估价的实际开支金额的最佳途径就是通过施工总承包人与工程建设项目招标人共同组织招标。

暂估价中的材料、工程设备暂估价应根据工程造价信息或参照市场价格估算，列出明细表；专业工程暂估价应分不同专业，按有关计价规定估算，列出明细表。暂估价可按照表 4-5、表 4-6 的格式列示。

#### 表 4-5　材料(工程设备)暂估价及结算价表

工程名称：　　　　　　　　　　　　　标段：　　　　　　　　　　　　　　第　页　共　页

| 序号 | 材料(工程设备)名称、规格、型号 | 计量单位 | 数量 | | 暂估/元 | | 确认/元 | | 差额/元 | | 备注 |
|---|---|---|---|---|---|---|---|---|---|---|---|
| | | | 暂估 | 确认 | 单价 | 合价 | 单价 | 合价 | 单价 | 合价 | |
| | | | | | | | | | | | |
| | | | | | | | | | | | |
| | | | | | | | | | | | |
| 合计 | | | | | | | | | | | |

注：此表由招标人填写"暂估单价"，并在备注栏说明暂估单价的材料、工程设备拟用在哪些清单项目上，投标人应将上述材料、工程设备暂估单价计入工程量清单综合单价报价中。

**表 4-6 专业工程暂估价及结算价表**

工程名称： 标段： 第 页 共 页

| 序号 | 工程名称 | 工程内容 | 暂估金额/元 | 结算金额/元 | 差额/元 | 备注 |
|---|---|---|---|---|---|---|
| | | | | | | |
| | | | | | | |
| | | | | | | |
| | 合计 | | | | | |

注：此表"暂估金额"由招标人填写，招标人应将"暂估金额"计入投标总价中。结算时按合同约定结算金额填写。

(3)计日工。计日工是为了解决现场发生的零星工作的计价而设立的。国际上常见的标准合同条款中，大多数都设立了计日工计价机制。计日工对完成零星工作所消耗的人工工时、材料数量、施工机械台班进行计量，并按照计日工表中填报的适用项目的单价进行计价支付。计日工适用的所谓零星工作，一般是指合同约定之外或者因变更而产生的、工程量清单中没有相应项目的额外工作，尤其是那些时间不允许事先商定价格的额外工作。

计日工应列出项目名称、计量单位和暂估数量。计日工可按照表 4-7 的格式列示。

**表 4-7 计日工表**

工程名称： 标段： 第 页 共 页

| 编号 | 项目名称 | 计量单位 | 暂估数量 | 实际数量 | 综合单价/元 | 合价/元 | |
|---|---|---|---|---|---|---|---|
| | | | | | | 暂定 | 实际 |
| 一 | 人工 | | | | | | |
| 1 | | | | | | | |
| 2 | | | | | | | |
| 3 | | | | | | | |
| | 人工小计 | | | | | | |
| 二 | 材料 | | | | | | |
| 1 | | | | | | | |
| 2 | | | | | | | |
| 3 | | | | | | | |
| | 材料小计 | | | | | | |
| 三 | 施工机械 | | | | | | |
| 1 | | | | | | | |
| 2 | | | | | | | |
| 3 | | | | | | | |
| | 施工机械小计 | | | | | | |

| 编号 | 项目名称 | 计量单位 | 暂估数量 | 实际数量 | 综合单价/元 | 合价/元 | |
|---|---|---|---|---|---|---|---|
| | | | | | | 暂定 | 实际 |
| 四 | 企业管理费和利润 | | | | | | |
| | 总计 | | | | | | |

注：此表项目名称、暂估数量由招标人填写，编制招标控制价时，单价由招标人按有关规定确定；投标时，单价由投标人自主确定，按暂估数量计算合价计入投标总价中；结算时，按发承包双方确定的实际数量计算合价。

（4）总承包服务费。总承包服务费是为了解决招标人在法律、法规允许的条件下进行专业工程发包以及自行供应材料、工程设备，并需要总承包人对发包的专业工程提供协调和配合服务，对甲供材料、工程设备提供收、发和保管服务以及进行施工现场管理时发生并向总承包人支付的费用。招标人应预计该项费用，并按投标人的投标报价向投标人支付该项费用。

总承包服务费应列出服务项目及其内容等。

编制招标工程其他项目清单，应汇总"暂列金额"和"专业工程暂估价"，以提供给投标人报价。总承包服务费按照表4-8的格式列示。

表4-8 总承包服务费计价表

工程名称：　　　　　　　　　　标段：　　　　　　　　　　第 页 共 页

| 序号 | 项目名称 | 项目价值/元 | 服务内容 | 计算基础 | 费率/% | 金额/元 |
|---|---|---|---|---|---|---|
| 1 | 发包人发包专业工程 | | | | | |
| 2 | 发包人提供材料 | | | | | |
| | | | | | | |
| | | | | | | |
| | | | | | | |
| | 合计 | — | — | | — | |

注：此表项目名称、服务内容由招标人填写，编制招标控制价时，费率及金额由招标人按有关计价规定确定；投标时，费率及金额由投标人自主报价，计入投标总价中。

### 4. 规费、税金项目清单编制

（1）规费项目清单。根据住房和城乡建设部、财政部印发的《建筑安装工程费用项目组成》（建标〔2013〕44号）的规定，规费包括工程排污费、社会保险费（养老保险费、失业保险费、医疗保险费、工伤保险费、生育保险费）、住房公积金。规费是政府和有关权力部门规定必须缴纳的费用，对《建筑安装工程费用项目组成》未包括的规费项目，编制人在编制规费项目清单时，应根据省级政府或省级有关权力部门的规定列项。

（2）税金项目清单。根据住房和城乡建设部、财政部印发的《建筑安装工程费用项目组成》（建标〔2013〕44号）的规定，目前我国税法规定应计入建筑安装工程造价的税种包括增值税、城市建设维护税、教育费附加和地方教育附加。如国家税法发生变化，税务部门依据职权增加了税种，应对税金项目清单进行补充。

规费、税金项目计价表见表4-9。

**表4-9 规费、税金项目计价表**

工程名称：　　　　　　　　　　标段：　　　　　　　　　第　页　共　页

| 序号 | 项目名称 | 计算基础 | 计算基数 | 计算费率/% | 金额/元 |
|---|---|---|---|---|---|
| 1 | 规费 | 定额人工费 | | | |
| 1.1 | 社会保险费 | 定额人工费 | | | |
| (1) | 养老保险费 | 定额人工费 | | | |
| (2) | 失业保险费 | 定额人工费 | | | |
| (3) | 医疗保险费 | 定额人工费 | | | |
| (4) | 工伤保险费 | 定额人工费 | | | |
| (5) | 生育保险费 | 定额人工费 | | | |
| 1.2 | 住房公积金 | 定额人工费 | | | |
| 1.3 | 工程排污费 | 按工程所在地环境保护部门收取标准，按实计入 | | | |
| 2 | 税金 | 分部分项工程费＋措施项目费＋其他项目费＋规费－按规定不计税的工程设备金额 | | | |
| | 合计 | | | | |

编制人：　　　　　　　　　　复核人(造价工程师)：

# 第三节　招标工程量清单与招标控制价编制

## 一、招标工程量清单的编制

招标工程量清单是招标人依据国家标准、招标文件、设计文件以及施工现场实际情况编制的，随招标文件发布，供投标报价的工程量清单。

1. 编制招标工程量清单的准备工作

招标工程量清单编制前，应在收集资料编制依据的基础上进行如下准备工作：

(1)初步研究。对各种资料进行认真研究，为工程量清单的编制做准备，主要包括以下内容：

1)熟悉"13计价规范"和各专业工程计量规范、当地计价规定及相关文件；熟悉设计文件，掌握工程全貌，便于清单项目列项的完整、工程量的准确计算及清单项目的准确描述，应及时提出设计文件中出现的问题。

2)熟悉招标文件、招标图纸，确定工程量清单编审的范围及需要设定的暂估价；收集相关市场价格信息，为暂估价的确定提供依据。

(2)现场踏勘。为了选用合理的施工组织设计和施工技术方案，需进行现场踏勘，以充分了解施工现场情况及工程特点，主要对以下两个方面进行调查：

1)自然地理条件。工程所在地的地理位置、地形、地貌、用地范围等；气象、水文情况包括气温、湿度、降雨量等；地质情况包括地质构造及特征、承载能力等；地震、洪水及其他自然灾害情况。

2)施工条件。工程现场周围的道路、进出场条件、交通限制情况；工程现场施工临时设施、大型施工机具、材料堆放场地的安排情况；工程现场邻近建筑物与招标工程的间距、结构形式、基础埋深、新旧程度、高度；市政给水排水管线位置、管径、压力，废水、污水处理方式，市政、消防供水管道管径、压力、位置等；现场供电方式、方位、距离、电压等；工程现场通信线路的连接和铺设；当地政府有关部门对施工现场管理的一般要求、特殊要求及规定等。

(3)拟定常规施工组织设计。根据项目的具体情况编制施工组织设计，拟定工程的施工方案、施工顺序、施工方法等，便于工程量清单的编制及准确计算，特别是工程量清单中的措施项目。

2. 招标工程量清单的编制内容

(1)分部分项工程量清单编制。分部分项工程量清单所反映的是拟建工程分项实体工程项目名称和相应数量的明细清单，招标人负责项目编码、项目名称、项目特征、计量单位和工程量在内的五项内容。

(2)措施项目清单编制。措施项目清单是指为完成工程项目施工，发生于该工程施工前和施工过程中技术、生活、文明、安全等方面的非工程实体项目清单。

措施项目清单的编制需考虑多种因素，除工程本身的因素外，还涉及水文、气象、环境、安全等因素。措施项目清单应根据拟建工程的实际情况列项，若出现"13计价规范"中未列的项目，可根据工程实际情况补充。增施项目清单的设置要考虑拟建工程的施工组织设计、施工技术方案、相关的施工规范与施工验收规范、招标文件中提出的某些必须通过一定的技术措施才能实现的要求，以及设计文件中一些不足以写进技术方案的，但是要通过一定的技术措施才能实现的内容。

(3)其他项目清单的编制。其他项目清单是应招标人的特殊要求而发生的，与拟建工程有关的其他费用项目和相应数量的清单。工程建设标准的高低、工程的复杂程度、工程的工期长短、工程的组成内容、发包人对工程管理要求等，都直接影响到其具体内容。当出现未包含在表格中的内容的项目时，可根据实际情况补充。

1)暂列金额。暂列金额是指招标人暂定并包括在合同中的一笔款项。它用于工程合同签订时尚未确定或者不可预见的所需材料、工程设备、服务的采购，施工中可能发生的工程变更、合同约定调整因素出现时的合同价款调整以及发生的索赔、现场签证确认等费用。

2)暂估价。招标人在招标文件中提供的用于支付必然要发生但暂时不能确定价格的材料、工程设备的单价以及专业工程的金额。

3)计工日。为了解决现场发生的零星工程或项目的计价而设计的。

4)总承包服务费。为了解决招标人在法律、法规允许的条件下，进行专业工程发包以及自行采购供应材料、设备时，要求总承包人对发包的专业工程提供协调和配合服务，对供应的材料、设备提供收、发和保管服务以及对施工现场进行统一管理，对竣工资料进行统一汇总整理等发生并向承包人支付的费用。招标人应当按照投标人的投标报价支付该项费用。

(4)规费、税金项目清单的编制。规费、税金项目清单应按照规定的内容列项，当出现规范中没有的项目时，应根据省级政府或有关部门的规定列项。税金项目清单除规定的内容外，如国家税法发生变化或增加税种，应对税金项目清单进行补充。规费、税金的计算基础和费率均应按国家或地方相关部门的规定执行。

## 二、招标控制价的编制

招标控制价是招标人根据国家或省级、行业建设主管部门颁发的有关计价依据和办法，以及拟定的招标文件和招标工程量清单，结合工程具体情况编制的工程的最高投标限价。

1. 招标控制价的作用

(1)我国对国有资金投资项目的投资控制实行的是投资概算审批制度，国有资金投资的工程原则上不能超过批准的投资概算。因此，在工程招标发包时，当编制的招标控制价超过批准的概算，招标人应报原概算审批部门重新审核。

(2)国有资金投资的工程进行招标，根据《中华人民共和国招标投标法》的规定，招标人可以设标底。当招标人不设标底时，为有利于客观、合理地评审投标报价和避免哄抬标价，造成国有资产流失，招标人应编制招标控制价。

(3)国有资金投资的工程，招标人编制并公布的招标控制价相当于招标人的采购预算，同时，要求其不能超过批准的概算，因此，招标控制价是招标人在工程招标时能接受投标人报价的最高限价。

2. 招标控制价的编制人员

招标控制价应由具有编制能力的招标人编制或受其委托具有相应资质的工程造价咨询人编制，当招标人不具有编制招标控制价的能力时，可委托具有相应资质的工程造价咨询人编制。工程造价咨询人不得同时接受招标人和投标人对同一工程的招标控制价和投标报价进行编制。

所谓具有相应工程造价咨询资质的工程造价咨询人，是指根据《工程造价咨询企业管理办法》(住房和城乡建设部令第50号)的规定，依法取得工程造价咨询企业资质，并在其资质许可的范围内从事工程造价咨询活动的企业。取得甲级工程造价咨询资质的咨询人可承担各类建设项目的招标控制价编制，取得乙级(包括乙级暂定)工程造价咨询资质的咨询人，则只能承担5 000万元以下的招标控制价的编制。

3. 招标控制价的编制依据

招标控制价的编制应按下列依据进行：

(1)"13计价规范"；

(2)国家或省级、行业建设主管部门颁发的计价定额和计价办法；

(3)建设工程设计文件及相关资料；

(4)拟定的招标文件及招标工程量清单；

（5）与建设项目相关的标准、规范、技术资料；

（6）施工现场情况、工程特点及常规施工方案；

（7）工程造价管理机构发布的工程造价信息，当工程造价信息没有发布时，可以参照市场价；

（8）其他的相关资料。

按上述依据进行招标控制价编制时，应注意以下事项：

（1）使用的计价标准、计价政策应是国家或省级、行业建设主管部门颁布的计价定额和相关政策规定；

（2）采用的材料价格应是工程造价管理机构通过工程造价信息发布的材料单价，工程造价信息未发布的材料单价，其材料价格应通过市场调查确定；

（3）国家或省级、行业建设主管部门对工程造价计价中费用或费用标准有规定的，应按规定执行。

4. 招标控制价的编制内容

招标控制价的编制内容包括分部分项工程费、措施项目费、其他项目费、规费和税金，对各个内容有不同的计价要求。

（1）分部分项工程费的编制要求。

1）分部分项工程费应根据招标文件中的分部分项工程量清单及有关要求，按"13 计价规范"有关规定确定综合单价计价。

2）工程量依据招标文件中提供的分部分项工程量清单确定。

3）招标文件提供了暂估单价的材料，应按暂估单价计入综合单价。

4）综合单价中应包括招标文件中划分的应由投标人承担的风险范围及其费用。招标文件中没有明确的，如果是工程造价咨询人编制，应提请招标人明确；如果是招标人编制，应予以明确。

（2）措施项目费的编制要求。

1）措施项目中的安全文明施工费必须按国家或省级、行业建设主管部门的规定计算，不得作为竞争性费用。

2）措施项目应按招标文件中提供的措施项目清单确定，措施项目分为以"量"计算和以"项"计算两种。对于可精确计量的措施项目，以"量"计算即按其工程量用与分部分项工程工程量清单单价相同的方式确定综合单价；对于不可精确计量的措施项目，则以"项"为单位，采用费率法按有关规定综合取定，采用费率法时，需确定某项费用的计费基数及其费率，结果应包括除规费、税金以外的全部费用。

（3）其他项目费的编制要求。

1）暂列金额。暂列金额应按招标工程量清单中列出的金额填写。

2）暂估价。暂估价包括材料暂估单价、工程设备暂估单价和专业工程暂估价。暂估价中的材料、工程设备单价应根据招标工程量清单列出的单价计入综合单价。

3）计日工。计日工包括计日工人工、材料和施工机械。在编制招标控制价时，对计日工中的人工单价和施工机械台班单价应按省级、行业建设主管部门或其授权的工程造价管理机构公布的单价计算；材料应按工程造价管理机构发布的工程造价信息中的材料单价计算，工程造价信息未发布的材料单价，其价格应按市场调查确定的单价计算。

4)总承包服务费。招标人编制招标控制价时，总承包服务费应根据招标文件中列出的内容和向总承包人提出的要求，按照省级或行业建设主管部门的规定或参照下列标准计算：

①招标人仅要求对分包的专业工程进行总承包管理和协调时，按分包的专业工程估算造价的 1.5%计算；

②招标人要求对分包的专业工程进行总承包管理和协调，并同时要求提供配合服务时，根据招标文件中列出的配合服务内容和提出的要求，按分包的专业工程估算造价的 3%～5%计算；

③招标人自行供应材料的，按招标人供应材料价值的 1%计算。

(4)规费和税金的编制要求。招标控制价的规费和税金必须按国家或省级、行业建设主管部门的规定计算。

5. 投诉与处理

(1)投标人经复核认为招标人公布的招标控制价未按照"13 计价规范"的规定进行编制的，应在招标控制价公布后 5 天内向招投标监督机构和工程造价管理机构投诉。

(2)投诉人投诉时，应当提交由单位盖章和法定代表人或其委托人签名或盖章的书面投诉书。投诉书应包括下列内容：

1)投诉人与被投诉人的名称、地址及有效联系方式；

2)投诉的招标工程名称、具体事项及理由；

3)投诉依据及有关证明材料；

4)相关的请求及主张。

(3)投诉人不得进行虚假、恶意投诉，不得阻碍招投标活动的正常进行。

(4)工程造价管理机构在接到投诉书后，应在 2 个工作日内进行审查，对有下列情况之一的，不予受理。

1)投诉人不是所投诉招标工程招标文件的收受人；

2)投诉书提交的时间不符合上述第(1)条规定的；

3)投诉书不符合上述第(2)条规定的；

4)投诉事项已进入行政复议或行政诉讼程序的。

(5)工程造价管理机构应在不迟于结束审查的次日将是否受理投诉的决定书面通知投诉人、被投诉人以及负责该工程招投标监督的招投标管理机构。

(6)工程造价管理机构受理投诉后，应立即对招标控制价进行复查，组织投诉人、被投诉人或其委托的招标控制价编制人等单位人员对投诉问题逐一核对。有关当事人应当予以配合，并应保证所提供资料的真实性。

(7)工程造价管理机构应当在受理投诉的 10 天内完成复查，特殊情况下可适当延长，并做出书面结论通知投诉人、被投诉人及负责该工程招投标监督的招投标管理机构。

(8)当招标控制价复查结论与原公布的招标控制价误差大于±3%时，应当责令招标人改正。

(9)招标人根据招标控制价复查结论需要重新公布招标控制价的，其最终公布的时间至招标文件要求提交投标文件截止时间不足 15 天的，应相应延长投标文件的截止时间。

# 第四节 投标文件与投标报价编制

## 一、投标文件的编制

### 1. 投标文件编制的内容

投标人应当按照招标文件的要求编制投标文件。投标文件应当包括下列内容：

(1)投标函及投标函附录；

(2)法定代表人身份证明或附有法定代表人身份证明的授权委托书；

(3)联合体协议书(如工程允许采用联合体投标)；

(4)投标保证金；

(5)已标价工程量清单；

(6)施工组织设计；

(7)项目管理机构；

(8)拟分包项目情况表；

(9)资格审查资料；

(10)规定的其他材料。

### 2. 投标文件编制的一般规定

(1)投标文件应按"投标文件格式"进行编写，如有必要，可以增加附页，作为投标文件的组成部分。其中，投标函附录在满足招标文件实质性要求的基础上，可以提出比招标文件要求更能吸引招标人的承诺。

(2)投标文件应当对招标文件有关工期、投标有效期、质量要求、技术标准和要求、招标范围等实质性内容做出响应。

(3)投标文件应由投标人的法定代表人或其委托代理人签字或盖单位章。委托代理人签字的，投标文件应附法定代表人签署的授权委托书。投标文件应尽量避免涂改、行间插字或删除。如果出现上述情况，改动之处应加盖单位章或由投标人的法定代表人或其授权的代理人签字确认。

(4)投标文件正本一份，副本份数按招标文件有关规定确定。正本和副本的封面上应清楚地标记"正本"或"副本"的字样。投标文件的正本与副本应分别装订成册，并编制目录。当副本和正本不一致时，以正本为准。

(5)除招标文件另有规定外，投标人不得递交备选投标方案。允许投标人递交备选投标方案的，只有中标人所递交的备选投标方案方可予以考虑。评标委员会认为中标人的备选投标方案优于其按照招标文件要求编制的投标方案的，招标人可以接受该备选投标方案。

## 二、投标报价的编制

### 1. 投标报价编制的一般规定

(1)投标报价应由投标人或受其委托具有相应资质的工程造价咨询人编制。

(2)投标报价中，除"13计价规范"规定的规费、税金及措施项目清单的安全文明施工费应按国家或省级、行业建设主管部门的规定计价，不得作为竞争性费用外，其他项目的投标报价均由投标人自主决定。

(3)投标报价不得低于工程成本。《中华人民共和国招标投标法》第四十一条规定："中标人的投标应当符合下列条件……(二)能够满足招标文件的实质性要求，并且经评审的投标价格最低；但是投标价格低于成本的除外。"《评标委员会和评标方法暂行规定》第二十一条规定："在评标过程中，评标委员会发现投标人的报价明显低于其他投标报价或者在设有标底时明显低于标底，使得其投标报价可能低于其个别成本的，应当要求该投标人作出书面说明并提供相关证明材料。投标人不能合理说明或者不能提供相关证明材料的，由评标委员会认定该投标人以低于成本报价竞标，应当否决其投标。"

(4)实行工程量清单招标。招标人在招标文件中提供工程量清单，其目的是使各投标人在投标报价中具有共同的竞争平台。因此，要求投标人在投标报价中填写的工程量清单的项目编码、项目名称、项目特征、计量单位、工程数量必须与招标工程量清单一致。

(5)投标人的投标报价高于招标控制价的，应作废标处理。

## 2. 投标报价编制的依据

投标报价应按下列依据进行编制：

(1)"13计价规范"；

(2)国家或省级、行业建设主管部门颁发的计价办法；

(3)企业定额，国家或省级、行业建设主管部门颁发的计价定额和计价方法；

(4)招标文件、招标工程量清单及其补充通知、答疑纪要；

(5)建设工程设计文件及相关资料；

(6)施工现场情况、工程特点及投标时拟订的施工组织设计或施工方案；

(7)与建设项目相关的标准、规范等技术资料；

(8)市场价格信息或工程或工程造价管理机构发布的工程造价的信息；

(9)其他的相关资料。

## 3. 投标价的编制

(1)综合单价应包括招标文件中划分的应由投标人承担的风险范围及其费用，招标文件中没有明确的，应提前向招标人明确。

(2)分部分项工程和措施项目中的单价项目，应根据招标文件和招标工程量清单项目中的特征描述确定综合单价计算。分部分项工程和措施项目中的单价项目最主要的目的是确定综合单价，它包括以下几点：

1)确定依据。确定分部分项工程和措施项目中的单价项目综合单价的最重要依据之一是该清单项目的特征描述。投标人投标报价时，应依据招标工程量清单项目的特征描述确定清单项目的综合单价。在招投标过程中，当出现招标工程量清单特征描述与设计图纸不符时，投标人应以招标工程量清单的项目特征描述为准，确定投标报价的综合单价。当施工中施工图纸或设计变更与招标工程量清单项目特征描述不一致时，发承包双方应按实际施工的项目特征依据合同约定重新确定综合单价。

2)材料、工程设备暂估价。招标工程量清单中提供了暂估单价的材料、工程设备，按暂估的单价计入综合单价。

3)风险费用。招标文件中要求投标人承担的风险内容和范围，投标人应考虑计入综合单价。在施工过程中，当出现的风险内容及其范围(幅度)在招标文件规定的范围内时，合同价款不做调整。

(3)由于各投标人拥有的施工装备、技术水平和采用的施工方法有所差异，招标人提出的措施项目清单是根据一般情况确定的，没有考虑不同投标人的"个性"，投标人投标时应根据自身编制的投标施工组织设计或施工方案确定措施项目，对招标人提供的措施项目进行调整。投标人根据投标施工组织设计或施工方案调整和确定的措施项目，应通过评标委员会的评审。

1)措施项目中的总价项目应采用综合单价方式报价，包括除规费、税金外的全部费用。

2)措施项目中的安全文明施工费应按照国家或省级、行业建设主管部门的规定计算确定。

(4)其他项目费。投标人对其他项目费投标报价应按以下原则进行：

1)暂列金额应按照其他项目清单中列出的金额填写，不得随意变动。

2)暂估价不得随意变动和更改。暂估价中的材料必须按照其他项目清单中列出的暂估单价计入综合单价；专业工程暂估价必须按照其他项目清单中列出的金额填写。

3)计日工应按照其他项目清单列出的项目和估算的数量，自主确定各项综合单价并计算费用。

4)总承包服务费应依据招标人在招标文件中列出的分包专业工程内容和供应材料、设备情况，按照招标人提出协调、配合与服务要求和施工现场管理需要自主确定。

(5)规费和税金。规费和税金应按国家或省级、行业建设主管部门的规定计算，不得作为竞争性费用。规费和税金的计取标准是依据有关法律、法规和政策规定制定的，具有强制性。投标人是法律、法规和政策的执行者，不能改变，更不能制定，而必须按照法律、法规、政策的有关规定执行。

(6)招标工程量清单与计价表中列明的所有需要填写单价和合价的项目，投标人均应填写且只允许有一个报价。未填写单价和合价的项目，可视为此项费用已包含在已标价工程量清单中其他项目的单价和合价之中。竣工结算时，此项目不得重新组价予以调整。

(7)投标总价。实行工程量清单招标，投标人的投标总价应当与组成工程量清单的分部分项工程费、措施项目费、其他项目费和规费、税金的合计金额相一致，即投标人在投标报价时，不能进行投标总价优惠(或降价、让利)，投标人对招标人的任何优惠(或降价、让利)均应反映在相应清单项目的综合单价中。

## 本章小结

本章主要介绍工程量清单计价与计价规范、工程量清单的编制、招标工程量清单与招标控制价的编制、招标文件与投标报价的编制。通过本章的学习，学生应对工程量清单计价有全面、基础性的了解，掌握工程量清单计价的程序、编制依据、清单计价规范，从而为进行建设工程的计价奠定扎实的理论基础。

## 一、填空题

1. 工程量清单是载明建设工程分部 _____、_____、_____、_____、_____ 等的明细清单。

2. 分部分项工程量清单应包括_____、_____、_____、_____ 和 _____。这是构成分部分项工程量清单的五个要件，在分部分项工程量清单的组成中缺一不可。

3. 工程量以"t"为单位，应保留小数点后_____位小数，第_____位小数四舍五入。

4. 以"m""m²""m³""kg"为单位，应保留小数点后_____位小数，第_____位小数四舍五入。

5. 以"个""件""根""组""系统"为单位，应取_____。

## 二、简答题

1. 简述工程量清单计价的特点。

2. 简述工程量清单计价的基本原理。

3. 工程量清单编制依据有哪些？

4. 简述招标工程量清单的准备工作。

5. 招标控制价的作用有哪些？

6. 对招标控制价的编制人员有哪些要求？

7. 投诉书应包括哪些内容？

8. 投标文件编制的内容有哪些？

# 第五章 电气设备安装工程工程量计算

## 能力目标

能计算电气设备安装工程的工程量。

## 知识目标

1. 了解电气设备安装工程的一般知识、产品分类及特点。
2. 掌握电气设备安装工程定额说明与定额工程量计算规则。
3. 掌握电气设备安装工程清单项目编码和项目特征，以及清单工程量计算规则。

## 第一节　电气设备安装工程概述

### 一、电气设备安装工程一般知识

#### (一)常用名词

电气设备安装工程类名词解释见表5-1。

**表 5-1　电气设备安装工程类名词解释**

| 类别 | 名称 | 解释 |
|------|------|------|
| 灯具安装 | 灯具 | 使光源发出的光线进行再分配的装置 |
| | 吸顶式 | 将照明灯具直接安装在天棚上的方式 |
| | 嵌入式 | 将照明灯具嵌入天棚内的安装方式 |
| | 悬挂式 | 用软导线、链子等将灯具从天棚处吊下来的安装方式 |
| | 壁装式 | 用托架将照明灯具直接安装在墙壁上的方式 |

| 类别 | 名称 | 解释 |
|------|------|------|
| 配线 | 瓷夹配线 | 将导线放在瓷夹中，瓷夹用木螺钉固定在木櫈子上或用胶黏剂固定在天棚或墙上 |
| | 瓷瓶配线 | 将导线用绑线绑扎在瓷瓶上，再用木螺钉或胶黏剂将瓷瓶固定在墙或天棚上 |
| | 槽板配线 | 将导线放在槽板底板的槽中，底板用铁钉或木螺钉固定在墙上，上面再加上盖板 |
| | 穿管明配线 | 将钢管或塑料管固定在建筑物的表面或支架上，导线穿在管中 |
| | 塑料护套线配线 | 用铝皮卡钉或塑料卡钉将塑料护套线直接固定在墙上或天棚上 |
| | 穿管暗敷设 | 将穿线管预埋在墙、楼板或地板中，而将导线穿入管中 |
| 配线 | 电线 | 在线芯外有一定绝缘层或完全没有绝缘层的导线 |
| | 电缆 | 在线芯外不但有绝缘层，而且有多层保护层的导线 |
| | 裸导线 | 外层没有绝缘层的导线 |
| | 配电箱 | 由各种开关电器、电气仪表、保护电气、引入引出线等按照一定方式组合而成的成套电气装置 |
| 防雷接地 | 避雷针 | 安装在建筑物凸出部位或独立安装的针形金属导体 |
| | 避雷带 | 沿建筑物易受雷击部位装设的带形导体 |
| | 避雷网 | 在屋面上纵横敷设的避雷带组成的网格 |
| | 引下线 | 连接接闪器和接地装置的导体 |
| | 接闪器 | 收集电荷的装置，如避雷针、避雷带等 |
| | 接地装置 | 即散流装置，将雷电流引入大地，由接地线和接地体组成 |
| | 接地保护 | 将电气设备金属外壳通过导线与接地体和大地之间作良好的连接 |
| | 接零保护 | 将电气设备金属外壳与电源零线用导线连接起来 |
| | 零线重复接地 | 在中性点接地的供电系统中，将零线多处接地 |

### (二)变配电设备

变配电设备是用来变换电压和分配电能的电气装置。它由变压器、高低压开关设备、保护电器、测量仪表、母线、蓄电池、整流器等组成。变配电设备分室内、室外两种。一般厂矿的变配电设备大多数安装在室内。

### (三)电动机及电气控制设备

电气控制设备是指安装在控制室、车间的动力配电控制设备，主要有控制盘、箱、柜、动力配电箱以及各类开关、启动器、测量仪表、继电器等。这些设备主要是对用电设备起停电、送电、保证安全生产的作用。电动机安装包括在设备安装中，这里仅指电动机检查接线。

### (四)配电导线

1. 电线

室内低压线路一般采用绝缘电线。绝缘电线按绝缘材料的不同，分为橡皮绝缘电线和塑料绝缘电线；按导体材料分为铝芯电线和铜芯电线，铝芯电线比铜芯电线电阻率大、机械强度低，但质轻、价廉；按制造工艺分为单股电线和多股电线，截面在 $10~\text{mm}^2$ 以下的电线通常为单股电线。

低压供电线路及电气设备连线，多采用绝缘电线。常用绝缘电线的种类及型号见表5-2。

**表 5-2　常用绝缘电线**

| 类别 | 名称 | 型号 | |
|---|---|---|---|
| | | 铜芯 | 铝芯 |
| 橡胶绝缘线 | 橡胶线<br>氯丁橡胶线<br>橡胶软线 | BX<br>BXF<br>BXR | BLX<br>BLXF |
| 塑料绝缘线 | 塑料线<br>塑料软线<br>塑料护套线<br>塑料胶质线 | BV<br>BVR<br>BVV<br>RVB<br>RVS | BLV<br>BLVV |
| 注：绝缘电线型号中的符号含义如下：<br>　B——布线用；X——橡胶绝缘；V——塑料绝缘；L——铝芯(铜芯不表示)；R——软电线。 | | | |

## 2. 电缆

电缆按用途可分为电力电缆、控制电缆、通信电缆等；按电压可分为500V、1 000V、6 000V、10 000 V，最高电压可达到110V、220V、330 kV等多种；按其绝缘材料可分为油浸纸绝缘电缆、橡皮绝缘电缆和塑料绝缘电缆三大类。电缆一般都由线芯、绝缘层和保护层三个部分组成。线芯分为单芯、双芯、三芯及多芯。电缆的型号、名称及主要用途见表5-3。

**表 5-3　塑料绝缘电力电缆种类及用途**

| 型号 | | 名称 | 主要用途 |
|---|---|---|---|
| 铝芯 | 铜芯 | | |
| VLV | VV | 聚氯乙烯绝缘、聚氯乙烯护套电力电缆 | 敷设在室内、隧道内及管道中，不能受机械外力作用 |
| VLV$_{29}$ | VV$_{29}$ | 聚氯乙烯绝缘、聚氯乙烯护套内钢带铠装电力电缆 | 敷设在地下，能承受机械外力作用，但不能承受大的拉力 |
| VLV$_{30}$ | VV$_{30}$ | 聚氯乙烯绝缘、聚氯乙烯护套裸细钢丝铠装电力电缆 | 敷设在室内，能承受机械外力作用，并能承受相当的拉力 |
| VLV$_{39}$ | VV$_{39}$ | 聚氯乙烯绝缘、聚氯乙烯护套内细钢丝铠装电力电缆 | 敷设在水中 |
| VLV$_{50}$ | VV$_{50}$ | 聚氯乙烯绝缘、聚氯乙烯护套裸粗钢丝铠装电力电缆 | 敷设在室内，能承受机械外力作用，并能承受较大的拉力 |
| VLV$_{59}$ | VV$_{59}$ | 聚氯乙烯绝缘、聚氯乙烯护套内粗钢丝铠装电力电缆 | 敷设在水中，能承受较大的拉力 |

## (五)配管配线

配管配线是指由配电箱接到用电器具的供电和控制线路的安装，分为明配线和暗配线两种。导线沿墙壁、天棚、梁、柱等明敷称为明配线；导线在天棚内，用瓷夹或瓷瓶配线称为暗配线。

配线工程按敷设方式分类，可分为瓷夹配线、塑料夹配线、瓷珠配线、瓷瓶配线、针式绝缘子配线、蝶式绝缘子配线、木槽板配线、塑料槽板配线、钢精扎头配线等。配管工程按敷设方式分类，可分为沿砖或混凝土结构明配、沿砖或混凝土结构暗配、钢结构支架配管、钢索配管、钢模板配管等。

配线按材质不同分类，可分为聚氯乙烯绝缘导线、聚丁绝缘导线、橡皮绝缘线、耐高温布电线等。其中各种绝缘导线又有铜芯和铝芯之分。配管按材质不同分类，可分为电线管、钢管、硬塑料管、半硬塑料管及金属软管等。

### (六)电气照明

#### 1. 照明方式

照明方式分为正常照明和事故照明两大类。正常照明即满足一般生产、生活需要的照明。在突然停电、正常照明中断的情况下供继续工作和使人员安全通行的照明称为事故照明，也称应急照明。

#### 2. 灯具

灯具是能透光、分配和改变光源光分布的器具，以达到合理利用和避免眩光的目的。灯具由光源和控照器(灯罩)配套组成。

电光源按照其工作原理可分为两大类。一类是热辐射光源，如白炽灯、卤钨灯等；另一类是气体放电光源，如荧光灯、高压汞灯、高压钠灯、金属卤化物灯等。

灯具有多种形式，按结构分为以下几种类型：

(1)开启式灯具。光源与外界环境直接相通。

(2)保护式灯具。具有闭合的透光罩，但内外仍能自由通气，如半圆罩天棚灯、乳白玻璃球形灯等。

(3)密封式灯具。透光罩将灯具内外隔绝，如防水防尘灯具。

(4)防爆式灯具。在任何条件下，不会产生因灯具引起爆炸的危险。

电气照明灯具安装方式如图 5-1 所示。

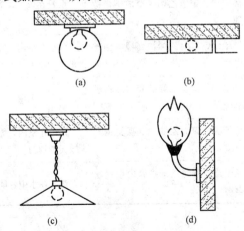

**图 5-1　电气照明灯具安装方式**

(a)吸顶式；(b)嵌入式；(c)悬挂式；(d)壁装式

### (七)防雷及接地装置

#### 1. 防雷装置

(1)防直击雷的装置。防直击雷的装置有避雷针、避雷带、避雷网、避雷笼等。它们均由接闪器、引下线、接地装置三部分组成。

1)接闪器。接闪器是收集电荷的装置。其基本形式有针、带、网和笼四种。

2)引下线。引下线是连接接闪器和接地装置的导体。其作用是将接闪器接到的雷电流引入接地装置。一般用圆钢(直径不小于 8 mm)或扁钢(截面积不小于 48 mm²，厚度不小于 4 mm)制成。

3)接地装置。接地装置即散流装置，其作用是将雷电流通过引下线引入大地。接地装置由接地线和接地体组成。接地线是连接引下线和接地体的导体，一般用直径 10 mm 的圆钢制成。接地体可用圆钢、扁钢、角钢和钢管制成。一般，圆钢直径为 10 mm，扁钢截面积为 100 mm²(厚度为 4 mm)，角钢厚度为 4 mm，钢管壁厚 3.5 mm。

(2)防雷电波侵入的装置。为防止雷电波侵入建筑物内，常采用阀型避雷器。阀型避雷器的构造与接线如图 5-2 所示。

(3)消雷器防雷。消雷器防雷就是通过增大消雷装置电晕电流的方法，中和雷云电荷以减弱雷电活动。随着半导体少长针消雷器的研制成功，消雷器防雷法的应用日趋广泛。

#### 2. 接地与接零保护

电气设备在运行过程中，如果某个部位绝缘损坏并触及金属外壳，则设备金属外壳上就带电，当人员触及外壳时，就可能导致电击触电事故，造成人员伤亡。为了用电安全，避免发生触电事故，必须采取相应的保护措施。

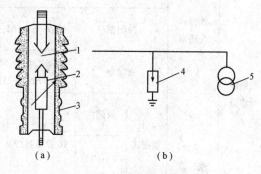

**图 5-2 阀型避雷器**
(a)结构图；(b)接线图
1—间隙；2—可变电阻；3—瓷瓶；4—避雷器；5—变压器

(1)电气设备的接地保护。电气设备的接地保护，即将电气设备的金属外壳通过导线与接地体和大地之间作良好的连接(电阻≤10Ω)。

在电源中性点接地的系统中，常采取接零保护。

(2)电气设备的接零保护。电气设备的接零保护，即将电气设备金属外壳与电源零线用导线连接起来。

实施接零保护后，当设备绝缘损坏时，相线触及设备外壳，使相线与零线发生短路，迅速使该相熔断器的熔丝熔断或保险装置动作，切断电源，从而避免触电事故的发生。

(3)低压触电保安器。低压触电保安器又称漏电保护器，安装漏电保护器可有效地防止人体触电。通常，低压触电保安器分为单相和三相两种，构造和工作原理基本相同。

### (八)10 kV 以下架空线路

远距离输电，往往采取架空线路。10 kV 以下架空线路一般是指从区域性变电站至厂内专用变电站(总降压站)的配电线路以及厂区内的高低压架空线路。

架空线路一般由电杆、金具、绝缘子、横担、拉线和导线组成。电杆按材质区分，可分为木电杆、水泥电杆和铁塔三种。横担有木横担、角铁横担和瓷横担三种。绝缘子有针式绝缘子、蝶式绝缘子和悬式绝缘子。拉线有普通拉线、水平拉线、弓形拉线和 V(Y)形拉线。架空用的导线分为绝缘导线和裸导线两种。

## 二、电气装置安装产品分类及特点

### 1. 变压器

配电变压器是工矿企业与民用建筑供配电系统中的重要设备之一。它将 10(6)kV 或 35 kV 网络电压降至用户使用的 230/400 V 母线电压。常用变压器的分类及特点见表 5-4。

表 5-4  变压器的分类及特点

| 变压器分类 | | | 产品规格及应用 | | |
|---|---|---|---|---|---|
| 分类方式 | 名称 | 型式 | | 规格型号 | 应用范围 |
| 按绝缘介质分 | 油浸式变压器 | 非封闭型 | | S8、S9、S10 等系列产品 | 工矿企业、农业和民用建筑中广泛使用 |
| | | 封闭型 | | S9、S9—M、S10—M 等系列产品 | 用于石油、化工行业中多油污、多化学物质的场所 |
| | | 密封型 | | BS9、S9—$M_a^g$、S10—$M_a^g$、S11—MR、SH、SH12—M 等系列产品 | 工矿企业、农业和民用建筑等各种场所配电之用 |
| | 干式变压器 | 包封线圈式 | 封闭式 | SCB8、SC(B)9、SC(B)10、SCR—10 等系列产品 | 高层建筑、商业中心、机场、车站、地铁、医院、工厂等场所 |
| | | | 非封闭式 | | |
| | | 非包封线圈式 | | SG10 等系列产品 | 高层建筑、商业中心、机场、车站、地铁、石油化工等场所 |
| 按调压方式分 | 无励磁调压变压器 | | | S8、S9、S10 等系列产品；BS9、S9—$M_a^g$、S10—$M_a^g$、S11—MR、SH、SH12—M 等系列产品；SCB8、SC(B)9、SC(B)10、SCR—10 等系列产品；SG10 等系列产品 | 用于电压波动范围小，电压变化较少的场所。在满足使用前提的要求下，能用励磁调压的尽量不采用有载调压。高压分接范围为±5%或±2×2.5% |
| | 有载调压变压器 | | | SZ9、SCZ、SCZ9、SFZ9、SCZ(B)10、SCZ9—10 等系列产品 | 一次绕组增加了调压绕组，装有有载分接开关和有载调压控制器。可以并联运行，必须配置同步控制器，且并联运行的台数不超过 4 台 |

### 2. 高压开关柜

高压开关柜是电气装置安装工程中重要的设备，常用高压开关柜的分类及特点见表 5-5。

**表 5-5　高压开关柜的分类及特点**

| 高压开关柜分类 | | | 产品规格及应用 | |
|---|---|---|---|---|
| 分类方式 | 类别 | | 型号 | 断路器安装位置 | 特点及应用 |

| 分类方式 | 类别 | | 型号 | 断路器安装位置 | 特点及应用 |
|---|---|---|---|---|---|
| 按结构分 | 半封闭式高压开关柜 | 固定式高压开关柜(户内型) | GBC GG1 A | 落地式 | 高为 2.5 m 的带电组件允许暴露在柜体外,且无隔室,安全性较差。结构简单,制造方便,价格便宜,且能明确看到引进线隔离开关的分合状态,目前已较少使用 |
| | | | | 中置式组 | |
| | 金属封闭式高压开关柜 | 金属铠装式移开式高压开关柜(户内型) | KYN | 落地式 | 隔离室采用金属隔板,可将故障电弧限制在产生的隔室内,电弧触及金属隔板即被引入地内,安全性好,价格较贵,断路器更换方便,目前使用较多 |
| | | | | 中置式 | |
| | | 金属铠装式固定式高压开关柜(户内型) | KGN | | 隔离室采用金属隔板,可将故障电弧限制在产生的隔室内,电弧触及金属隔板即被引入地内,安全性好,但价格较贵,断路器更换不方便,多用于高海拔地区加强绝缘产品 |
| | | 间隔移开式高压开关柜(户内型) | JYN | | 室内采用绝缘隔板,电弧有可能烧穿绝缘隔板进入其他隔室使事故扩大,安全性不如金属铠装式,断路器更换方便 |
| | | 箱式固定式高压开关柜(户内型) | XGN | 一 | 隔室数量少,隔板的防护等级低或无隔板,安全性稍差,断路器更换不方便 |
| | | 箱式环网式高压开关柜(户内型) | HXGN | | 隔室数量少,隔板的防护等级低或无隔板,安全性稍差,断路器更换不方便,单台变压器容量为 1 000 kV·A 及以上者采用负荷开关加熔断器保护,应考虑转移电流问题,价格便宜 |
| | | 高压电缆分接箱 | 一 | | 按分支数分为三分支、四分支、五分支、六分支等。按进出线分为单端型、双端型。按主干和分支结构分为带开关型和不带开关型 |
| 按柜体分 | 柜体焊接式 | | | | 柜体焊接而成,易变形,劳动强度大 |
| | 柜体组装式 | | | | 采用拉铆螺母和高强度螺栓连接而成,外壳采用镀锌钢板或铝锌复合板,经数控机车加工并采用弯折工艺,柜体误差小,一致性好 |
| 按断路器类型分 | 真空断路器 | | | 一 | 在 12 kV 级无油化进程中已成为主导产品,无须专门维护 |
| | SF$_6$ 断路器 | | | | 在 40.5 kV 级中除采用真空断路器外也采用 SF$_6$ 断路器 |
| 按断路器安装位置分 | 断路器中置式 | | | | 手车结构置于柜体中部,手车的推入拉出需要装载车,其高度可调,使用便利 |
| | 断路器落地式 | | | | 手车结构本身落地,推入柜内,对建筑物地面做法要求较高 |

## 3. 断路器

断路器是电力系统保护和操作的重要电气装置，能承载、关合和开断运行线路的正常电流，也能在规定时间内承载、关合和开断规定的异常电流。根据工作电压的不同，断路器可分为高压断路器和低压断路器。高压断路器和低压断路器的分类及特点分别见表5-6和表5-7。

表 5-6    常用高压断路器的分类及特点

| 断路器类别 | 结构 | 特点 |
|---|---|---|
| 空气断路器 | 以压缩空气为灭弧介质和绝缘介质的断路器 | 介质有毒，无火灾危险，动作快，单断口开断能力强，且适用于低温地区的环境条件；缺点是噪声大、元件多，需要压缩空气辅助体系，价格贵，事故率也较高 |
| 磁吹断路器 | 利用磁吹原理灭弧的断路器 | 无油、无火灾危险，能适应频繁操作；开断能力和电压等级不高，且价格较贵，逐渐被 $SF_6$ 断路器或真空断路器所取代 |
| $SF_6$ 断路器 | 以 $SF_6$ 气体为灭弧介质或同时兼作绝缘介质的断路器 | 单断口电压高于其他类型的断路器，在超高压断路器中 $SF_6$ 断路器的元件数量最少，可靠性高，开断能力强，无火灾危险，检修周期长，发展迅速 |
| 真空断路器 | 利用真空条件灭弧的断路器 | 在额定短路开断电流下能连续开断数十次甚至上百次，其灭弧部分不需检修，并无火灾危险，在中压系统中应用广泛 |

表 5-7    常用低压断路器的分类及特点

| 断路器名称 | 结构特性及用途 | | | |
|---|---|---|---|---|
| | 电流种类和范围 | 保护特性 | | 主要用途 |
| 配电用低压断路器 | 交流 200～6 300 A | 选择型 B 类 | 二段保护：瞬时，短延时 | 作电源总开关和变压器输出端支路开关 |
| | | | 三段保护：瞬时，短延时，长延时 | |
| | | | 四段保护：瞬时，短延时，长延时，接地故障 | |
| | | 非选择型 A 类 | 限流型 长延时，瞬时 | 作变压器输出端支路开关 |
| | | | 一般型 | 作支路末端开关 |
| | 直流 600～6 000 A | 快速型 | 有极性，无极性 | 保护半导体整流设备 |
| | | 一般型 | 长延时，瞬时 | 保护一般直流设备 |
| 电动机保护用低压断路器 | 交流 63～630 A | 直接启动 | 一般型 过电流脱扣器瞬动倍数(8～15)$I_n$ | 保护笼型电动机 |
| | | | 限流型 过电流脱扣器瞬动倍数 12 $I_n$ | 保护笼型电动机，应装在大容量变压器输出端 |
| | | 间接启动 | 间接启动 过电流脱扣器瞬动倍数 (3～8)$I_n$ | 保护笼型和绕线转子电动机 |
| 照明用微型断路器 | 交流 6～125 A 直流 6～100 A | 过载长延时，短路瞬时 | | 用于居住建筑内电气设备和信号二次回路 |

| 断路器名称 | 结构特性及用途 | | |
|---|---|---|---|
| | 电流种类和范围 | 保护特性 | 主要用途 |
| 剩余电流保护断路器 | 交流 10～250 A | 电磁式 / 电子式 | 按剩余电流动作灵敏度及使用目的不同以及不同型号分档,其额定漏电动作电流一般为 6～500 mA,动作时间≤0.1 s | 防止人身电击事故和避免因电气设备漏电造成的火灾危险 |

#### 4. 电线电缆

电线电缆是指用以传输电能/信息和实现电磁能转换的线材产品。电线电缆按额定电压可分为 300/300 V、300/500 V、450/750 V、0.6/1 kV、6/10 kV、8.7/10 kV、21/35 kV、26/35 kV。此外,电线电缆产品还可按用途分类,见表 5-8。

表 5-8　电线电缆产品分类、特点及主要用途

| 类别 | 产品特点 | 主要用途 |
|---|---|---|
| 裸电线 | 无绝缘层的电线,可分为单线和绞线 | 用于等电位联结、保护接地系统、防雷接地系统、功能接地系统和联合接地系统等 |
| 绕组线 | 实现电磁能转换的电线,又称电磁线,分绕包线和漆包线 | 电机、电器和电工仪器绕组 |
| 电力电缆 | 传输电能的电缆 | 用于变配电系统的供电线路和馈电线路;动力工程、照明工程的线路 |
| 专用电线电缆 | 专用工作的线、缆 | 用于变配电所、动力工程中的控制联络连线;预分支电缆、绝缘电线用于动力工程、照明工程的布线 |
| 通信电缆 | 传输电气信息用的电缆 | 用于电话通信线路、综合布线系统、电缆电视系统等 |

在电气装置安装工程中,母线是广泛应用的一种线材产品。

母线是由高电导率的铜、铝质材料制成的,用以传输电能,具有汇集和分配电力的产品。母线的分类及特点见表 5-9。

表 5-9　母线的分类、特点及应用场合

| 母线类别 | | 特点 | 应用场合 |
|---|---|---|---|
| 硬母线 | 矩形母线 | 单片最大工作电流可达 2 kA 左右,采用 2～4 片并联组合使用时,母线的载流量一般为 4 kA | 用于集肤效应,一般工频工作电流不超过 3 kA |
| | 管形母线 | 具有较小的集肤效应 | 多用于 35 kV 及以下的室内配电装置,110～500 kV 的室外配电装置 |
| | 槽形/菱形母线 | 为减少集肤效应,改善散热条件而改变母线形状 | 输送较大电流 |
| 软母线 | 铜 Z 绞线 | 架空敷设,当电压等级较高、电流较大时则采用扩径软导线和分裂软导线作为母线 | 多用于 35 kV 及以上的室外配电装置和 110～220 kV 的室内配电装置 |
| | 铝绞线 | | |
| | 钢芯铝绞线 | | |

| 母线类别 | | | 特点 | | 应用场合 |
|---|---|---|---|---|---|
| 金属封闭母线 | 离相封闭母线 | 不连式 | 每相外壳分为若干段，段间绝缘，每段只有一点接地 | 具有单独金属外壳且各相外壳间有空隙隔离的金属封闭母线 | 用于电压 1～35 kV、电流 40 000 A 及以下、频率 50(或 60)Hz 发电机出线及其他输配电回路，可安全地传输电能 |
| | | 全连式 | 每相外壳上电气连通，分别在三相外壳首末端处短路并接地 | | |
| | | 自然冷却 | 以空气为介质，进行自然冷却 | | |
| | | 强迫冷却 | 以空气为介质，进行强迫冷却 | | |
| | | 微正压充气 | 在外壳内充以微正压气体 | | |
| | 共相封闭母线 | 不隔相 | 三相母线导体封闭在同一个金属外壳中；全封闭母线是将母线封闭在 SF₆ 绝缘气体钢筒内的金属封闭母线。有不同的额定电压等级和额定电流等级 | | |
| | | 隔相 | | | |
| 母线槽 | 空气绝缘母线槽 | | 依靠空气介质绝缘的母线槽 | 可采用不同的系统设置电源导体和保护导体，有不同的额定电压等级和额定电流等级。结构紧凑、通用互换性强，传输容量大、线路损耗小；通过接插式馈电箱，使配出线路容易；质量有保证，安全可靠；功能齐全，施工方便 | 广泛应用于交流 50(或 60)Hz、额定工作电压 660 V 及以下、额定电流 5 000 A 及以下树干式配电回路，可安全地传输电能 |
| | 密集绝缘母线槽 | | 是将裸母线用绝缘材料覆盖后，紧贴通道壳体放置的母线槽 | | |
| | 耐火母线槽 | | 能在规定的时间、温度下具有一定的耐火性能，并已通过全面耐火试验的母线槽 | | |
| 滑触线 | | | 通过集电器向移动受电设备供电的导电装置 | | 应用于交流 50(或 60)Hz、额定交流电压 660 V 及以下、直流电压 660 V、额定电流 50～2 000 A 的具有固定行驶轨迹的各种起重运输机械(如电动葫芦、电动桥式起重机、梁式起重机、龙门式起重机、移动式电动工具等)和照明器具及其他移动受电设施 |

# 第二节　电气设备安装工程定额工程量计算

## 一、电气设备安装工程定额说明

《通用安装工程消耗量定额》(TY02—31—2015)第四册《电气设备安装工程》共十七章，主要内容包括变压器安装工程，配电装置安装工程，绝缘子、母线安装工程，配电控制、保护、直流装置安装工程，蓄电池安装工程，发电机、电动机检查接线工程，金属构件、穿墙套板安装工程，滑触线安装工程，配电、输电电缆敷设工程，防雷及接地装置安装工程，电压等级 10 kV 及以下架空线路输电工程，配管工程，配线工程，照明器具安装工程，低压电器设备安装工程，运输设备电气装置安装工程，电气设备调试工程等内容。其适用于工业与民用电压等级小于或等于 10 kV 变配电设备及线路安装、车间动力电气设备及电气照明器具、防雷及接地装置安装、配管配线、电梯电气装置、电气调整试验等安装工程。

定额有关说明如下：

(1)本册定额[①]除各章另有说明外，均包括下列工作内容：施工准备、设备与器材及工器具的场内运输、开箱检查、安装、设备单体调整试验、结尾清理、配合质量检验、不同工种间交叉配合、临时移动水源与电源等工作内容。

(2)本册定额不包括下列内容：

1)电压等级大于 10 kV 配电、输电、用电设备及装置安装。工程应用时，应执行电力行业相关定额。

2)电气设备及装置配合机械设备进行单体试运和联合试运工作内容。发电、输电、配电、用电分系统调试、整套启动调试、特殊项目测试与性能验收试验应单独执行本册定额第十七章"电气设备调试工程"相应的定额。

①单体调试是指设备或装置安装完成后未与系统连接时，根据设备安装施工交接验收规范，为确认其是否符合产品出厂标准和满足实际使用条件而进行的单机试运或单体调试工作。单体调试项目的界限是设备没有与系统连接，设备和系统断开时的单独调试。

②分系统调试是指工程的各系统在设备单机试运或单体调试合格后，为使系统达到整套启动所必须具备的条件而进行的调试工作。分系统调试项目的界限是设备与系统连接，设备和系统连接在一起进行的调试。

③整套启动调试是指工程各系统调试合格后，根据启动试运规程、规范，在工程投料试运前以及试运行期间，对工程整套工艺运行生产以及全部安装结果的验证、检验所进行的调试。整套启动调试项目的界限是工程各系统间连接，系统和系统连接在一起进行的调试。

3)下列费用可按系数分别计取：

---

① 本章中所指"本册定额"均为《通用安装工程清耗量定额》(TY02—31—2015)第四册《电气设备安装工程》。

①脚手架搭拆费按定额人工费(不包括本册定额第十七章"电气设备调试工程"中人工费,不包括装饰灯具安装工程中人工费)5%计算,其费用中人工费占35%。电压等级小于或等于10 kV架空输电线路工程、直埋敷设电缆工程、路灯工程不单独计算脚手架费用。

②操作高度增加费:安装高度距离楼面或地面大于5 m时,超过部分工程量按定额人工费乘以系数1.1计算(已经考虑了超高因素的定额项目除外,如小区路灯、投光灯、氙气灯、烟囱或水塔指示灯、装饰灯具),电缆敷设工程、电压等级小于或等于10 kV架空输电线路工程不执行本条规定。

③建筑物超高增加费:是指在建筑物层数大于6层或建筑物高度大于20 m以上的工业与民用建筑物上进行安装时,按表5-10计算,建筑物超高增加的费用,其费用中的人工费占65%。

表5-10　建筑物超高增加费

| 建筑物高度/m | ≤40 | ≤60 | ≤80 | ≤100 | ≤120 | ≤140 | ≤160 | ≤180 | ≤200 |
|---|---|---|---|---|---|---|---|---|---|
| 建筑层数/层 | ≤12 | ≤18 | ≤24 | ≤30 | ≤36 | ≤42 | ≤48 | ≤54 | ≤60 |
| 按人工费的百分比/% | 2 | 5 | 9 | 14 | 20 | 26 | 32 | 38 | 44 |

④在地下室内(含地下车库)、暗室内、净高小于1.6 m楼层、断面小于4 m²且大于2 m²的隧道或洞内进行安装的工程,定额人工乘以系数1.12。

⑤在管井内、竖井内、断面小于或等于2 m²隧道或洞内、封闭吊顶天棚内进行安装的工程(竖井内敷设电缆项目除外),定额人工乘以系数1.16。

⑥本册定额中安装所用螺栓是按照厂家配套供应考虑,定额不包括安装所用螺栓费用。如果工程实际由安装单位采购配置安装所用螺栓时,根据实际安装所用螺栓用量加3%损耗率计算螺栓费用。

现场加工制作的金属构件定额中,螺栓按照未计价材料考虑,其中包括安装用的螺栓。

## 二、变压器安装工程定额工程量计算

### 1. 定额说明

(1)本册定额中变压器安装工程部分包括油浸式变压器安装、干式变压器安装、消弧线圈安装及绝缘油过滤等内容。

(2)有关说明:

1)设备安装定额包括放注油、油过滤所需的临时油罐等设施摊销费;不包括变压器防震措施安装,端子箱与控制箱的制作与安装,变压器干燥、二次喷漆、变压器铁梯及母线铁构件的制作与安装。工程实际发生时,执行相关定额。

2)油浸式变压器安装定额适用于自耦式变压器、带负荷调压变压器的安装;电炉变压器安装执行同容量变压器定额乘以系数1.6;整流变压器安装执行同容量变压器定额乘以系数1.2。

3)变压器的器身检查:容量小于或等于4 000 kV·A容量变压器是按照吊芯检查考虑,容量大于4 000 kV·A容量变压器是按照吊钟罩考虑。如果容量大于4 000 kV·A容量变压器需吊芯检查时,定额中机械乘以系数2.0。

4)安装带有保护外罩的干式变压器时,执行相关定额人工、机械乘以系数1.1。

5)单体调试包括熟悉图纸及相关资料、核对设备、填写试验记录、整理试验报告等工作内容。

①变压器单体调试内容包括测量绝缘电阻、直流电阻、极性组别、电压变比、交流耐压及空载电流和空载损耗、阻抗电压和负载损耗试验；包括变压器绝缘油取样、简化试验、绝缘强度试验。

②消弧线圈单体调试包括测量绝缘电阻、直流电阻和交流耐压试验；包括油浸式消弧线圈绝缘油取样、简化试验、绝缘强度试验。

6)绝缘油是按照设备供货考虑的。

7)非晶合金变压器安装根据容量执行相应的油浸变压器安装定额。

2. 定额工程量计算规则

(1)三相变压器、单相变压器、消弧线圈安装根据设备容量及结构性能，按照设计安装数量以"台"为计量单位。

(2)绝缘油过滤不分次数至油过滤合格止。按照设备载油量以"t"为计量单位。

1)变压器绝缘油过滤，按照变压器铭牌充油量计算。

2)油断路器及其他充油设备绝缘油过滤，按照设备铭牌充油量计算。

3. 定额工程量计算示例

【例5-1】 某工程按设计图示，需要安装S9－1 000 kV·A/10 kV型油浸电力变压器3台，并需要作干燥处理，绝缘油需要过滤，变压器的绝缘油重为950 kg，基础型钢为10♯槽钢40 m。计算油浸电力变压器工程量。

【解】 根据定额计算规则，工程量计算如下：

(1)油浸电力变压器定额工程量＝3台

(2)油浸电力变压器干燥定额工程量＝3台

(3)绝缘油需要过滤定额工程量＝0.95 t

【例5-2】 某工程需要安装XHZ10－300 kV·A/10 kV消弧线圈2台，并需要作干燥处理。计算消弧线圈的工程量。

【解】 根据定额计算规则，工程量计算如下：

(1)消弧线圈定额工程量＝2台

(2)消弧线圈干燥定额工程量＝2台

## 三、配电装置安装工程定额工程量计算

1. 定额说明

(1)本册定额中配电装置安装工程部分包括断路器、隔离开关、负荷开关、互感器、熔断器、避雷器、电抗器、电容器、交流滤波装置组架(TJL系列)、开闭所成套配电装置、成套配电柜、成套配电箱、组合式成套箱式变电站、配电智能设备安装及单体调试等内容。

(2)有关说明：

1)设备所需的绝缘油、六氟化硫气体、液压油等均按照设备供货编制。设备本体以外的加压设备和附属管道的安装，应执行相应定额另行计算。

2)设备安装定额不包括端子箱安装、控制箱安装、设备支架制作及安装、绝缘油过滤、电抗器干燥、基础槽(角)钢安装、配电设备的端子板外部接线、预埋地脚螺栓、二次灌浆。

3)配电智能设备安装调试定额不包括光缆敷设、设备电源电缆(线)的敷设、配线架跳线的安装、焊(绕、卡)接与钻孔等；不包括系统试运行、电源系统安装测试、通信测试、

软件生产和系统组态以及因设备质量问题而进行的修配改工作；应执行相应的定额另行计算费用。

4)干式电抗器安装定额适用于混凝土电抗器、铁芯干式电抗器和空心电抗器等干式电抗器安装。

定额是按照三相叠放、三相平放和二叠一平放的安装方式综合考虑的，工程实际与其不同时，执行定额不做调整。励磁变压器安装根据容量及冷却方式执行相应的变压器安装定额。

5)交流滤波装置安装定额不包括铜母线安装。

6)开闭所(开关站)成套配电装置安装定额综合考虑了开关的不同容量与形式，执行定额时不做调整。

7)高压成套配电柜安装定额综合考虑了不同容量，执行定额时不做调整。定额中不包括母线配制及设备干燥。

8)低压成套配电柜安装定额综合考虑了不同容量、不同回路，执行定额时不做调整。

9)组合式成套箱式变电站主要是指电压等级小于或等于 10 kV 箱式变电站。定额是按照通用布置方式编制的，即变压器布置在箱中间，箱一端布置高压开关，箱另一端布置低压开关，内装 6~24 台低压配电箱(屏)。执行定额时，不因布置形式而调整。在结构上采用高压开关柜、低压开关柜、变压器组成方式的箱式变压器称为欧式变压器；在结构上将负荷开关、环网开关、熔断器等结构简化放入变压器油箱中且变压器取消油枕方式的箱式变压器称为美式变压器。

10)成套配电柜和箱式变电站安装不包括基础槽(角)钢安装；成套配电柜安装不包括母线及引下线的配制与安装。

11)配电设备基础槽(角)钢、支架、抱箍、延长环、套管、间隔板等安装，执行本册定额第七章中"金属构件、穿墙套板安装工程"相关定额。

12)成品配套空箱体安装执行相应的"成套配电箱"安装定额乘以系数 0.5。

13)开闭所配电采集器安装定额是按照分散分布式编制的，若实际采用集中组屏形式，执行分散式定额乘以系数 0.9；若为集中式配电终端安装，可执行环网柜配电采集器定额乘以系数 1.2；单独安装屏可执行相关定额。

14)环网柜配电采集器安装定额是按照集中式配电终端编制的，若实际采用分散式配电终端，执行开闭所配电采集器定额乘以系数 0.85。

15)对应用综合自动化系统新技术的开闭所，其测控系统单体调试可执行开闭所配电采集器调试定额乘以系数 0.8，其常规微机保护调试已经包含在断路器系统调试中。

16)配电智能设备单体调试定额中只考虑三遥(遥控、遥信、遥测)功能调试，若实际工程增加遥调功能时，执行相应定额乘以系数 1.2。

17)电能表集中采集系统安装调试定额包括基准表安装调试、抄表采集系统安装调试。定额不包括箱体及固定支架安装、端子板与汇线槽及电气设备元件安装、通信线及保护管敷设、设备电源安装测试、通信测试等。

18)环网柜安装根据进出线回路数量执行"开闭所成套配电装置安装"相关定额。环网柜进出线回路数量与开闭所成套配电装置间隔数量对应。

19)变频柜安装执行"可控硅柜安装"相关定额；软启动柜安装执行"保护屏安装"相关定额。

2. 定额工程量计算规则

(1)断路器、电流互感器、电压互感器、油浸电抗器、电力电容器的安装，根据设备容量或重量，按照设计安装数量以"台"或"个"为计量单位。

(2)隔离开关、负荷开关、熔断器、避雷器、干式电抗器的安装，根据设备重量或容量，按照设计安装数量以"组"为计量单位，每三相为一组。

(3)并联补偿电抗器组架安装根据设备布置形式，按照设计安装数量以"台"为计量单位。

(4)交流滤波器装置组架安装根据设备功能，按照设计安装数量以"台"为计量单位。

(5)成套配电柜安装，根据设备功能，按照设计安装数量以"台"为计量单位。

(6)成套配电箱安装，根据箱体半周长，按照设计安装数量以"台"为计量单位。

(7)箱式变电站安装，根据引进技术特征及设备容量，按照设计安装数量以"座"为计量单位。

(8)变压器配电采集器、柱上变压器配电采集器、环网柜配电采集器调试根据系统布置，按照设计安装变压器或环网柜数量，以"台"为计量单位。

(9)开闭所配电采集器调试根据系统布置，以"间隔"为计量单位，一台断路器计算一个间隔。

(10)电压监控切换装置安装、调试，根据系统布置，按照设计安装数量以"台"为计量单位。

(11)GPS时钟安装、调试，根据系统布置，按照设计安装数量，以"套"为计量单位。天线系统不单独计算工程量。

(12)配电自动化子站、主站系统设备调试根据管理需求，以"系统"为计量单位。

(13)电度表、中间继电器安装调试，根据系统布置，按照设计安装数量以"台"为计量单位。

(14)电表采集器、数据集中器安装调试，根据系统布置，按照设计安装数量以"台"为计量单位。

(15)各类服务器、工作站安装，根据系统布置，按照设计安装数量以"台"为计量单位。

3. 定额工程量计算示例

【例5-3】 某工程需要安装GN19—10/1 000—31.5户内隔离开关共2组。计算户内隔离开关的工程量。

【解】 户内隔离开关安装工程量＝2组

## 四、绝缘子、母线安装工程定额工程量计算

1. 定额说明

(1)本册定额绝缘子、母线安装工程部分包括绝缘子、穿墙套管、软母线、矩形母线、槽形母线、管形母线、封闭母线、低压封闭式插接母线槽、重型母线等安装内容。

(2)有关说明：

1)定额不包括支架、铁构件的制作与安装。工程实际发生时，执行本册定额第七章"金属构件、穿墙套板安装工程"相关定额。

2)组合软母线安装定额不包括两端铁构件制作与安装及支持瓷瓶、矩形母线的安装。

工程实际发生时，应执行相关定额。安装的跨距是按照标准跨距综合编制的，如实际安装跨距与定额不符时，执行定额不做调整。

3)软母线安装定额是按照单串绝缘子编制的，如设计为双串绝缘子，其定额人工乘以系数 1.14；耐张绝缘子串的安装与调整已包含在软母线安装定额内。

4)软母线引下线、跳线、经终端耐张线夹引下(不经过 T 型线夹或并沟线夹引下)与设备连接的部分应按照导线截面分别执行定额。软母线跳线安装定额综合考虑了耐张线夹的连接方式，执行定额时不做调整。

5)矩形钢母线安装执行铜母线安装定额。

6)矩形母线伸缩节头和铜过渡板安装定额是按照成品安装编制，定额不包括加工配制及主材费。

7)矩形母线、槽形母线安装定额不包括支持瓷瓶安装和钢构件配置安装，工程实际发生时，执行相关定额。

8)高压共箱母线和低压封闭式插接母线槽安装定额是按照成品安装编制，定额不包括加工配制及主材费；包括接地安装及材料费。

2. 定额工程量计算规则

(1)悬垂绝缘子串安装是指垂直或 V 形安装的提挂导线、跳线、引下线、设备连线或设备所用的绝缘子串安装，根据工艺布置，按照设计图示安装数量以"串"为计量单位。V 形串按照两串计算工程量。

(2)支持绝缘子安装根据工艺布置和安装固定孔数，按照设计图示安装数量以"个"为计量单位。

(3)穿墙套管安装不分水平、垂直安装，按照设计图示数量以"个"为计量单位。

(4)软母线安装是指直接由耐张绝缘子串悬挂安装，根据母线形式和截面面积或根数，按照设计布置以"跨/三相"为计量单位。

(5)软母线引下线是指由 T 形线夹或并沟线夹从软母线引向设备的连线，其安装根据导线截面面积，按照设计布置以"组/三相"为计量单位。

(6)两跨软母线间的跳线、引下线安装，根据工艺布置，按照设计图示安装数量以"组/三相"为计量单位。

(7)设备连接线是指两设备间的连线。其安装根据工艺布置和导线截面面积，按照设计图示安装数量以"组/三相"为计量单位。

(8)软母线安装预留长度按照设计规定计算，设计无规定时按表 5-11 的规定计算。

表 5-11　软母线安装预留长度　　　　　　　　　　　　　　　　　　m/根

| 项目 | 耐张 | 跳线 | 引下线 | 设备连接线 |
|---|---|---|---|---|
| 预留长度 | 2.5 | 0.8 | 0.6 | 0.6 |

(9)矩形与管形母线及母线引下线安装，根据母线材质及每相片数、截面面积或直径，按照设计图示安装数量以"m/单相"为计量单位。计算长度时，应考虑母线挠度和连接需要增加的工程量，不计算安装损耗量。母线和固定母线金具应按照安装数量加损耗量另行计算主材费。

(10)矩形母线伸缩节安装，根据母线材质和伸缩节安装片数，按照设计图示安装数量以"个"为计量单位；矩形母线过渡板安装，按照设计图示安装数量以"块"为计量单位。

(11)槽形母线安装，根据母线根数与规格，按照设计图示安装数量以"m/单相"为计量单位。计算长度时，应考虑母线挠度和连接需要增加的工程量，不计算安装损耗量。

(12)槽形母线与设备连接，根据连接的设备与接头数量及槽形母线规格，按照设计连接设备数量以"台"为计量单位。

(13)分相封闭母线安装根据外壳直径及导体截面面积规格，按照设计图示安装轴线长度以"m"为计量单位，不计算安装损耗量。

(14)共箱母线安装根据箱体断面及导体截面面积和每相片数规格，按照设计图示安装轴线长度以"m"为计量单位，不计算安装损耗量。

(15)低压(电压等级小于或等于380 V)封闭式插接母线槽安装，根据每相电流容量，按照设计图示安装轴线长度以"m"为计量单位；计算长度时，不计算安装损耗量。母线槽及母线槽专用配件按照安装数量计算主材费。分线箱、始端箱安装根据电流容量，按照设计图示安装数量以"台"为计量单位。

(16)重型母线安装，根据母线材质及截面面积或用途，按照设计图示安装成品质量以"t"为计量单位。计算质量时，不计算安装损耗量。母线、固定母线金具、绝缘配件应按照安装数量加损耗量另行计算主材费。

(17)重型母线伸缩节制作与安装，根据重型母线截面面积，按照设计图示安装数量以"个"为计量单位。铜带、伸缩节螺栓、垫板等单独计算主材费。

(18)重型母线导板制作与安装，根据材质与极性，按照设计图示安装数量以"束"为计量单位。铜带、导板等单独计算主材费。

(19)重型铝母线接触面加工是指对铸造件接触面的加工，根据重型铝母线接触面加工断面，按照实际加工数量以"片/单相"为计量单位。

(20)硬母线安装预留长度按照设计规定计算，设计无规定时按表5-12的规定计算。

**表5-12  硬母线安装预留长度**

m/根

| 序号 | 项目 | 预留长度 | 说明 |
|---|---|---|---|
| 1 | 矩形、槽形、管形母线终端 | 0.3 | 从最后一个支持点算起 |
| 2 | 矩形、槽形、管形母线与分支线连接 | 0.5 | 分支线预留 |
| 3 | 矩形、槽形母线与设备连接 | 0.5 | 从设备端子接口算起 |
| 4 | 多片重型母线与设备连接 | 1.0 | 从设备端子接口算起 |

### 3. 定额工程量计算示例

【例5-4】 某工程安装220 kV软母线跨线共3跨，导线规格为LGJ—400/35，每跨跨距为60 m。计算母线安装定额工程量，并套用全统定额计算安装费用。

【解】 软母线安装工程量＝3跨/三相

## 五、配电控制、保护、直流装置安装工程定额工程量计算

### 1. 定额说明

(1)本册定额配电控制、保护、直流装置安装工程部分包括控制与继电及模拟配电屏、控制台、控制箱、端子箱、端子板及端子板外部接线、接线端子、高频开关电源、直流屏

（柜）安装等内容。

（2）有关说明：

1）设备安装定额包括屏、柜、台、箱设备本体及其辅助设备安装，即标签框、光字牌、信号灯、附加电阻、连接片等。定额不包括支架制作与安装、二次喷漆及喷字、设备干燥、焊（压）接线端子、端子板外部（二次）接线、基础槽（角）钢制作与安装、设备上开孔。

2）接线端子定额只适用于导线，电力电缆终端头制作安装定额中包括压接线端子，控制电缆终端头制作安装定额中包括终端头制作及接线至端子板，不得重复计算。

3）直流屏（柜）不单独计算单体调试，其费用综合在分系统调试中。

**2. 定额工程量计算规则**

（1）控制设备安装根据设备性能和规格，按照设计图示安装数量以"台"为计量单位。

（2）端子板外部接线根据设备外部接线图，按照设计图示接线数量以"个"为计量单位。

（3）高频开关电源、硅整流柜、可控硅柜安装根据设备电流容量，按照设计图示安装数量以"台"为计量单位。

**3. 定额工程量计算示例**

【例 5-5】 某工程按设计图安装 SYLP2000 智能型落地式模拟屏 3 台，模拟屏宽为 1.5 m。计算其工程量。

【解】 模拟屏安装定额工程量＝3 台

## 六、蓄电池安装工程定额工程量计算

**1. 定额说明**

（1）本册定额蓄电池安装工程部分包括蓄电池防振支架、碱性蓄电池、密闭式铅酸蓄电池、免维护铅酸蓄电池安装、蓄电池组充放电、UPS、太阳能电池等内容。

（2）有关说明：

1）定额适用电压等级小于或等于 220 V 各种容量的碱性和酸性固定型蓄电池安装。定额不包括蓄电池抽头连接用电缆及电缆保护管的安装，工程实际发生时，执行相关定额。

2）蓄电池防振支架安装定额是按照地坪打孔、膨胀螺栓固定编制，工程实际采用其他形式安装时，执行定额不做调整。

3）蓄电池防振支架、电极连接条、紧固螺栓、绝缘垫按照设备供货编制。

4）碱性蓄电池安装需要补充的电解液，按照厂家设备供货编制。

5）密封式铅酸蓄电池安装定额包括电解液材料消耗，执行时不做调整。

6）蓄电池充放电定额包括充电消耗的电量，不分酸性、碱性电池均按照其电压和容量执行相关定额。

7）UPS 不间断电源安装定额分单相（单相输入/单相输出）、三相（三相输入/三相输出），三相输入/单相输出设备安装执行三相定额。EPS 应急电源安装根据容量执行相应的 UPS 安装定额。

8）太阳能电池安装定额不包括小区路灯柱安装、太阳能电池板钢架混凝土地面与混凝土基础及地基处理、太阳能电池板钢架支柱与支架、防雷接地。

**2. 定额工程量计算规则**

（1）蓄电池防振支架安装根据设计布置形式，按照设计图示安装成品数量以"m"为计量单位。

（2）碱性蓄电池和铅酸蓄电池安装，根据蓄电池容量，按照设计图示安装数量以"个"为计量单位。

（3）免维护铅酸蓄电池安装根据电压等级及蓄电池容量，按照设计图示安装数量以"个"为计量单位。

（4）蓄电池充放电根据蓄电池容量，按照设计图示安装数量以"组"为计量单位。

（5）UPS 安装根据单台设备容量及输入与输出相数，按照设计图示安装数量以"台"为计量单位。

（6）太阳能电池板钢架安装根据安装的位置，按实际安装太阳能电池板和预留安装太阳能电池板面积之和计算工程量。不计算设备支架、不同高度与不同斜面太阳能电池板支撑架的面积；设备支架按照质量计算，执行本册定额第七章"金属构件、穿墙套板安装工程"相关定额。

（7）小区路灯柱上安装太阳能电池，根据路灯柱高度，以"块"为计量单位。

（8）太阳能电池组装与安装根据设计布置，功率小于或等于 1 500 Wp 按照每组电池输出功率，以"组"为计量单位；功率大于 1 500 Wp 时每增加 500 Wp 计算一组增加工程量，功率小于 500 Wp 按照 500 Wp 计算。

（9）太阳能电池与控制屏联测，根据设计布置，按照设计图示安装单方阵数量以"组"为计量单位。

（10）光伏逆变器安装根据额定交流输出功率，按照设计图示安装数量以"台"为计量单位。功率大于 1 000 kW 光伏逆变器根据组合安装方式，分解成若干台设备计算工程量。

（11）太阳能控制器根据额定系统电压，按照设计图示安装数量以"台"为计量单位。当控制器与逆变器组合为复合电气逆变器时，控制器不单独计算安装工程量。

3. 定额工程量计算示例

【例5-6】 某项工程设计一组免维护铅酸蓄电池为 220 V/500 A·h，由 12 V 的组件 18 个组成。计算蓄电池安装定额工程量。

【解】 蓄电池安装定额工程量＝18 组

# 七、发电机、电动机检查接线工程定额工程量计算

## 1. 定额说明

（1）本册定额发电机、电动机检查接线工程部分包括发电机、直流发电机检查接线及直流电动机、交流电动机、立式电动机、大（中）型电动机、微型电动机、变频机组、电磁调速电动机检查接线及空负荷试运转等内容。

（2）有关说明：

1）发电机检查接线定额包括发电机干燥。电动机检查接线定额不包括电动机干燥，工程实际发生时，另行计算费用。

2）电机空转电源是按照施工电源编制的，定额中包括空转所消耗的电量及 6 000 V 电机空转所需的电压转换设施费用。空转时间按照安装规范综合考虑，工程实际施工与定额不同时不做调整。当工程采用永久电源进行空转时，应根据定额中的电量进行费用调整。

3）电动机根据质量分为大型、中型、小型。单台质量小于或等于 3 t 电动机为小型电动机，单台质量大于 3 t 且小于或等于 30 t 电动机为中型电动机，单台质量大于 30 t 电动机为大型电动机。小型电动机安装按照电动机类别和功率大小执行相应定额；大、中型电动机

安装不分交、直流电动机，按照电动机质量执行相关定额。

4）微型电机包括驱动微型电机、控制微型电机和电源微型电机三类。驱动微型电机是指微型异步电机、微型同步电机、微型交流换向器电机、微型直流电机等；控制微型电机是指自整角机、旋转变压器、交/直流测速发电机、交/直流伺服电动机、步进电动机、力矩电动机等；电源微型电机是指微型电动发电机组和单枢变流机等。

5）功率小于或等于 0.75 kW 电机检查接线均执行微型电机检查接线定额。设备出厂时电动机带出线的，不计算电动机检查接线费用（如排风机、电风扇等）。

6）电机检查接线定额不包括控制装置的安装和接线。

7）定额中电机接地材质是按照镀锌扁钢编制的，如采用铜接地时，可以调整接地材料费，但安装人工和机械不变。

8）定额不包括发电机与电动机的安装。定额包括电动机空载试运转所消耗的电量，工程实际与定额不同时，不做调整。

9）电动机控制箱安装执行本册定额第二章中"成套配电箱"相关定额。

2. 定额工程量计算规则

（1）发电机、电动机检查接线，根据设备容量，按照设计图示安装数量以"台"为计量单位。单台电动机质量在 30 t 以上时，按照质量计算检查接线工程量。

（2）电动机检查接线定额中，每台电动机按照 0.824 m 计算金属软管材料费。电机电源线为导线时，其接线端子分导线截面按照"个"计算工程量，执行本册定额第四章"配电控制、保护、直流装置安装工程"相关定额。

3. 定额工程量计算示例

【例 5-7】某工程需要安装 Z4－112/2－1 型直流电机 1 台，额定功率为 3 kW，并需要作干燥处理。计算其检查接线与干燥工程量。

【解】（1）小型直流电机检查接线工程量＝1 台。

（2）小型电机干燥工程量＝1 台

## 八、金属构件、穿墙套板安装工程定额工程量计算

1. 定额说明

（1）本册定额金属构件、穿墙套板安装工程部分包括金属构件、穿墙板、金属围网、网门的制作与安装等内容。

（2）有关说明：

1）电缆桥架支撑架制作与安装适用于电缆桥架的立柱、托臂现场制作与安装，如果生产厂家成套供货时，只计算安装费。

2）铁构件制作与安装定额适用于本册范围内除电缆桥架支撑架、沿墙支架以外的各种支架、构件的制作与安装。

3）铁构件制作定额不包括镀锌、镀锡、镀铬、喷塑等其他金属防护费用，工程实际发生时，执行相关定额另行计算。

4）轻型铁构件是指铁构件的主体结构厚度小于或等于 3 mm 的铁构件。单件质量大于 100 kg 的铁构件安装执行《通用安装工程清耗量定额》（TY02—31—2015）第三册《静置设备与工艺金属结构制作安装工程》相应项目。

5)穿墙套板制作与安装定额综合考虑了板的规格与安装高度，执行定额时不做调整。定额中不包括电木板、环氧树脂板的主材，应按照安装用量加损耗量另行计算主材费。

6)金属围网、网门制作与安装定额包括网或门的边柱、立柱制作与安装。

7)金属构件制作定额中包括除锈、刷油漆费用。

**2. 定额工程量计算规则**

(1)基础槽钢、角钢制作与安装，根据设备布置，按照设计图示安装数量以"m"为计量单位。

(2)电缆桥架支撑架、沿墙支架、铁构件的制作与安装，按照设计图示安装成品质量以"t"为计量单位。计算质量时，计算制作螺栓及连接件质量，不计算制作与安装损耗量、焊条质量。

(3)金属箱、盒制作按照设计图示安装成品质量以"kg"为计量单位。计算质量时，计算制作螺栓及连接件质量，不计算制作损耗量、焊条质量。

(4)穿墙套板制作与安装根据工艺布置和套板材质，按照设计图示安装数量以"块"为计量单位。

(5)围网、网门制作与安装根据工艺布置，按照设计图示安装成品数量以"m²"为计量单位。计算面积时，围网长度按照中心线计算，围网高度按照实际高度计算，不计算围网底至地面的高度。

## 九、滑触线安装工程定额工程量计算

**1. 定额说明**

(1)本册定额滑触线安装工程部分包括轻型滑触线、安全节能型滑触线、型钢类滑触线、滑触线支架的安装及滑触线拉紧装置、挂式支持器的制作与安装，以及移动软电缆安装等内容。

(2)有关说明：

1)滑触线及滑触线支架安装定额包括下料、除锈、刷防锈漆与防腐漆，伸缩器、坐式电车绝缘子支持器安装。定额不包括预埋铁件与螺栓、辅助母线安装。

2)滑触线及支架安装定额是按照安装高度小于或等于10 m编制，若安装高度大于10 m时，超出部分的安装工程量按照定额人工乘以系数1.1。

3)安全节能型滑触线安装不包括滑触线导轨、支架、集电器及其附件等材料，安全节能型滑触线为三相式时，执行单相滑触线安装定额乘以系数2.0。

4)移动软电缆安装定额不包括轨道安装及滑轮制作。

**2. 定额工程量计算规则**

(1)滑触线安装根据材质及性能要求，按照设计图示安装成品数量以"m/单相"为计量单位，计算长度时，应考虑滑触线挠度和连接需要增加的工程量，不计算下料、安装损耗量。滑触线另行计算主材费，滑触线安装预留长度按照设计规定计算，设计无规定时按照表5-13规定计算。

表5-13　滑触线安装附加和预留长度表　　　　　　　　　　　　　　　　m/根

| 序号 | 项目 | 预留长度 | 说明 |
|---|---|---|---|
| 1 | 圆钢、铜母线与设备连接 | 0.2 | 从设备接线端子接口起算 |
| 2 | 圆钢、铜滑触线终端 | 0.5 | 从最后一个固定点起算 |

| 序号 | 项目 | 预留长度 | 说明 |
|------|------|---------|------|
| 3 | 角钢滑触线终端 | 1.0 | 从最后一个支持点起算 |
| 4 | 扁钢滑触线终端 | 1.3 | 从最后一个固定点起算 |
| 5 | 扁钢母线分支 | 0.5 | 分支线预留 |
| 6 | 扁钢母线与设备连接 | 0.5 | 从设备接线端子接口起算 |
| 7 | 工字钢、槽钢、轻轨滑触线终端 | 0.8 | 从最后一个支持点起算 |
| 8 | 安全节能及其他滑触线终端 | 0.5 | 从最后一个固定点起算 |

（2）滑触线支架、拉紧装置、挂式支持器安装根据构件形式及材质，按照设计图示安装成品数量以"副"或"套"为计量单位，三相一体为1副或1套。

（3）沿钢索移动软电缆按照每根长度以"套"为计量单位，不足每根长度按照1套计算；沿轨道移动软电缆根据截面面积，以"m"为计量单位。

3. 定额工程量计算示例

【例5-8】 某单层厂房滑触线平面布置图，如图5-3所示。柱间距为3.0 m，共6跨，在柱高7.5 m处安装滑触线支架（60 mm×60 mm×6 mm，每米质量4.12 kg），如图5-4所示，采用螺栓固定，滑触线（50 mm×50 mm×5 mm，每米质量2.63 kg）两端设置指示灯。试计算其工程量。

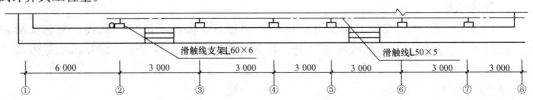

图5-3 某单层厂房滑触线平面布置图

注：室内外地坪标高相同（±0.010 m），图中尺寸标注均以 mm 为单位。

【解】 （1）滑触线安装工程量＝[3×6+(1+1)]×3＝60(m)

（2）滑触线支架制作工程量＝6副

## 十、配电、输电电缆敷设工程定额工程量计算

### 1. 定额说明

（1）本册定额配电、输电电缆敷设工程部分包括直埋电缆辅助设施、电缆保护管铺设、电缆桥架与槽盒安装、电力电缆敷设、电力电缆头制作与安装、控制电缆敷设、控制电缆终端头制作与安装、电缆防火设施安装等内容。

（2）有关说明：

1）直埋电缆辅助设施定额包括开挖与修复路面、沟槽挖填、铺砂与保护、揭或盖或移动盖板等内容。

①定额不包括电缆沟与电缆井的砌砖或浇筑混凝土、隔热层与保护层制作与安装，工程实际发生时，执行相应定额。

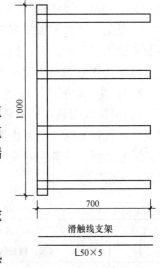

图5-4 滑触线支架安装

②开挖路面、修复路面定额包括安装警戒设施的搭拆、开挖、回填、路面修复、余物外运、场地清理等工作内容。定额不包括施工场地的手续办理、秩序维护、临时通行设施搭拆等。

③开挖路面定额综合考虑了人工开挖、机械开挖，执行定额时不因施工组织与施工技术的不同而调整。

④修复路面定额综合考虑了不同材质的制备，执行定额时不做调整。

⑤沟槽挖填定额包括土石方开挖、回填、余土外运等，适用于电缆保护管土石方施工。定额是按照人工施工考虑的，工程实际采用机械施工时，执行人工施工定额不做调整。

⑥揭、盖、移动盖板定额综合考虑了不同的工序，执行定额时不因工序的多少而调整。

⑦定额中渣土、余土(余石)外运距离综合考虑 1 km，不包括弃土场费用。工程实际运距大于 1 km 时，执行《市政工程消耗量定额》(ZYA1—31—2015)相应项目。

2)电缆保护管铺设定额分为地下铺设、地上铺设两个部分。入室后需要敷设电缆保护管时，执行本册定额第十二章"配管工程"相关定额。

①地下铺设不分人工或机械铺设、铺设深度，均执行定额，不做调整。

②地下顶管、拉管定额不包括入口、出口施工，应根据施工措施方案另行计算。

③地上铺设保护管定额不分角度与方向，综合考虑了不同壁厚与长度，执行定额时不做调整。

④多孔梅花管安装参照相应的 UPVC 管定额执行。

3)桥架安装定额适用于输电、配电及用电工程电力电缆与控制电缆的桥架安装。通信、热工及仪器仪表、建筑智能等弱电工程控制电缆桥架安装，根据其定额说明执行相应桥架安装定额。

4)桥架安装定额包括组对、焊接、桥架开孔、隔板与盖板安装、接地、附件安装、修理等。定额不包括桥架支撑架安装。定额综合考虑了螺栓、焊接和膨胀螺栓三种固定方式，实际安装与定额不同时不做调整。

①梯式桥架安装定额是按照不带盖考虑的，若梯式桥架带盖，则执行相应的槽式桥架定额。

②钢制桥架主结构设计厚度大于 3 mm 时，执行相应安装定额的人工、机械乘以系数 1.20。

③不锈钢桥架安装执行相应的钢制桥架定额乘以系数 1.10。

④电缆桥架安装定额是按照厂家供应成品安装编制的，若现场需要制作桥架时，应执行本册定额第七章"金属构件、穿墙套板安装工程"相关定额。

⑤槽盒安装根据材质与规格，执行相应的槽式桥架安装定额，其中：人工、机械乘以系数 1.08。

5)电力电缆敷设定额包括输电电缆敷设与配电电缆敷设项目，根据敷设环境执行相应定额。定额综合了裸包电缆、铠装电缆、屏蔽电缆等电缆类型，凡是电压等级小于或等于 10 kV 电力电缆和控制电缆敷设不分结构形式和型号，一律按照相应的电缆截面和芯数执行定额。

①输电电力电缆敷设环境分为直埋式、电缆沟(隧)道内、排管内、街码金具上。输电电力电缆起点为电源点或变(配)电站，终点为用户端配电站。

②配电电力电缆敷设环境分为室内、竖井通道内。配电电力电缆起点为用户端配电站，

终点为用电设备。室内敷设电力电缆定额综合考虑了用户区内室外电缆沟、室内电缆沟、室内桥架、室内支架、室内线槽、室内管道等不同环境敷设，执行定额时不做调整。

③预制分支电缆、控制电缆敷设定额综合考虑了不同的敷设环境，执行定额时不做调整。

④矿物绝缘电力电缆敷设根据电缆敷设环境与电缆截面执行相应的电力电缆敷设定额与接头定额。

⑤矿物绝缘控制电缆敷设根据电缆敷设环境与电缆芯数执行相应的控制电缆敷设定额与接头定额。

⑥电缆敷设定额中综合考虑了电缆布放费用，当电缆布放穿过高度大于 20 m 的竖井时，需要计算电缆布放增加费。电缆布放增加费按照穿过竖井电缆长度计算工程量，执行竖井通道内敷设电缆相关定额乘以系数 0.3。

⑦竖井通道内敷设电缆定额适用于单段高度大于 3.6 m 的竖井。在单段高度小于或等于 3.6 m 的竖井内敷设电缆时，应执行"室内敷设电力电缆"相关定额。

⑧预制分支电缆敷设定额中，包括电缆吊具、每个长度小于或等于 10 m 分支电缆安装；不包括分支电缆头的制作安装，应根据设计图示数量与规格执行相应的电缆接头定额；每个长度大于 10 m 分支电缆，应根据超出的数量与规格及敷设的环境执行相应的电缆敷设定额。

6)室外电力电缆敷设定额是按照平原地区施工条件编制的，未考虑在积水区、水底、深井下等特殊条件下的电缆敷设。电缆在一般山地、丘陵地区敷设时，其定额人工乘以系数 1.30。该地段施工所需的额外材料(如固定桩、夹具等)应根据施工组织设计另行计算。

7)电力电缆敷设定额是按照三芯(包括三芯连地)编制的，电缆每增加一芯相应定额增加 15%。单芯电力电缆敷设按照同截面电缆敷设定额乘以系数 0.7，两芯电缆按照三芯电缆定额执行。截面 400 mm² 以上至 800 mm² 的单芯电力电缆敷设，按照 400 mm² 电力电缆敷设定额乘以系数 1.35。截面 800 mm² 以上至 1 600 mm² 的单芯电力电缆敷设，按照 400 mm² 电力电缆敷设定额乘以系数 1.85。

8)电缆敷设需要钢索及拉紧装置安装时，应执行本册定额第十三章"配线工程"相关定额。

9)电缆头制作安装定额中包括镀锡裸铜线、扎索管、接线端子、压接管、螺栓等消耗性材料。定额不包括终端盒、中间盒、保护盒、插接式成品头、铅套管主材及支架安装。

10)双屏蔽电缆头制作安装执行相应定额人工乘以系数 1.05。若接线端子为异型端子，需要单独加工时，应另行计算加工费。

11)电缆防火设施安装不分规格、材质，执行本册定额时不做调整。

12)阻燃槽盒安装定额按照单件槽盒 2.05 m 长度考虑，定额中包括槽盒、接头部件的安装，包括接头防火处理。执行定额时不得因阻燃槽盒的材质、壁厚、单件长度而调整。

13)电缆敷设定额中不包括支架的制作与安装，工程应用时，执行本册定额第七章"金属构件、穿墙套板安装工程"相关定额。

14)铝合金电缆敷设根据规格执行相应的铝芯电缆敷设定额。

15)电缆沟盖板采用金属盖板时，根据设计图纸分工执行相应的定额。属于电气安装专业设计范围的电缆沟金属盖板制作与安装，执行本册定额第七章"金属构件、穿墙套板安装工程"按相应定额乘以系数 0.6。

16)定额是按照区域内(含厂区、站区、生活区等)施工考虑，当工程在区域外施工时，按相应定额乘以系数1.065。

17)电缆沟道、隧道、工井工程，根据项目施工地点分别执行《房屋建筑与装饰工程消耗量定额》(TY01—31—2015)或《市政工程消耗量定额》(ZYA1—31—2015)相应项目。

①项目施工地点在区域内(含厂区、站区、生活区等)的工程，执行《房屋建筑与装饰工程消耗量定额》(TY01—31—2015)相应项目。

②项目施工地点在区域外且城市内(含市区、郊区、开发区)的工程，执行《市政工程消耗量定额》(ZYA1—31—2015)相应项目。

③项目施工地点在区域外且城市外的工程，执行《房屋建筑与装饰工程消耗量定额》相应项目乘以系数1.05，所有材料按照本册定额第十一章"电压等级≤10 kV架空线路输电工程"计算工地运输费。

2. 定额工程量计算规则

(1)开挖路面、修复路面根据路面材质与厚度，结合施工组织设计，按照实际开挖的数量以"m²"为计量单位。需要单独计算渣土外运工作量时，按照路面开挖厚度乘以开挖面积计算，不考虑松散系数。

(2)直埋电缆沟槽挖填根据电缆敷设路径，除特殊要求外，按照表5-14规定以"m³"为计量单位。沟槽开挖长度按照电缆敷设路径长度计算。需要单独计算余土(余石)外运工程量时按照直埋电缆沟槽挖填量12.5%计算。

表5-14 直埋电缆沟槽土石方挖填计算表

| 项目 | 电缆根数 | |
| --- | --- | --- |
| | 1～2 | 每增1根 |
| 每米沟长挖方量/m³ | 0.45 | 0.153 |

注：1. 2根以内电缆沟，按照上口宽度600 mm、下口宽度400 mm、深900 mm计算常规土方量(深度按规范的最低标准)。

2. 每增加1根电缆，其宽度增加170 mm。

3. 土石方量从自然地坪挖起，若挖深大于900 mm时，按照开挖尺寸另行计算。

4. 挖淤泥、流砂按照本表中数量乘以系数1.5。

(3)电缆沟揭、盖、移动盖板根据施工组织设计，以揭一次与盖一次或者移出一次与移回一次为计算基础，按照实际揭与盖或移出与移回的次数乘以其长度，以"m"为计量单位。

(4)电缆保护管铺设根据电缆敷设路径，应区别不同敷设方式、敷设位置、管材材质、规格，按照设计图示敷设数量以"m"为计量单位。计算电缆保护管长度时，设计无规定者按照以下规定增加保护管长度。

1)横穿马路时，按照路基宽度两端各增加2 m。

2)保护管需要出地面时，弯头管口距地面增加2 m。

3)穿过建(构)筑物外墙时，从基础外缘起增加1 m。

4)穿过沟(隧)道时，从沟(隧)道壁外缘起增加1 m。

(5)电缆保护管地下敷设，其土石方施工有设计图纸的，按照设计图纸计算；无设计图纸的，沟深按照0.9 m计算，沟宽按照保护管边缘每边各增加0.3 m工作面计算。

(6)电缆桥架安装根据桥架材质与规格，按照设计图示安装数量以"m"为计量单位。

(7)组合式桥架安装按照设计图示安装数量以"片"为计量单位；复合支架安装按照设计图示安装数量以"副"为计量单位。

(8)电缆敷设根据电缆敷设环境与规格，按照设计图示单根敷设数量以"m"为计量单位。不计算电缆敷设损耗量。

1)竖井通道内敷设电缆长度按照电缆敷设在竖井通道垂直高度以延长米计算工程量。

2)预制分支电缆敷设长度按照敷设主电缆长度计算工程量。

3)计算电缆敷设长度时，应考虑因波形敷设、弛度、电缆绕梁(柱)所增加的长度以及电缆与设备连接、电缆接头等必要的预留长度。预留长度按照设计规定计算，设计无规定时按表5-15的规定计算。

表5-15 电缆敷设附加长度计算表

| 序号 | 项目 | 预留长度(附加) | 说明 |
| --- | --- | --- | --- |
| 1 | 电缆敷设弛度、波形弯度、交叉 | 2.5% | 按电缆全长计算 |
| 2 | 电缆进入建筑物 | 2.0 m | 规范规定最小值 |
| 3 | 电缆进入沟内或吊架时引上(下)预留 | 1.5 m | 规范规定最小值 |
| 4 | 变电所进线、出线 | 1.5 m | 规范规定最小值 |
| 5 | 电力电缆终端头 | 1.5 m | 检修余量最小值 |
| 6 | 电缆中间接头盒 | 两端各留2.0 m | 检修余量最小值 |
| 7 | 电缆进控制、保护屏及模拟盘等 | 高+宽 | 按盘面尺寸 |
| 8 | 高压开关柜及低压配电盘、柜 | 2.0 m | 盘下进出线 |
| 9 | 电缆至电动机 | 0.5 m | 从电机接线盒算起 |
| 10 | 厂用变压器 | 3.0 m | 从地坪起算 |
| 11 | 电缆绕过梁柱等增加长度 | 按实计算 | 按被绕物的断面情况计算增加长度 |
| 12 | 电梯电缆与电缆架固定点 | 每处0.5 m | 范围最小值 |

(9)电缆头制作与安装根据电压等级与电缆头形式及电缆截面，按照设计图示单根电缆接头数量以"个"为计量单位。

1)电力电缆和控制电缆均按照一根电缆有两个终端头计算。

2)电力电缆中间头按照设计规定计算；设计没有规定的以单根长度400 m为标准，每增加400 m计算一个中间头，增加长度小于400 m时计算一个中间头。

(10)电缆防火设施安装根据防火设施的类型及材料，按照设计用量分别以不同计量单位计算工程量。

**3. 定额工程量计算示例**

【例5-9】 某电缆敷设工程如图5-5所示，采用电缆沟铺砂、盖砖直埋并列敷设3根XV29(3×35+1×10)电力电缆，电缆沟上口宽度为600 mm，下口宽度为400 mm，深度为

900 mm，室外电缆敷设总长为 120 m，电缆预算价格每米单价为 290 元。计算电缆敷设定额费用。

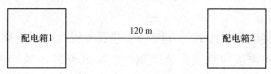

**图 5-5　某电缆敷设工程**

【解】　(1)电缆沟挖填工程量=(0.45+0.153)×120=72.36(m³)

(2)电缆沟铺砂、盖砖工程量=120 m

(3)铜芯电力电缆敷设工程量。根据图 5-5 所示，电缆敷设工程量应考虑的预留长度包括进建筑物 2.0 m，变电所进线、出线 1.5 m，电缆进入沟内 1.5 m，配电箱 2.0 m，电力电缆终端头 1.5 m。

根据定额计算规则，计算电缆敷设长度时，应考虑因波形敷设、弛度、电缆绕梁(柱)所增加的长度，以及电缆与设备连接、电缆接头等必要的预留长度。预留长度按照设计规定计算，设计无规定时按表 5-15 的规定计算。故

每条电缆敷设长度=(水平长度+垂直长度+预留长度)×(1+2.5%)。

铜芯电力电缆敷设工程量=(120+2.0×2+1.5×2+1.5×2+2.0×2+1.5×2)×(1+2.5%)×3=421.28(m)

(4)电缆终端头制作安装工程量=6 个

## 十一、防雷及接地装置安装工程定额工程量计算

### 1. 定额说明

(1)本册定额防雷与接地装置安装工程部分包括避雷针制作与安装、避雷引下线敷设、避雷网安装、接地极(板)制作与安装、接地母线敷设、接地跨接线安装、桩承台接地、设备防雷装置安装、阴极保护接地、等电位装置安装及接地系统测试等内容。

(2)有关说明：

1)定额适用于建筑物与构筑物的防雷接地、变配电系统接地、设备接地以及避雷针(塔)接地等装置安装。

2)接地极安装与接地母线敷设定额不包括采用爆破法施工、接地电阻率高的土质换土、接地电阻测定工作。工程实际发生时，执行相关定额。

3)避雷针制作、安装定额不包括避雷针底座及埋件的制作与安装。工程实际发生时，应根据设计划分，分别执行相关定额。

4)避雷针安装定额综合考虑了高空作业因素，执行定额时不做调整。避雷针安装在木杆和水泥杆上时，包括其避雷引下线安装。

5)独立避雷针安装包括避雷针塔架、避雷引下线安装，不包括基础浇筑。塔架制作执行本册定额第七章"金属构件、穿墙套板安装工程"制作定额。

6)利用建筑结构钢筋作为接地引下线安装定额是按照每根柱子内焊接两根主筋编制的，当焊接主筋超过两根时，可按照比例调整定额安装费。防雷均压环是利用建筑物梁内主筋

作为防雷接地连接线考虑的，每一梁内按焊接两根主筋编制，当焊接主筋数超过两根时，可按比例调整定额安装费。如果采用单独扁钢或圆钢明敷设作为均压环时，可执行"户内接地母线敷设"相关定额。

7）利用铜绞线作为接地引下线时，其配管、穿铜绞线执行同规格相关定额。

8）高层建筑物屋顶防雷接地装置安装应执行避雷网安装定额。避雷网安装沿折板支架敷设定额包括支架制作与安装，不得另行计算。电缆支架的接地线安装执行"户内接地母线敷设"定额。

9）利用基础梁内两根主筋焊接连通作为接地母线时，执行"均压环敷设"定额。

10）户外接地母线敷设定额是按照室外整平标高和一般土质综合编制的，包括地沟挖填土和夯实，执行定额时不再计算土方工程量。户外接地沟挖深为 0.75 m，每米沟长土方量为 0.34 m³。如设计要求埋设深度与定额不同时，应按照实际土方量调整。如遇有石方、矿渣、积水、障碍物等情况时应另行计算。

11）利用建(构)筑物梁、柱、桩承台等接地时，柱内主筋与梁、柱内主筋与桩承台跨接不另行计算，其工作量已经综合在相应项目中。

12）阴极保护接地等定额适用于接地电阻率高的土质地区接地施工。定额包括挖接地井、安装接地电极、安装接地模块、换填降阻剂、安装电解质离子接地极等。

13）定额不包括固定防雷接地设施所用的预制混凝土块制作(或购置混凝土块)与安装费用。工程实际发生时，执行《房屋建筑与装饰工程消耗量定额》(TY01—31—2015)相应项目。

2. 定额工程量计算规则

(1)避雷针制作根据材质及针长，按照设计图示安装成品数量以"根"为计量单位。

(2)避雷针、避雷小短针安装根据安装地点及针长，按照设计图示安装成品数量以"根"为计量单位。

(3)独立避雷针安装根据安装高度，按照设计图示安装成品数量以"基"为计量单位。

(4)避雷引下线敷设根据引下线采取的方式，按照设计图示敷设数量以"m"为计量单位。

(5)断接卡子制作与安装按照设计规定装设的断接卡子数量以"套"为计量单位。检查井内接地的断接卡子安装按照每井一套计算。

(6)均压环敷设长度按照设计需要作为均压接地梁的中心线长度以"m"为计量单位。

(7)接地极制作与安装根据材质与土质，按照设计图示安装数量以"根"为计量单位。接地极长度按照设计长度计算，设计无规定时，每根按 2.5 m 计算。

(8)避雷网、接地母线敷设按照设计图示敷设数量以"m"为计量单位。计算长度时，按照设计图示水平和垂直规定长度 3.9% 计算附加长度(包括转弯、上下波动、避绕障碍物、搭接头等长度)，当设计有规定时，按照设计规定计算。

(9)接地跨接线安装根据跨接线位置，结合规程规定，按照设计图示跨接数量以"处"为计量单位。户外配电装置构架按照设计要求需要接地时，每组构架计算一处；钢窗、铝合金窗按照设计要求需要接地时，每一樘金属窗计算一处。

(10)桩承台接地根据桩连接根数，按照设计图示数量以"基"为计量单位。

(11)电子设备防雷接地装置安装根据需要避雷的设备，按照个数计算工程量。

(12)阴极保护接地根据设计采取的措施，按照设计用量计算工程量。

（13）等电位装置安装根据接地系统布置，按照安装数量以"套"为计量单位。

（14）接地网测试：

1）工程项目连成一个母网时，按照一个系统计算测试工程量；单项工程或单位工程自成母网不与工程项目母网相连的独立接地网，单独计算一个系统测试工程量。

2）工厂、车间、大型建筑群各自有独立的接地网（按照设计要求），在最后将各接地网连在一起时，需要根据具体的测试情况计算系统测试工程量。

3. 定额工程量计算示例

**【例 5-10】** 某设计图示安装接地装置，需要 45×45 镀锌角钢接地极 3 块，接地母线采用－40×4 的热镀锌扁钢 300 m。计算接地装置工程量，并套用全统定额计算费用。

**【解】** 根据定额工程量计算规则，避雷网、接地母线敷设按照设计图示敷设数量以"m"为计量单位。计算长度时，按照设计图示水平和垂直规定长度 3.9% 计算附加长度（包括转弯、上下波动、避绕障碍物、搭接头等长度），当设计有规定时，按照设计规定计算。

（1）接地极工程量＝3 根

（2）接地母线工程量＝300×(1＋3.9%)＝311.70(m)

# 十二、电压等级 10 kV 及以下架空线路输电工程定额工程量计算

## 1. 定额说明

（1）本册定额电压等级 10 kV 及以下架空线路输电工程部分包括工地运输工程、土石方工程、基础工程、杆及塔组立、横担与绝缘子安装、架线工程、杆上变配电设备安装等内容。定额中已包括需要搭拆脚手架的费用，执行定额时不做调整。

（2）地形特征划分：

1）平地：是指地形比较平坦、开阔，地面土质含水率小于或等于 40% 的地带。

2）丘陵：是指地形有起伏的地貌，水平距离小于或等于 1 km，地形起伏小于或等于 50 m 的地带。

3）一般山地：是指一般山岭或沟谷地带、高原台地，水平距离小于或等于 250 m，地形起伏在 50～150 m 的地带。

4）泥沼地带：是指经常积水的田地或泥水淤积的地带。

5）沙漠：是指沙漠边缘地带。

6）高山：是指人力、牲畜攀登困难，水平距离小于或等于 250 m，地形起伏在 150～250 m 的地带。

（3）定额是按照平地施工条件考虑的，如在其他地形条件下施工时，其人工、机械按照表 5-16 规定地形系数调整。

表 5-16 地形系数调整表

| 地形类别 | 丘陵 | 一般山地、沼泽地带、沙漠 | 高山 |
| --- | --- | --- | --- |
| 系数调整 | 1.20 | 1.60 | 2.20 |

（4）地形系数根据工程设计条件和工程实际情况执行：

1）输电线路全线路径分几种地形时，可按照各种地形线路长度所占比例计算综合系数。

2）在确定运输地形时，应按照运输路径的实际地形划分。

3)在西北地区高原台地上建设小于或等于 2 km 线路工程时，地形按照一般山地标准计算。

4)在城市市区建设线路工程时，地形按照丘陵标准计算。城市市区界定按照相应标准执行。

(5)有关说明：

1)工地运输包括材料自存放仓库或集中堆放点运至沿线各杆或塔位的装卸、运输及空载回程等全部工作。定额包括人力运输、汽车运输、船舶运输。

①人力运输运距按照卸料点至各杆塔位的实际距离计算；高山地带进行人力工地运输时，运距应以山地垂直高差平均值作为直角边，按照斜长计算，不按照实际运输距离计算。杆上设备如发生人力运输时，参照相应的线材运输定额执行。计算人力运输运距时，结果保留两位小数。

②汽车、船舶运输定额综合考虑了车或船的性能与运载能力、路面或水域级别以及一次装、分次卸等因素，执行定额时不做调整。计算汽车、船舶运输距离时，按照公里计算。运输距离小于 1 km 时按照 1 km 计算。

③汽车利用盘山公路行驶进行工地运输时，其运输地形按照一般山地考虑。

④杆上变配电设备工地运输参照金具、绝缘子运输定额乘以系数 1.2。

2)土石方工程定额包括施工定位、杆(塔)位及施工基面平整、基坑土方施工、基坑石方施工、沟槽土方施工、沟槽石方施工、施工排地下水。

①施工定位定额中包括复测桩位、测定基坑与施工基面、厚度小于或等于±300 mm 杆(塔)基位及施工基面范围内土石方平整。厚度大于±300 mm 土石方量，执行"杆(塔)基位及施工基面平整"定额。

施工定位跨越房屋时，每跨越一处相应定额增加 0.7 工日。

②杆(塔)位及施工基面平整、基坑与沟槽土石方施工定额包括土石方开挖、边坡修整、回填、余土外运距离小于或等于 100 m 及平整。当余土外运距离大于 100 m 时，执行"工地运输工程"相应的定额另行计算费用。定额不包括对原地形与地貌的恢复及保护、施工排水。工程实际发生时，根据有关规定或标准执行相关定额。

③土质分类：

普通土：是指种植土、黏砂土、黄土和盐碱土等，主要用锹、铲挖掘，少许用铁镐翻松后即能挖掘的土质。

坚土：是指土质坚硬难挖的红土、板状黏土、重块土、高岭土，必须用铁镐、条锄挖松，再用锹、铲挖掘的土质。

松砂石：是指碎石、卵石和土的混合体，各种不坚实砾岩、叶岩、风化岩，节理较多的岩石(不需要爆破可以开采的岩石)，需要用镐、撬棍、大锤、楔子等工具配合才能挖掘的土质。

岩石：是指不能用一般挖掘工具进行开挖的各类岩石，必须采用打眼、爆破或部分用风镐打凿才能开挖的土质。

泥水：是指坑周围经常积水，坑的土质松散，如淤泥和沼泽地等，挖掘时因水渗入和浸润而成泥浆，容易坍塌，需要用挡土板和适量排水才能开挖的土质。

流砂：是指坑的土质为砂质或分层砂质，挖掘过程中砂层有上涌现象并容易坍塌的土质，挖掘时需排水和采用挡土板或采取井点设备降水才能开挖的土质。

水坑：是指土质较密实，开挖中坑壁不易坍塌，但有地下水涌出，挖掘过程中需用机械排水才能开挖的土质。

④土质类别根据设计地质资料确定，同一坑、槽出现不同土质类别时，分层计算。出现流砂层时，全坑均按照流砂坑计算。

⑤定额包括挖掘过程中因少量坍塌而多挖土方量，或石方爆破过程中因人力不易控制而多爆破石方量，执行定额时不做调整。

⑥泥水坑、水坑、流砂坑的土方施工定额综合考虑了必要的挡土板安拆，执行定额时不做调整。

施工需要排地下水时，应单独计算。

⑦人工开凿岩石定额适用于受现场地形或客观条件限制，施工组织设计要求不能采用爆破施工的项目。

⑧工程出现冻土厚度大于或等于 300 mm 时，冻土层的挖方费用执行坚土挖方定额乘以系数 2.5，其他土层仍按照地质资料执行原定额标准。

3)基础与地基处理工程定额包括预制基础、现浇基础、岩石嵌固基础、钢筋混凝土灌注桩、钢筋混凝土预制桩、钢管桩、桩头处理、钢筋铁件制作与安装、基础与拉线棒防腐、排洪沟与护坡及挡土墙。桩定额中不包括桩基检测费。

①工程采用预拌混凝土浇筑基础、灌注混凝土桩时，在综合考虑混凝土搅拌费、运输费、损耗量、材料费、材料价差等因素后，按照价差处理。

②浇制杆塔基础定额是按照有筋基础编制的。工程实际若为无筋基础时，执行相应定额乘以系数 0.95。

③定额中，现场搅拌混凝土用水平均运距是按照 100 m 编制的，工程实际运距大于 100 m 时，超过部分运距可按照每立方米混凝土 500 kg 用水量执行工地运输定额。500 kg 用水量标准综合考虑了清洗石子、养护、淋湿模板、清洗机具等用水量。

④岩石嵌固基础定额是按照单杆单孔编制的。工程采用双杆单孔时，执行定额乘以系数 1.75。

⑤同一孔中有不同土质时，应按照设计提供的地质资料分层计算。灌注桩成孔土质分类：

砂土、粉质黏土：是指粉质砂土和中、轻粉质黏土。

黏土：是指重粉质黏土、黏土和松散黄土。

砂砾土：是指重粉质黏土、僵石黏土，并伴有含量大于或等于 20%、粒径小于或等于 15 cm 的砾石或卵石。

⑥钢筋混凝土灌注桩形孔定额包括机具移动与搬运、形孔、入岩、孔内照明。人工挖孔参照人工推钻形孔定额执行。

⑦灌注桩定额不包括基础防沉台、承台板、承台梁的浇筑。工程实际发生时，执行浇制杆塔基础定额。

⑧灌注桩定额中不包括余土清理。工程实际发生时，执行相应的施工基面平整定额。

⑨钢管桩定额不包括桩芯灌混凝土、浇制混凝土承台板及垫层，应执行"现浇基础"相关定额。

⑩排洪沟、护坡、挡土墙定额不包括土方施工，应执行"沟槽土方"相关定额。

⑪锥形护坡和挡土墙内侧如需要填土时，可执行沟槽普通土施工定额和相应的运输定额。

⑫钢筋加工定额中不包括钢筋热镀锌。

4)杆、塔组立定额包括木杆组立、混凝土杆组立、钢管杆组立、铁塔组立、拉线制作与安装、接地安装等。杆塔组立定额是按照工程施工电杆大于5基考虑的。如果工程施工电杆小于或等于5基时，执行定额的人工、机械乘以系数1.3。

①定额中杆长包括埋入基础部分杆长。

②离心杆、钢管杆组立定额中，单基重量系指杆身自重加横担与螺栓等全部杆身组合构件的总重量。

③钢管杆组立定额是按照螺栓连接编制的，插入式钢管杆执行定额时人工、机械乘以系数0.9。

④铁塔组立定额中，单基重量系指铁塔总重量，包括铁塔本体型钢、连接板、螺栓、脚钉、爬梯、基座等重量。

⑤拉线制作与安装定额综合考虑了不同材质、规格，执行定额时不做调整。定额是按照单根拉线考虑，当工程实际采用V形、Y形或双拼型拉线时，按照两根计算。

⑥接地安装定额仅适用于铁塔、钢管杆接地以及长距离线路的接地。柱上设备及配电装置的接地执行定额第十章"防雷及接地装置安装工程"相应定额。接地安装定额不包括接地槽土方挖填；定额中，接地极长度是按照2.5 m考虑的。工程实际长度大于2.5 m时，执行定额乘以系数1.25。

5)横担与绝缘子安装定额包括横担安装、绝缘子安装、街码金具安装。

①横担安装定额包括本体、支撑、支座安装。定额是按照单杆安装横担编制的，工程实际采用双杆安装横担时，执行相应定额乘以系数2.0。

②10 kV横担安装定额是按照单回路架线编制的。当工程实际为单杆双回路架线时，垂直排列挂线执行相应定额乘以系数2.0；水平排列挂线执行相应定额乘以系数1.6。

③街码金具安装定额适用于沿建(构)筑物外墙架设的输电线路工程。

6)架线工程定额包括裸铝绞线架设、钢芯铝绞线架设、绝缘铝绞线架设、绝缘铜绞线、钢绞线架设、1 kV以下低压电力电缆架设、集束导线架设、导线跨越、进户线架设。

①导线架设定额中导线是按照三相交流单回线路编制的。当工程实际为单杆双回路架线时，垂直排列同时挂线执行相关定额材料乘以系数2.0、人工与机械(仪器仪表)乘以系数1.8；垂直排列非同时挂线执行相关定额材料乘以系数2.0、人工与机械(仪器仪表)乘以系数1.95；水平排列同时挂线执行相关定额材料乘以系数2.0、人工与机械(仪器仪表)乘以系数1.7；水平排列非同时挂线执行相关定额材料乘以系数2.0、人工与机械(仪器仪表)乘以系数1.9。

②导线架设定额综合考虑了耐张杆塔的数量以及耐张终端头制作和挂线、耐张(转角)杆塔的平衡挂线、跳线及跳线串的安装等工作。工程实际与定额不同时不做调整，金具材料费按设计用量加0.5%另行计算。

③钢绞线架设定额适用于架空电缆承力线架设。

④导线跨越定额的计量单位"处"是指在一个挡距内，对一种被跨越物所必须搭设的

跨越设施而言。如同一挡距内跨越多种（或多次）跨越物时，应根据跨越物种类分别执行定额。

⑤导线跨越定额仅考虑因搭拆跨越设施而消耗的人工、材料和机械。在计算架线工程量时，其跨越挡的长度不予扣除。

⑥导线跨越定额不包括被跨越物产权部门提出的咨询、监护、路基占用等费用。如工程实际需要时，可按照政府或有关部门的规定另行计算。

⑦跨越电气化铁路时，执行跨越铁路定额乘以系数1.2。

⑧跨越电力线定额是按照停电跨越编制的。如工程实际需要带电跨越，按照表5-17规定另行计列带点跨越措施费。如被跨越电力线为双回路、多线（4线以上）时，措施费乘以系数1.5。带电跨越措施费以增加人工消耗量为计算基础，参加取费。

表5-17　带电跨越措施费用表　　　　　　　　　　　　　　　　元/处

| 电压等级/kV | 10 | 6 | 0.38 | 0.22 |
|---|---|---|---|---|
| 增加工日数量（普通/一般技工/高级技工） | 7/12/4 | 6/11/3 | 3/4/0 | 3/3/0 |

⑨跨越河流定额仅适用于有水的河流、湖泊（水库）的一般跨越。在架线期间，凡属于人能涉水而过的河道，或处于干涸的河流、湖泊（水库）均不计算跨越河流费用。对于通航河道必须采取封航措施，或水流湍急施工难度较大的峡谷，其导线跨越可根据审定的施工组织设计采取的措施，另行计算。

⑩导线跨越定额是按照单回路线路建设编制的。若为同杆塔架设双回路线路时，执行相关定额人工、机械乘以系数1.5。

⑪进户线是指供电线路从杆线或分线箱接出至用户计量表箱间的线路。

7)杆上变配电设备安装定额包括变压器安装、配电设备安装、接地环安装、绝缘护罩安装。安装设备所需要的钢支架主材、连引线、线夹、金具等应另行计算。

①杆上变压器安装定额不包括变压器抽芯与干燥、检修平台与防护栏杆及设备接地装置安装。

②杆上配电箱安装定额不包括焊（压）接线端子、带电搭接头措施费。

③杆上设备安装包括设备单体调试、配合电气设备试验。

④"防鸟刺""防鸟占位器"安装执行驱鸟器定额。

**2. 定额工程量计算规则**

(1)工地运输根据运输距离与运输物品种类，区分人力、汽车、船舶运输方式，按照工程施工组织设计以"t·km"为计量单位。

1)单位工程汽车运输材料质量不足3 t时，按照3 t计算。材料运输工程量计算公式如下：

材料运输工程量＝施工图用量×（1＋损耗率）＋包装物质量

其中：材料包括工程施工所用的自然材料、人工材料、构件成品、构件半成品、周转性材料、消耗性材料、线路工程设备等。

损耗量包括材料堆放保管损耗量、运输损耗量、加工损耗量、施工损耗量。

工程量转换成材料量时包括施工措施用材量、材料密实量、材料充盈量。

不需要包装的材料不计算包装物质量。

2)主要材料运输质量按照表 5-18 计算。

表 5-18　主要材料运输质量表

| 材料名称 | | 单位 | 运输质量/kg | 备注 |
|---|---|---|---|---|
| 混凝土制品 | 人工浇制 | m³ | 2 600 | 包括钢筋 |
| | 离心浇制 | m³ | 2 860 | 包括钢筋 |
| 线材 | 导线 | kg | $W \times 1.15$ | 有线盘 |
| | 避雷线、拉线 | kg | $W \times 1.07$ | 无线盘 |
| 木杆材料 | | m³ | 500 | 包括木横担 |
| 金具、绝缘子 | | kg | $W \times 1.07$ | |
| 螺栓、垫圈、脚钉 | | kg | $W \times 1.01$ | |
| 土方 | | m³ | 1 500 | 实挖量 |
| 块石、碎石、卵石 | | m³ | 1 600 | |
| 黄砂(干中砂) | | m³ | 1 550 | 自然砂 1 200 kg/m³ |
| 水 | | kg | $W \times 1.2$ | |

注：1. $W$ 为理论质量。

2. 未列入的其他材料，按照净重计算。

3. 塔材、钢管杆装卸与运输质量应计算螺栓、脚钉、垫圈等质量。

(2)土石方工程量根据土质类别和开挖条件，区分坑与槽、开挖深度，按照工程设计图示尺寸以"m³"为计量单位。

1)杆塔位或施工基面平整根据设计地坪标高与区域布置，按照方格网法或断面法计算工程量。

2)基坑或沟槽土方开挖起点标高为杆塔位或施工基面整平标高。整平标高以上的土方按照杆塔位施工基面平整工程量计算。

3)需要放坡开挖的基坑按照棱台体积计算工程量；不放坡开挖的基坑按照矩形柱体积计算工程量。

4)需要放坡开挖的沟槽按照梯形断面面积乘以开挖长度计算工程量，计算开挖长度时应增加开挖深度乘以放坡系数值；不需要放坡开挖的沟槽按照矩形面积乘以开挖长度计算工程量。

5)开挖基坑或沟槽深度大于 1.2 m 时，各类土质放坡系数按照表 5-19 的规定计算。

表 5-19　土方开挖放坡系数表

| 项目名称 | 普通土坑或槽 | 坚土坑或槽 | 松砂石坑或槽 | 泥水、流砂、岩石坑或槽 |
|---|---|---|---|---|
| 2.0 m 以内 | 1：0.35 | 1：0.25 | 1：0.3 | 不放坡 |
| 2.0 m 以外 | 1：0.5 | 1：0.35 | 1：0.4 | 不放坡 |

6)基础(不包括垫层)施工工作面每边增加宽度：

普通土、坚土坑、水坑、松砂石坑为 0.20 m；

泥水坑、流砂坑、干砂坑为 0.30 m；

岩石坑支模板为 0.2 m，岩石坑不支模板为 0.10 m。

7）杆塔基坑坡道土、石方量计算：挖深小于或等于 1.2 m 的基坑，每坑计算 0.3 m³；挖深小于或等于 2 m 的基坑，每坑计算 0.8 m³；挖深大于 2 m 的基坑，每坑计算 1.5 m³。

8）带卡盘的基坑，如原计算的尺寸不能满足卡盘安装时，因卡盘超长而增加的土（石）方量另行计算。

9）接地装置需要增加降阻剂时，沟槽开挖宽度按照设计规定计算；当设计无规定时，开挖槽宽可按照 0.6 m 计算。

10）特殊情况下余土运输工程量按照下列规定计算：

灌注桩钻孔渣土为：设计整平标高以下桩体积（m³）×1.7 t/m³。

现浇和预制基础占基坑土为：混凝土体积（m³）×1.5 t/m³×58%。

11）施工排地下水根据排水泵出口直径，按照排水泵实际运行时间以"台班"为计量单位。排水泵运行时间应以现场签证记录为准，连续运行 5 h 计算一个台班。

（3）预制基础根据种类和单块质量，按照设计图示安装数量以"块"为计量单位，不计算制作、运输、安装损耗量。计算主材费、材料运输时，应计算相应的损耗量。

（4）现浇基础底层、垫层根据材料种类，按照设计图示尺寸浇筑数量以"m³"为计量单位。

（5）浇制杆塔基础根据单基混凝土量，按照设计图示尺寸浇筑数量以"m³"为计量单位。

（6）岩石嵌固基础根据钻孔深度，按照设计图示钻孔数量以"孔"为计量单位。铁塔基础结合腿数计算孔数。

（7）钢筋混凝土灌注桩形孔根据孔深和孔直径，区分土质、钻孔方法，按照设计图示钻孔深度以"m"为计量单位。钻孔深度从钻孔地面标高计算至桩入岩底标高。

（8）计算浇筑桩芯混凝土工程量时，应计算混凝土超灌量。

1）桩芯混凝土按照设计成桩数量以"m³"为计量单位。成桩直径按照设计单桩承载力的直径计算，成桩长度从桩顶标高计算至桩入岩底标高。

2）混凝土超灌量按照设计规定计算。当设计无规定时，按照下列规定计算：

①灌注桩超灌量为设计工程量 10%；

②岩石嵌固基础超灌量为设计工程量的 7%。

（9）钢筋混凝土预制桩根据桩入土方式和设计桩长，按照设计图示打桩数量以"m³"为计量单位。

1）打预制桩体积按照设计桩长乘以桩截面面积计算，不扣除桩尖虚体积。不计算制作、运输、打桩损耗量。计算桩主材费、运输质量时，应计算相应的损耗量。

2）送桩体积按照桩截面面积乘以设计桩顶标高至打桩地坪标高另加 0.5 m 计算。

（10）破桩头根据桩型，按照实际破桩头数量以"m³"为计量单位。

1）预制钢筋混凝土管桩、方桩破桩头的高度应小于或等于 0.75 m，高度大于 0.75 m 时应先截桩后破桩。被截桩断面面积小于或等于 0.2 m² 时，每截一个桩头增加普通工 0.358 个工日；被截桩断面面积大于 0.2 m² 时，每截一个桩头增加普通工 0.598 个工日。截桩头按照被截桩根数计算。

2)灌注桩破桩头按照超灌长度乘以设计桩截面面积计算，超灌长度按照 0.25 m 计算（特殊情况下按照相应规定）；破桩护壁按照实际体积计算，并入破桩头工程量中。

(11)钢筋加工与安装、铁件制作与安装，按照设计成品质量以"t"为计量单位。不计算加工、制作、运输、安装损耗量以及焊条、铅丝质量。钢筋成品质量应包括搭接用量。计算钢材主材费、运输质量时，应计算相应的损耗量、施工措施量。

(12)排洪沟、护坡、挡土墙根据材质及结构形式，按照设计图示体积以"m³"为计量单位。

(13)杆塔组立根据材质和杆长，区别杆塔组立形式、质量，按照设计图示安装数量以"基"为计量单位。

(14)拉线制作与安装根据拉线形式与截面面积，按照设计图示安装数量以"根"为计量单位。拉线长度按照设计全根长度计算。当设计无规定时，按照表 5-20 的规定计算。

表 5-20　拉线长度计算表　　　　　　　　　　　　　m/根

| 项目 | | 普通拉线 | V(Y)形拉线 | 弓形拉线 |
|---|---|---|---|---|
| 杆高/m | 8 | 11.47 | 22.94 | 9.33 |
| | 9 | 12.61 | 25.22 | 10.1 |
| | 10 | 13.74 | 27.48 | 10.92 |
| | 11 | 15.1 | 30.2 | 11.82 |
| | 12 | 16.14 | 32.28 | 12.62 |
| | 13 | 18.69 | 37.38 | 13.42 |
| | 14 | 19.68 | 39.36 | 15.12 |
| 水平拉线 | | 26.47 | | |

(15)接地安装根据接地组成部分，区分土质、接地线单根敷设长度、降阻接地方式，按照设计图示数量计算工程量。

(16)横担安装根据材质、安装根数，区分电压等级、杆的位置、导线根数，按照设计图示安装数量以"组"为计量单位。

(17)绝缘子安装根据绝缘子性质，按照设计图示安装数量以"片"或"只"为计量单位。

(18)街码金具安装根据电压等级与配线方式，按照设计图示安装数量以"组"为计量单位。

(19)架线工程按照设计图示单根架设数量以"km"为计量单位。计算架线长度时，应考虑弛度、弧垂、导线与设备连接、导线接头等必要的预留长度。预留长度按照设计规定计算，设计无规定时按照表 5-21 的规定计算。计算主材费、运输质量时，应计算损耗量。

1)导线架设应区别导线材质与截面面积计算工程量。

2)电压等级小于或等于 1 kV 电力电缆架设，应区别电缆芯数与单芯截面面积计算工程量。

3)集束导线架设应区别导线芯数与单芯截面面积计算工程量。

表 5-21　导线、电缆、集束导线预留长度表　　　　　　　　　m/根

| 项目名称 | | 长度 |
|---|---|---|
| 高压 | 转角 | 2.5 |
| | 分支、终端 | 2 |
| 低压 | 分支、终端 | 0.5 |
| | 交叉跳线转角 | 1.5 |
| 与设备连线 | | 0.5 |
| 进户线 | | 2.5 |

（20）导线跨越根据被跨越物的种类、规格，按照施工组织设计实际跨越的数量以"处"为计量单位。定额中每个跨越距离按照小于或等于 50 m 考虑。当跨越距离每增加 50 m 时，计算 1 处跨越，增加距离小于 50 m 时按照 1 处计算。

（21）杆上变配电设备安装根据安装设备的种类与规格，按照设计图示安装数量以"台、组、个"为计量单位。

3. 定额工程量计算示例

【例 5-11】　如图 5-6 所示，某工程采用架空线路，混凝土电线杆高 12 m，间距为 35 m，选用 JKLYJ－1 kV－95，室外杆上干式变压器容量为 315 kV·A，变后杆高 18 m。试计算各项工程量。

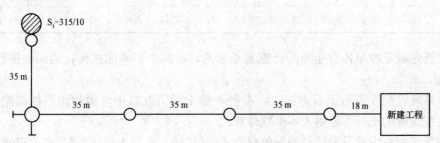

图 5-6　某外线工程平面图

【解】　由表 5-21 可知，计算导线长度时需加预留长度：转角 2.5 m，与设备连接 0.5 m，进户线 2.5 m，则：

（1）导线长度＝35×4＋18＋2.5＋0.5＋2.5＝163.5（m）

（2）导线架设工程量＝0.163 5 km/单线

## 十三、配管工程定额工程量计算

1. 定额说明

（1）本册定额配管工程部分包括套接紧定式镀锌钢导管（JDG）、镀锌钢管、防爆钢管、可挠金属套管、塑料管、金属软管、金属线槽的敷设等内容。

（2）有关说明：

1）配管定额中钢管材质是按照镀锌钢管考虑的，定额不包括采用焊接钢管刷油漆、刷防火漆或防火涂料、管外壁防腐保护以及接线箱、接线盒、支架的制作与安装。焊接钢管

刷油漆、刷防火漆或涂防火涂料、管外壁防腐保护执行《通用安装工程消耗量定额》(TY02—31—2015)第十二册《刷油、防腐蚀、绝热工程》相应项目;接线箱、接线盒安装执行本册定额第十三章"配线工程"相关定额;支架的制作与安装执行本册定额第七章"金属构件、穿墙套板安装工程"相关定额。

2)工程采用镀锌电线管时,执行镀锌钢管定额计算安装费;镀锌电线管主材费按照镀锌钢管用量另行计算。

3)工程采用扣压式薄壁钢导管(KBG)时,执行套接紧定式镀锌钢导管(JDG)定额计算安装费;扣压式薄壁钢导管(KBG)主材费按照镀锌钢管用量另行计算。计算其管主材费时,应包括管件费用。

4)定额中刚性阻燃管为刚性PVC难燃线管,管材长度一般为4 m/根,管子连接采用专用接头插入法连接,接口密封;半硬质塑料管为阻燃聚乙烯软管,管子连接采用专用接头抹塑料胶后粘接。工程实际安装与定额不同时,执行定额不做调整。

5)定额中可挠金属套管是指普利卡金属管(PULLKA),主要应用于混凝土内埋管及低压室外电气配线管。可挠金属套管规格见表5-22。

表5-22 可挠金属套管规格表

| 规格 | 10# | 12# | 15# | 17# | 24# | 30# | 38# | 50# | 63# | 76# | 83# | 101# |
|---|---|---|---|---|---|---|---|---|---|---|---|---|
| 内径/mm | 9.2 | 11.4 | 14.1 | 16.6 | 23.8 | 29.3 | 37.1 | 49.1 | 62.6 | 76.0 | 81.0 | 100.2 |
| 外径/mm | 13.3 | 16.1 | 19.0 | 21.5 | 28.8 | 34.9 | 42.9 | 54.9 | 69.1 | 82.9 | 88.1 | 107.3 |

6)配管定额是按照各专业间配合施工考虑的,定额中不考虑凿槽、刨沟、凿孔(洞)等费用。

7)室外埋设配线管的土石方施工,参照本册定额第九章中电缆沟沟槽挖填定额执行。室内埋设配线管的土石方原则上不单独计算。

8)吊顶天棚板内敷设电线管根据管材介质执行"砖、混凝土结构明配"相关定额。

2. 定额工程量计算规则

(1)配管敷设根据配管材质与直径,区别敷设位置、敷设方式,按照设计图示安装数量以"m"为计量单位。计算长度时,不计算安装损耗量,不扣除管路中间的接线箱、接线盒、灯头盒、开关盒、插座盒、管件等所占长度。

(2)金属软管敷设根据金属管直径及每根长度,按照设计图示安装数量以"m"为计量单位。计算长度时,不计算安装损耗量。

(3)线槽敷设根据线槽材质与规格,按照设计图示安装数量以"m"为计量单位。计算长度时,不计算安装损耗量,不扣除管路中间的接线箱、接线盒、灯头盒、开关盒、插座盒、管件等所占长度。

3. 定额工程量计算示例

【例5-12】 某小区板楼7层,层高3.2 m,配电箱高0.8 m,均暗装在平面同一位置。立管用SC32,需要竖直向上开线槽,计算其工程量。

【解】 电气配管工程量$=(7-1)\times3.2=19.2$(m)

线槽工程量$=(7-1)\times3.2-0.8=18.4$(m)

## 十四、配线工程定额工程量计算

### 1. 定额说明

(1)本册定额配线工程部分包括管内穿线、绝缘子配线、线槽配线、塑料护套线明敷设、绝缘导线明敷设、车间配线、接线箱安装、接线盒安装、盘(柜、箱、板)配线等内容。

(2)有关说明:

1)管内穿线定额包括扫管、穿线、焊接包头;绝缘子配线定额包括埋螺钉、钉木楞、埋穿墙管、安装绝缘子、配线、焊接包头;线槽配线定额包括清扫线槽、布线、焊接包头;导线明敷设定额包括埋穿墙管、安装瓷通、安装街码、上卡子、配线、焊接包头。

2)照明线路中导线截面面积大于 6 mm² 时,执行"穿动力线"相关定额。

3)车间配线定额包括支架安装、绝缘子安装、母线平直与连接及架设、刷分相漆。定额不包括母线伸缩器制作与安装。

4)接线箱、接线盒安装及盘柜配线定额适用于电压等级小于或等于 380 V 电压等级用电系统。定额不包括接线箱、接线盒费用及导线与接线端子材料费。

5)暗装接线箱、接线盒定额中槽孔按照事先预留考虑,不计算开槽、开孔费用。

### 2. 定额工程量计算规则

(1)管内穿线根据导线材质与截面面积,区别照明线与动力线,按照设计图示安装数量以"10 m"为计量单位;管内穿多芯软导线根据软导线芯数与单芯软导线截面面积,按照设计图示安装数量以"10 m"为计量单位。管内穿线的线路分支接头线长度已综合考虑在定额中,不得另行计算。

(2)绝缘子配线根据导线截面面积,区别绝缘子形式(针式、鼓形、碟式)、绝缘子配线位置(沿屋架、梁、柱、墙,跨屋架、梁、柱、木结构、顶棚内、砖、混凝土结构,沿钢支架及钢索),按照设计图示安装数量以"10 m"为计量单位。当绝缘子暗配时,计算引下线工程量,其长度从线路支持点计算至顶棚下缘距离。

(3)线槽配线根据导线截面面积,按照设计图示安装数量以"10 m"为计量单位。

(4)塑料护套线明敷设根据导线芯数与单芯导线截面面积,区别导线敷设位置(木结构、砖混凝土结构、沿钢索),按照设计图示安装数量以"10 m"为计量单位。

(5)绝缘导线明敷设根据导线截面面积,按照设计图示安装数量以"10 m"为计量单位。

(6)车间带型母线安装根据母线材质与截面面积,区别母线安装位置(沿屋架、梁、柱、墙,跨屋架、梁、柱),按照设计图示安装数量以单相10延长米为计量单位。

(7)车间配线钢索架设区别圆钢、钢索直径,按照设计图示墙(柱)内缘距离以"10 m"为计量单位,不扣除拉紧装置所占长度。

(8)车间配线母线与钢索拉紧装置制作与安装,根据母线截面面积、索具螺栓直径,按照设计图示安装数量以"套"为计量单位。

(9)接线箱安装根据安装形式(明装、暗装)及接线箱半周长,按照设计图示安装数量以"个"为计量单位。

(10)接线盒安装根据安装形式(明装、暗装)及接线盒类型,按照设计图示安装数量以"个"为计量单位。

(11)盘、柜、箱、板配线根据导线截面面积,按照设计图示配线数量以"10 m"为计量单位。配线进入盘、柜、箱、板时每根线的预留长度按照设计规定计算，设计无规定时按照表 5-23 规定计算。

表 5-23　配线进入盘、柜、箱、板的预留线长度表

| 序号 | 项目 | 预留长度 | 说明 |
|---|---|---|---|
| 1 | 各种开关、柜、板 | 宽＋高 | 盘面尺寸 |
| 2 | 单独安装(无箱、盘)的铁壳开关、闸门开关、启动器、母线槽进出线盒 | 0.3 m | 从安装对象中心算起 |
| 3 | 由地面管子出口引至动力接线箱 | 1.0 m | 从管口计算 |
| 4 | 电源与管内导线连接(管内穿线与软、硬母线接头) | 1.5 m | 从管口计算 |
| 5 | 出户线 | 1.5 m | 从管口计算 |

(12)灯具、开关、插座、按钮等预留线，已分别综合在相应项目内，不另行计算。

### 3. 定额工程量计算示例

【例 5-13】　某照明线路如图 5-7 所示，$n_1$ 回路采用 BV$-3\times4$ SC15$-$WC，该建筑物层高为 3.0 m，配电箱规格为 500 mm×300 mm，距地高度为 1.3 m，开关距地为 1.5 m。计算其配管、配线工程量。

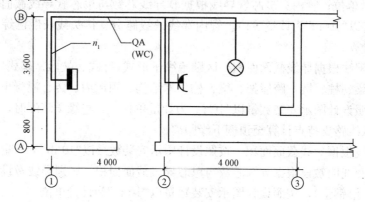

图 5-7　某照明线路

【解】　SC15 配管水平长度＝(3.6＋0.8)/2＋4.0＋4.0/2＋(3.6＋0.8)/2＋3.6/2
　　　　　　　　　　　＝12.2(m)

SC15 配管垂直长度＝(3－1.5－0.5)＋(3－1.3－0.5)＝2.2(m)

SC15 配管工程量＝12.2＋2.2＝14.4(m)

根据定额工程量计算规则，灯具、开关、插座、按钮等预留线，已分别综合在相应定额内，不另行计算。

配线进入开关箱、柜、板的预留线，按表 5-23 规定的长度，分别计入相应的工程量。

故 BV$-3\times4$ 配线工程量＝(14.4＋0.5＋0.3)×3＝45.6(m)

## 十五、照明器具安装工程定额工程量计算

### 1. 定额说明

(1)本册定额照明器具安装工程部分包括普通灯具、装饰灯具、荧光灯具、嵌入式地灯、工厂灯、医院灯具、霓虹灯、小区路灯、景观灯的安装,开关、按钮、插座的安装,艺术喷泉照明系统安装等内容。

(2)有关说明:

1)灯具引导线是指灯具吸盘到灯头的连线,除注明者外,均按照灯具自备考虑。如引导线需要另行配置时,其安装费不变,主材费另行计算。

2)小区路灯、投光灯、氙气灯、烟囱或水塔指示灯的安装定额,考虑了超高安装(操作超高)因素。其他照明器具的安装高度大于5 m时,按照册说明中的规定另行计算超高安装增加费。

3)装饰灯具安装定额考虑了超高安装因素,并包括脚手架搭拆费用。

4)吊式艺术装饰灯具的灯体直径为装饰灯具的最大外缘直径,灯体垂吊长度为灯座底部到灯梢之间的总长度。

5)吸顶式艺术装饰灯具的灯体直径为吸盘最大外缘直径,灯体半周长为矩形吸盘的半周长,灯体垂吊长度为吸盘到灯梢之间的总长度。

6)照明灯具安装除特殊说明外,均不包括支架制作与安装。工程实际发生时,执行本册定额第七章中"金属构件、穿墙套板安装工程"相关定额。

7)定额包括灯具组装、安装、利用摇表测量绝缘及一般灯具的试亮工作。

8)小区路灯安装定额包括灯柱、灯架、灯具安装;成品小区路灯基础安装包括基础土方施工,现浇混凝土小区路灯基础及土方施工执行《房屋建筑与装饰工程消耗量定额》(TY01—31—2015)相应项目。

9)普通灯具安装定额适用范围见表5-24。

表5-24 普通灯具安装定额适用范围表

| 定额名称 | 灯具种类 |
|---|---|
| 圆球吸顶灯 | 材质为玻璃的独立的半圆球吸顶灯、扁圆罩吸顶灯、平圆形吸顶灯 |
| 方形吸顶灯 | 材质为玻璃的独立的矩形罩吸顶灯、方形罩吸顶灯、大口方罩吸顶灯 |
| 软线吊灯 | 利用软线为垂吊材料,独立的,材质为玻璃、塑料罩的各式吊链灯 |
| 吊链灯 | 利用吊链作辅助悬吊材料,独立的,材料为玻璃、塑料罩的各式吊链灯 |
| 防水吊灯 | 一般防水吊灯 |
| 一般弯脖灯 | 圆球弯脖灯、风雨壁灯 |
| 一般墙壁灯 | 各种材质的一般壁灯、镜前灯 |
| 软线吊灯头 | 一般吊灯头 |
| 声光控座灯头 | 一半声控、光控座灯头 |
| 座头灯 | 一般塑料、瓷质座灯头 |

10)组合荧光灯带、内藏组合式灯、发光棚荧光灯、立体广告灯箱、顶棚荧光灯带的灯具设计用量与定额不同时,成套灯具根据设计数量加损耗量计算主材费,安装费不做调整。

11)装饰灯具安装定额适用范围见表 5-25。

表 5-25　装饰灯具安装定额适用范围表

| 定额名称 | 灯具种类(形式) |
|---|---|
| 吊式艺术装饰灯具 | 不同材质、不同灯体垂吊长度、不同灯体直径的蜡烛灯、挂片灯、串珠(穗)、串棒灯、吊杆式组合灯、玻璃罩(带装饰)灯 |
| 吸顶式艺术装饰灯具 | 不同材质、不同灯体垂吊长度、不同灯体几何形状的串珠(穗)、串棒灯、挂片、挂碗、挂吊蝶灯、玻璃(带装饰)灯 |
| 荧光艺术装饰灯具 | 不同安装形式、不同灯管数量的组合荧光灯光带,不同几何组合形式的内藏组合式灯,不同几何尺寸、不同灯具形式的发光棚,不同形式的立体广告灯箱、荧光灯光沿 |
| 几何形状组合艺术灯具 | 不同固定形式、不同灯具形式的繁星灯、钻石星灯、礼花灯、玻璃罩钢架组合灯、凸片灯、反射挂灯、筒形钢架灯、U形组合灯、弧形管组合灯 |
| 标志、诱导装饰灯具 | 不同安装形式的标志灯、诱导灯 |
| 水下艺术装饰灯具 | 简易型彩灯、密封型彩灯、喷水池灯、幻光型灯 |
| 点光源艺术装饰灯具 | 不同安装形式、不同灯体直径的筒灯、牛眼灯、射灯、轨道射灯 |
| 草坪灯具 | 各种立柱式、墙壁式的草坪灯 |
| 歌舞厅灯具 | 各种安装形式的变色转盘灯、雷达射灯、幻影转彩灯、维纳斯旋转彩灯、卫星旋转效果灯、飞蝶旋转效果灯、多头转灯、滚筒灯、频闪灯、太阳灯、雨灯、歌星灯、边界灯、射灯、泡泡发生器、迷你满天星彩灯、迷你灯(盘彩灯)、多头宇宙灯、镜面球灯、蛇光管 |

12)荧光灯具安装定额按照成套型荧光灯考虑,工程实际采用组合式荧光灯时,执行相应的成套型荧光灯安装定额乘以系数 1.1。荧光灯具安装定额适用范围见表 5-26。

表 5-26　荧光灯具安装定额适用范围表

| 定额名称 | 灯具种类 |
|---|---|
| 成套型荧光灯 | 单管、双管、三管、四管、吊链式、吊管式、吸顶式、嵌入式、成套独立荧光灯 |

13)工厂灯及防水防尘灯安装定额适用范围见表 5-27。

表 5-27　工厂灯及防水防尘灯安装定额适用范围表

| 定额名称 | 灯具种类 |
|---|---|
| 直杆工厂吊灯 | 配照($GC_1-A$)、广照($GC_3-A$)、深照($GC_5-A$)、圆球($GC_{17}-A$)、双照($GC_{19}-A$) |
| 吊链式工厂灯 | 配照($GC_1-B$)、深照($GC_3-A$)、斜照($GC_5-C$)、圆球($GC_7-A$)、双照($GC_{19}-A$) |
| 吸顶灯 | 配照($GC_1-A$)、广照($GC_3-A$)、深照($GC_5-A$)、斜照($GC_7-C$)、圆球双照($GC_{19}-A$) |
| 弯杆式工厂灯 | 配照($GC_1-D/E$)、广照($GC_3-D/E$)、深照($GC_5-D/E$)、斜照($GC_7-D/E$)、双照($GC_{19}-C$)、局部深照($GC_{26}-F/H$) |
| 悬挂式工厂灯 | 配照($GC_{21}-2$)、深照($GC_{23}-2$) |
| 防水防尘灯 | 广照($GC_9-A$、B、C)、广照保护网($GC_{11}-A$、B、C)、散照($GC_{15}-A$、B、C、D、E) |

14)工厂其他灯具安装定额适用范围见表 5-28。

**表 5-28　工厂其他灯具安装定额适用范围表**

| 定额名称 | 灯具种类 |
|---|---|
| 防潮灯 | 扁形防潮灯(GC—31)、防潮灯(GC—33) |
| 腰形舱顶灯 | 腰形舱顶灯 GCD—1 |
| 管形氙气灯 | 自然冷却式 220 V/380 V 功率≤20 kW |
| 投光灯 | TG 型室外投光灯 |

15)医院灯具安装定额适用范围见表 5-29。

**表 5-29　医院灯具安装定额适用范围表**

| 定额名称 | 灯具种类 |
|---|---|
| 病房指示灯 | 病房指示灯 |
| 病房暗角灯 | 病房暗角灯 |
| 无影灯 | 3~12 孔管式无影灯 |

16)工厂厂区内、住宅小区内的路灯安装执行本册定额。小区路灯安装定额适用范围见表 5-30。小区路灯安装定额中不包括小区路灯杆接地,接地参照"10 kV 输电电杆接地"定额执行。

**表 5-30　小区路灯安装定额适用范围表**

| 定额名称 | | 灯具种类 |
|---|---|---|
| 单臂挑灯 | | 单抱箍臂长≤1 200 mm、臂长≤3 000 mm |
| | | 双抱箍臂长≤3 000 mm、臂长≤5 000 mm、臂长>5 000 mm |
| | | 双拉梗臂长≤3 000 mm、臂长≤5 000 mm、臂长>5 000 mm |
| | | 成套型臂长≤3 000 mm、臂长≤5 000 mm、臂长>5 000 mm |
| | | 组装型臂长≤3 000 mm、臂长≤5 000 mm、臂长>5 000 mm |
| 双臂挑灯 | 成套型 | 对称式臂长≤3 000 mm、臂长≤5 000 mm、臂长>5 000 mm |
| | | 非对称式臂长≤2 500 mm、臂长≤5 000 mm、臂长>5 000 mm |
| | 组装型 | 对称式臂长≤3 000 mm、臂长≤5 000 mm、臂长>5 000 mm |
| | | 非对称式臂长≤2 500 mm、臂长≤5 000 mm、臂长>5 000 mm |
| 高杆灯架 | 成套型 | 成套型灯高≤11 m、灯高≤20 m、灯高>20 m |
| | 组装型 | 组装型灯高≤11 m、灯高<20 m、灯高>20 m |
| 大马路弯灯 | | 臂长≤1 200 m、臂长>1 200 m |
| 庭院小区路灯 | | 光源≤五火、光源>七火 |
| 桥栏杆灯 | | 嵌入式、明装式 |

17)艺术喷泉照明系统安装定额包括程序控制柜、程序控制箱、音乐喷泉控制设备、喷泉特技效果控制设备、喷泉防水配件、艺术喷泉照明等系统安装。

18)LED 灯安装根据其结构、形式、安装地点,执行相应的灯具安装定额。

19)并列安装一套光源双罩吸顶灯时,按照两个单罩周长或半周长之和执行相应的定额;并列安装两套光源双罩吸顶灯时,按照两套灯具各自灯罩周长或半周长执行相关定额。

20)灯具安装定额中灯槽、灯孔按照事先预留考虑，不计算开孔费用。

21)插座箱安装执行相应的配电箱定额。

22)楼宇亮化灯具控制器、小区路灯集中控制器安装执行"艺术喷泉照明系统安装"相关定额。

2. 定额工程量计算规则

(1)普通灯具安装根据灯具种类、规格，按照设计图示安装数量以"套"为计量单位。

(2)吊式艺术装饰灯具安装根据装饰灯具示意图所示，区别不同装饰物以及灯体直径和灯体垂吊长度，按照设计图示安装数量以"套"为计量单位。

(3)吸顶式艺术装饰灯具安装根据装饰灯具示意图所示，区别不同装饰物、吸盘几何形状、灯体直径、灯体周长和灯体垂吊长度，按照设计图示安装数量以"套"为计量单位。

(4)荧光艺术装饰灯具安装根据装饰灯具示意图所示，区别不同安装形式和计量单位计算。

1)组合荧光灯带安装根据灯管数量，按照设计图示安装数量以灯带"m"为计量单位。

2)内藏组合式灯安装根据灯具组合形式，按照设计图示安装数量以"m"为计量单位。

3)发光棚荧光灯安装按照设计图示发光棚数量以"m²"为计量单位。灯具主材根据实际安装数量加损耗量以"套"另行计算。

4)立体广告灯箱、天棚荧光灯带安装按照设计图示安装数量以"m"为计量单位。

(5)几何形状组合艺术灯具安装根据装饰灯具示意图所示，区别不同安装形式及灯具形式，按照设计图示安装数量以"套"为计量单位。

(6)标志、诱导装饰灯具安装根据装饰灯具示意图所示，区别不同的安装形式，按照设计图示安装数量以"套"为计量单位。

(7)水下艺术装饰灯具安装根据装饰灯具示意图所示，区别不同安装形式，按照设计图示安装数量以"套"为计量单位。

(8)点光源艺术装饰灯具安装根据装饰灯具示意图所示，区别不同安装形式、不同灯具直径，按照设计图示安装数量以"套"为计量单位。

(9)草坪灯具安装根据装饰灯具示意图所示，区别不同安装形式，按照设计图示安装数量以"套"为计量单位。

(10)歌舞厅灯具安装根据装饰灯具示意图所示，区别不同安装形式，按照设计图示安装数量以"套"或"m"或"台"为计量单位。

(11)荧光灯具安装根据灯具安装形式、灯具种类、灯管数量，按照设计图示安装数量以"套"为计量单位。

(12)嵌入式地灯安装根据灯具安装形式，按照设计图示安装数量以"套"为计量单位。

(13)工厂灯及防水防尘灯安装根据灯具安装形式，按照设计图示安装数量以"套"为计量单位。

(14)工厂其他灯具安装根据灯具类型、安装形式、安装高度，按照设计图示安装数量以"套"或"个"为计量单位。

(15)医院灯具安装根据灯具类型，按照设计图示安装数量以"套"为计量单位。

(16)霓虹灯管安装根据灯管直径，按照设计图示延长米数量以"m"为计量单位。

(17)霓虹灯变压器、控制器、继电器安装根据用途与容量及变化回路，按照设计图示安装数量以"台"为计量单位。

(18)小区路灯安装根据灯杆形式、臂长、灯数，按照设计图示安装数量以"套"为计量单位。

(19)楼宇亮化灯安装根据光源特点与安装形式，按照设计图示安装数量以"套"或"m"为计量单位。

(20)开关、按钮安装根据安装形式与种类、开关极数及单控与双控，按照设计图示安装数量以"套"为计量单位。

(21)声控(红外线感应)延时开关、柜门触动开关安装，按照设计图示安装数量以"套"为计量单位。

(22)插座安装根据电源数、定额电流、插座安装形式，按照设计图示安装数量以"套"为计量单位。

(23)艺术喷泉照明系统程序控制柜、程序控制箱、音乐喷泉控制设备、喷泉特技效果控制设备安装根据安装位置方式及规格，按照设计图示安装数量以"台"为计量单位。

(24)艺术喷泉照明系统喷泉防水配件安装根据玻璃钢电缆槽规格，按照设计图示安装长度以"m"为计量单位。

(25)艺术喷泉照明系统喷泉水下管灯安装根据灯管直径，按照设计图示安装数量以"m"为计量单位。

(26)艺术喷泉照明系统喷泉水上辅助照明安装根据灯具功能，按照设计图示安装数量以"套"为计量单位。

3. 定额工程量计算示例

【例5-14】 已知某工程建筑面积为 2 400 m²，安装 40 W 的圆球吸顶灯 120 套，吸顶灯外形尺寸为 220 mm。计算其工程量。

【解】 圆球吸顶灯工程量＝120 套

## 十六、低压电器设备安装工程定额工程量计算

1. 定额说明

(1)本册定额低压电器设备安装工程部分包括插接式空气开关箱、控制开关、DZ 自动空气断路器、熔断器、限位开关、用电控制装置、电阻器、变阻器、安全变压器、仪表、民用电器安装及低压电器装置接线等内容。

(2)有关说明：

1)低压电器安装定额适用于工业低压用电装置、家用电器的控制装置及电器的安装。定额综合考虑了型号、功能，执行定额时不做调整。

2)控制装置安装定额中，除限位开关及水位电气信号装置安装定额外，其他安装定额均未包括支架制作、安装。工程实际发生时，可执行本册定额第七章中"金属构件、穿墙套板安装工程"相关定额。

3)定额包括电器安装、接线(除单独计算外)、接地。定额不包括接线端子、保护盒、接线盒、箱体等安装，工程实际发生时，执行相关定额。

2. 定额工程量计算规则

(1)控制开关安装根据开关形式与功能及电流量，按照设计图示安装数量以"个"为计量单位。

(2)集中空调开关、请勿打扰装置安装，按照设计图示安装数量以"套"为计量单位。

(3)熔断器、限位开关安装根据类型，按照设计图示安装数量以"个"为计量单位。

(4)用电控制装置、安全变压器安装根据类型与容量，按照设计图示安装数量以"台"为计量单位。

(5)仪表、分流器安装根据类型与容量，按照设计图示安装数量以"个"或"套"为计量单位。

(6)民用电器安装根据类型与规模，按照设计图示安装数量以"台"或"个"或"套"为计量单位。

(7)低压电器装置接线是指电器安装不含接线的电器接线，按照设计图示安装数量以"台"或"个"为计量单位。

(8)小母线安装是指电器需要安装的母线，按照实际安装数量以"m"为计量单位。

## 十七、运输设备电气装置安装工程定额工程量计算

1. 定额说明

(1)本册定额运输设备电气装置安装工程部分包括起重设备电气安装等内容。

(2)有关说明：

1)起重设备电气安装定额包括电气设备检查接线，电动机检查接线与安装，小车滑线安装，管线敷设，随设备供应的电缆敷设、校线、接线，设备本体灯具安装、接地，负荷试验，程序调试。不包括起重设备本体安装。

2)定额不包括电源线路及控制开关的安装、电动发电机组安装、基础型钢和钢支架及轨道的制作与安装、接地极与接地干线敷设、电气分系统调试。

2. 定额工程量计算规则

起重设备电气安装根据起重设备形式与起重量及控制地点，按照设计图示安装数量以"台"为计量单位。

## 十八、电气设备调试工程定额工程量计算

1. 定额说明

(1)本册定额电气设备调试工程部分包括发电、输电、配电、太阳能光伏电站、用电工程中电气设备的分系统调试、整套启动调试、特殊项目测试与性能验收试验内容。电动机负载调试定额包括带负载设备的空转、分系统调试期间电动机调试工作。

(2)有关说明：

1)调试定额是按照现行的发电、输电、配电、用电工程启动试运及验收规程进行编制的，标准与规程未包括的调试项目和调试内容所发生的费用，应结合技术条件及相应的规定另行计算。

2)调试定额中已经包括熟悉资料、编制调试方案、核对设备、现场调试、填写调试记录、整理调试报告等工作内容。

3)定额所用到的电源是按照永久电源编制的，定额中不包括调试与试验所消耗的电量，其电费已包含在其他费用(甲方费用)中。当工程需要单独计算调试与试验电费时，应按照实际表计电量计算。

4)分系统调试包括电气设备安装完毕后进行系统联动、对电气设备单体调试进行校验与修正、电气一次设备与二次设备常规的试验等工作内容。非常规的调试与试验执行特殊项目测试与性能验收试验相应的定额子目。

5)在输配电装置系统调试中,电压等级小于或等于 1 kV 的定额适用于所有低压供电回路,如从低压配电装置至分配电箱的供电回路(包括照明供电回路);从配电箱直接至电动机的供电回路已经包括在电动机的负载系统调试定额内。凡供电回路中带有仪表、继电器、电磁开关等调试元件的(不包括刀开关、保险器),均按照调试系统计算。移动电器和以插座连接的家电设备不计算调试费用。输配电设备系统调试包括系统内的电缆试验、绝缘耐压试验等调试工作。桥形接线回路中的断路器、母线分段接线回路中断路器均作为独立的供电系统计算。配电箱内只有开关、熔断器等不含调试元件的供电回路,则不再作为调试系统计算。

6)根据电动机的形式及规格,计算电动机负载调试。

7)移动式电器和以插座连接的家用电器设备及电量计量装置,不计算调试费用。

8)定额不包括设备的干燥处理和设备本身缺陷造成的元件更换和修理,也未考虑因设备元件质量低劣或安装质量问题对调试工作造成的影响。上述情况发生时,按照有关的规定进行处理。

9)定额是按照新的且合格的设备考虑的。当调试经更换修改的设备、拆迁的旧设备时,定额乘以系数 1.15。

10)调试定额是按照现行国家标准《电气装置安装工程 电气设备交接试验标准》(GB 50150—2016)及相应电气装置安装工程施工及验收系列规范进行编制的,标准与规范未包括的调试项目和调试内容所发生的费用,应结合技术条件及相应的规定另行计算。发电机、变压器、母线、线路的分系统调试中均包括了相应保护调试,"保护装置系统调试"定额适用于单独调试保护系统。

11)调试定额中已经包括熟悉资料、核对设备、填写试验记录、保护整定值的整定、整理调试报告等工作内容。

12)调试带负荷调压装置的电力变压器时,调试定额乘以系数 1.12;三线圈变压器、整流变压器、电炉变压器调试按照同容量的电力变压器调试定额乘以系数 1.2。

13)3~10 kV 母线系统调试定额中包含一组电压互感器,电压等级小于或等于 1 kV 母线系统调试定额中不包含电压互感器,定额适用于低压配电装置的各种母线(包括软母线)的调试。

14)可控硅调速直流电动机负载调试内容包括可控硅整流装置系统和直流电动机控制回路系统两个部分的调试。

15)直流、硅整流、可控硅整流装置系统调试定额中包括其单体调试。

16)交流变频调速直流电动机负载调试内容包括变频装置系统和交流电动机控制回路系统两个部分的调试。

17)智能变电站系统调试中只考虑遥控、遥信、遥测的功能。若工程需要增加遥调时,相应定额应乘以系数 1.2。

18)整套启动调试包括发电、输电、变电、配电、太阳能光伏发电部分在项目生产投料或使用前后进行的项目电气部分整套调试和配合生产启动试运行以及程序校验、运行调整、状态切换、动作试验等内容。不包括在整套启动试运行过程中暴露出来的设备缺陷处理或因施工质量、设计质量等问题造成的返工所增加的调试工作量。

19)其他材料费中包括调试消耗、校验消耗材料费。

**2. 定额工程量计算规则**

(1)电气调试系统根据电气布置系统图,结合调试定额的工作内容进行划分,按照定额计量单位计算工程量。

(2)电气设备常规试验不单独计算工程量,特殊项目的测试与试验根据工程需要按照实际数量计算工程量。

(3)供电桥回路的断路器、母线分段断路器,均按照独立的输配电设备系统计算调试费。

(4)输配电设备系统调试是按照一侧有一台断路器考虑的。若两侧均有断路器时,则按照两个系统计算。

(5)变压器系统调试是按照每个电压侧有一台断路器考虑的。若断路器多于一台时,则按照相应的电压等级另行计算输配电设备系统调试费。

(6)保护装置系统调试以被保护的对象主体为一套。其工程量按照下列规定计算:

1)发电机组保护调试按照发电机台数计算。

2)变压器保护调试按照变压器的台数计算。

3)母线保护调试按照设计规定所保护的母线条数计算。

4)线路保护调试按照设计规定所保护的进出线回路数计算。

(7)自动投入装置系统调试包括继电器、仪表等元件本身和二次回路的调整试验。其工程量按照下列规定计算:

1)备用电源自动投入装置按照连锁机构的个数计算自动投入装置的系统工程量。一台备用厂用变压器作为三段厂用工作母线备用电源,按照三个系统计算工程量。设置自动投入的两条互为备用的线路或两台变压器,按照两个系统计算工程量。备用电动机自动投入装置亦按此规定计算。

2)线路自动重合闸系统调试按照采用自动重合闸装置的线路自动断路器的台数计算系统工程量。综合重合闸亦按此规定计算。

3)自动调频装置系统调试以一台发电机为一个系统计算工程量。

4)同期装置系统调试按照设计构成一套能够完成同期并车行为的装置为一个系统计算工程量。

5)用电切换系统调试按照设计能够完成交直流切换的一套装置为一个系统计算工程量。

(8)测量与监视系统调试包括继电器、仪表等元件本身和二次回路的调整试验。其工程量按照下列规定计算:

1)直流监视系统调试以蓄电池的组数为一个系统计算工程量。

2)变送器屏系统调试按照设计图示数量以台数计算工程量。

3)低压低周波减负荷装置系统调试按照设计装设低周低压减负荷装置屏数计算工程量。

(9)保安电源系统调试按照安装的保安电源台数计算工程量。

(10)事故照明、故障录波器系统调试根据设计标准,按照发电机组台数、独立变电站与配电室的座数计算工程量。

(11)电除尘器系统调试根据烟气进除尘器入口净面积以套计算工程量。按照一台升压变压器、一组整流器及附属设备为一套计算。

(12)硅整流装置系统调试按照一套装置为一个系统计算工程量。

(13)电动机负载调试是指电动机连带机械设备及装置一并进行调试。电动机负载调试根据电机的控制方式、功率按照电动机的台数计算工程量。

(14)一般民用建筑电气工程中,配电室内带有调试元件的盘、箱、柜和带有调试元件的照明配电箱，应按照供电方式计算输配电设备系统调试数量。用户所用的配电箱供电不计算系统调试费。电量计量表一般是由供应单位经有关检验校验后进行安装，不计算调试费。

(15)具有较高控制技术的电气工程(包括照明工程中由程控调光的装饰灯具)，应按照控制方式计算系统调试工程量。

(16)成套开闭所根据开关间隔单元数量，按照成套的单个箱体数量计算工程量。

(17)成套箱式变电站根据变压器容量，按照成套的单个箱体数量计算工程量。

(18)配电智能系统调试根据间隔数量，以"系统"为计量单位。一个站点为一个系统。一个柱上配电终端若接入主(子)站，可执行两个以下间隔的分系统调试定额，若就地保护则不能执行系统调试定额。

(19)整套启动调试按照发电、输电、变电、配电、太阳能光伏发电工程分别计算。发电厂根据锅炉蒸发量按照台计算工程量，无发电功能的独立供热站不计算发电整套调试；输电线路根据电压等级及输电介质不分回路数按照"条"计算工程量；变电、配电根据高压侧电压等级不分容量按照"座"计算工程量；太阳能光伏发电站根据发电功率，以项目为计量单位按照"座"计算工程量。

1)用电工程项目电气部分整套启动调试随用电工程项目统一考虑，不单独计算有关用电电气整套启动调试费用。

2)用户端配电站(室)根据高压侧电压等级(接受端电压等级)计算配电整套启动调试费。

3)中心变电站至用户端配电室(含箱式变电站)的输电线路，根据输电电压等级计算输电线路整套启动调试费；用户端配电室(含箱式变电站)至用户各区域或用电设备的配电电缆、电线工程不计算输电整套启动调试费。

(20)特殊项目测试与性能验收试验根据技术标准与测试的工作内容，按照实际测试与试验的设备或装置数量计算工程量。

3. 定额工程量计算示例

【例5-15】 某电气调试系统如图5-8所示。试计算其工程量。

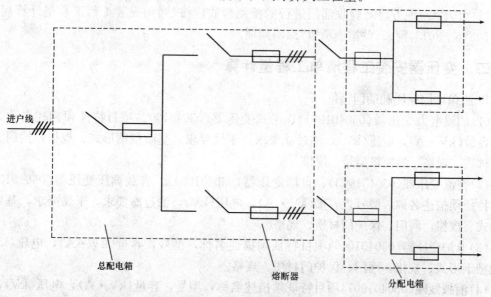

图5-8　某电气调试系统图

**【解】** 由图 5-8 可知，该供电系统的两个分配电箱引出的 4 条回路均由总配电箱控制，所以各分箱引出的回路不能作为独立的系统，因此，正确的电气调试系统工程量应为 1 个系统。

# 第三节 电气设备安装工程清单工程量计算

## 一、电气设备安装工程工程量清单内容

### 1. 清单适用范围

电气设备安装工程工程量清单项目设置及计算规则适用于 10 kV 以下变配电设备及线路的安装工程、车间动力电气设备及电气照明、防雷及接地装置安装、配管配线、电气调试等。

### 2. 相关说明

(1)挖土、填土工程应按现行国家标准《房屋建筑与装饰工程工程量计算规范》(GB 50854—2013)相关项目编码列项。

(2)开挖路面应按现行国家标准《市政工程工程量计算规范》(GB 50857—2013)相关项目编码列项。

(3)过梁、墙、楼板的钢(塑料)套管应按《通用安装工程工程量计算规范》(GB 50856—2013)附录 K"采暖、给水排水、燃气工程"相关项目编码列项。

(4)除锈、刷漆(补刷漆除外)、保护层安装应按《通用安装工程工程量计算规范》(GB 50856—2013)附录 M"刷油、防腐蚀、绝热工程"相关项目编码列项。

(5)由国家或地方检测验收部门进行的检测验收应按《通用安装工程工程量计算规范》(GB 50856—2013)附录 N"措施项目"编码列项。

## 二、变压器安装工程清单工程量计算

### 1. 清单项目编码和项目特征

(1)油浸电力变压器(030401001)、干式变压器(030401002)项目特征须描述名称，型号，容量(kV·A)，电压(kV)，油过滤要求，干燥要求，基础型钢形式、规格，网门、保护门材质、规格，温控箱型号、规格。

(2)整流变压器(030401003)、自耦变压器(030401004)、有载调压变压器(030401005)项目特征须描述名称，型号，容量(kV·A)，电压(kV)，油过滤要求，干燥要求，基础型钢形式、规格，网门、保护门材质、规格。

(3)电炉变压器(030401006)项目特征须描述名称，型号，容量(kV·A)，电压(kV)，基础型钢形式、规格，网门、保护门材质、规格。

(4)消弧线圈(030401007)项目特征须描述名称，型号，容量(kV·A)，电压(kV)，油过滤要求，干燥要求，基础型钢形式、规格。

**2. 清单工程量计算规则**

油浸电力变压器、干式变压器、整流变压器、自耦变压器、有载调压变压器、电炉变压器、消弧线圈以台为计量单位，按设计图示数量计算。

**3. 清单工程量计算示例**

**【例 5-16】** 对【例 5-1】计算该油浸电力变压器安装的清单项目综合单价，并编制分部分项工程和单价措施项目清单与计价表。

**【解】**（1）安装费用计算。查相关定额，1 000 kV·A/10 kV 型油浸电力变压器安装定额计量单位为台，人工费单价为 470.67 元，材料费单价为 245.43 元，机械费单价为 348.44 元。由此可得：

人工费＝数量×人工费单价＝3×470.67＝1 412.01（元）

材料费＝数量×材料费单价＝3×245.43＝736.29（元）

机械费＝数量×机械费单价＝3×348.44＝1 045.32（元）

油浸电力变压器干燥与绝缘油计价方法同油浸电力变压器安装，具体计算结果见表 5-31。

**表 5-31　油浸电力变压器工程定额费用**

| 序号 | 工程项目 | 单位 | 数量 | 人工费/元 | 材料费/元 | 机械费/元 |
|---|---|---|---|---|---|---|
| 1 | 油浸电力变压器安装（1 000 kV·A/10 kV） | 台 | 3 | 1 412.01 | 736.29 | 1 045.32 |
| 2 | 电力变压器干燥（1 000 kV·A/10 kV） | 台 | 3 | 1 368.2 | 2 560.59 | 109.71 |
| 3 | 变压器油过滤 | t | 0.95 | 74.56 | 208.58 | 311.70 |

（2）计算清单项目综合单价。按建筑工程取费标准取费，企业管理费费率取 25%，利润费率取 15%，计费基础为：人工费＋机械费。

计费基础＝1 412.01＋1 045.32＋1 368.2＋109.71＋74.56＋311.70＝4 321.5（元）

人工费＝1 412.01＋1 368.2＋74.56＝2 854.77（元）

材料费＝736.29＋2 560.59＋208.58＝3 505.46（元）

机械费＝1 045.32＋109.71＋311.70＝1 466.73（元）

企业管理费＝4 321.5×25%＝1 080.38（元）

利润＝4 321.5×15%＝648.23（元）

小计＝2 854.77＋3 505.46＋1 466.73＋1 080.38＋648.23＝9 555.57（元）

综合单价＝9 555.57/3＝3 185.19（元）

（3）编制分部分项工程和单价措施项目清单与计价表。根据《通用安装工程工程量计算规范》（GB 50856—2013）的规定，油浸电力变压器项目编码 030401001，计量单位为"台"，计算规则为按设计图示数量计算，则编制的分部分项工程和单价措施项目清单与计价表见表 5-32。

**表 5-32　分部分项工程和单价措施项目清单与计价表**

| 序号 | 项目编码 | 项目名称 | 项目特征描述 | 计量单位 | 工程量 | 综合单价 | 合价 | 其中：暂估价 |
|---|---|---|---|---|---|---|---|---|
| | | | | | | 金额/元 | | |
| 1 | 030401001001 | 油浸电力变压器 | 油浸电力变压器 S9—1 000 kV·A/10 kV 安装，做干燥处理，过滤绝缘油重 950 kg | 台 | 3 | 3 185.19 | 9 555.57 | |

### 三、配电装置安装工程清单工程量计算

**1. 清单项目编码和项目特征**

(1)油断路器(030402001)、真空断路器(030402002)、SF6 断路器(030402003)项目特征须描述名称，型号，容量(A)，电压等级(kV)，安装条件，操作机构名称及型号，基础型钢规格，接线材质、规格，安装部位，油过滤要求。

(2)空气断路器(030402004)、真空接触器(030402005)、隔离开关(030402006)、负荷开关(030402007)项目特征须描述名称，型号，容量(A)，电压等级(kV)，安装条件，操作机构名称及型号，接线材质、规格，安装部位。

(3)互感器(030402008)项目特征须描述名称，型号，规格，类型，油过滤要求。

(4)高压熔断器(030402009)项目特征须描述名称，型号，规格，安装部位。

(5)避雷器(030402010)项目特征须描述名称，型号，规格，电压等级，安装部位。

(6)干式电抗器(030402011)项目特征须描述名称，型号，规格，质量，安装部位，干燥要求。

(7)油浸电抗器(030402012)项目特征须描述名称，型号，规格，容量(kV·A)，油过滤要求，干燥要求。

(8)移相及串联电容器(030402013)、集合式并联电容器(030402014)项目特征须描述名称、型号、规格、质量、安装部位。

(9)并联补偿电容器组架(030402015)项目特征须描述名称，型号，规格，结构形式。

(10)交流滤波装置组架(030402016)项目特征须描述名称，型号，规格。

(11)高压成套配电柜(030402017)项目特征须描述名称，型号，规格，母线配置方式，种类，基础型钢形式、规格。

(12)组合型成套箱式变电站(030402018)项目特征须描述名称，型号，容量(kV·A)，电压(kV)，组合形式，基础规格、浇筑材质。

**2. 清单工程量计算规则**

(1)油断路器、真空断路器、SF6 断路器、空气断路器、真空接触器、互感器、油浸电抗器以"台"为计量单位，按设计图示数量计算。

(2)隔离开关、负荷开关、高压熔断器、避雷器、干式电抗器以"组"为计量单位，按设计图示数量计算。

(3)移相及串联电容器、集合式并联电容器以"个"为计量单位，按设计图示数量计算。

### 四、母线安装工程清单工程量计算

**1. 清单项目编码和项目特征**

(1)软母线(030403001)、组合软母线(030403002)项目特征须描述名称，材质，型号，规格，绝缘子类型、规格。

(2)带形母线(030403003)项目特征须描述名称，型号，规格，材质，绝缘子类型、规格，穿墙套管材质、规格，穿通板材质、规格，母线桥材质、规格，引下线材质、规格，伸缩节、过滤板材质、规格，分相漆品种。

(3)槽形母线(030403004)项目特征须描述名称，型号，规格，材质，连接设备名称、

规格，分相漆品种。

（4）共箱母线（030403005）项目特征须描述名称、型号、规格、材质。

（5）低压封闭式插接母线槽（030403006）项目特征须描述名称、型号、规格、容量（A）、线制、安装部位。

（6）始端箱、分线箱（030403007）项目特征须描述名称、型号、规格、容量（A）。

（7）重型母线（030403008）项目特征须描述名称，型号，规格，容量（A），材质，绝缘子类型、规格，伸缩器及导板规格。

### 2. 清单工程量计算规则

（1）软母线、组合软母线、带形母线、槽形母线以"m"为计量单位，按设计图示尺寸以单相长度计算（含预留长度）。

（2）共箱母线、低压封闭式插接母线槽以"m"为计量单位，按设计图示尺寸以中心线长度计算。

（3）始端箱、分线箱以"台"为计量单位，按设计图示数量计算。

（4）重型母线以"t"为计量单位，按设计图示尺寸以质量计算。

## 五、控制设备及低压电器安装工程清单工程量计算

### 1. 清单项目编码和项目特征

（1）控制屏（030404001），继电、信号屏（030404002），模拟屏（030404003），低压开关柜（屏）（030404004），弱电控制返回屏（030404005）项目特征须描述名称，型号，规格，种类，基础型钢形式、规格，接线端子材质、规格，端子板外部接线材质、规格，小母线材质、规格，屏边规格。

（2）箱式配电室（030404006）项目特征须描述名称，型号，规格，质量，基础规格、浇筑材质，基础型钢形式、规格。

（3）硅整流柜（030404007）项目特征须描述名称，型号，容量（A），基础型钢形式、规格。

（4）可控硅柜（030404008）项目特征须描述名称，型号，规格，容量（kW），基础型钢形式、规格。

（5）低压电容器柜（030404009），自动调节励磁屏（030404010），励磁灭磁屏（030404011），蓄电池屏（柜）（030404012），直流馈电屏（030404013），事故照明切换屏（030404014）项目特征须描述名称，型号，规格，基础型钢形式、规格，接线端子材质、规格，端子板外部接线材质、规格，小母线材质、规格，屏边规格。

（6）控制台（030404015）项目特征须描述名称，型号，规格，基础型钢形式、规格，接线端子材质、规格，端子板外部接线材质、规格，小母线材质、规格。

（7）控制箱（030404016）、配电箱（030404017）项目特征须描述名称，型号，规格，基础形式、材质、规格，接线端子材质、规格，端子板外部接线材质、规格，安装方式。

（8）插座箱（030404018）项目特征须描述名称，型号，规格，安装方式。

（9）控制开关（030404019）项目特征须描述名称，型号，规格，接线端子材质、规格，额定电流（A）。

（10）低压熔断器（030404020）、限位开关（030404021）、控制器（030404022）、接触器

（030404023）、磁力启动器（030404024）、Y—△自耦减压启动器（030404025）、电磁铁（电磁制动器）（030404026）、快速自动开关（030404027）、电阻器（03040428）、油浸频敏变阻器（030404029）项目特征须描述名称，型号，规格，接线端子材质、规格。

（11）分流器（030404030）项目特征须描述名称，型号，规格，容量（A），接线端子材质、规格。

（12）小电器（030404031）项目特征须描述名称，型号，规格，接线端子材质、规格。

（13）端子箱（030404032）项目特征须描述名称，型号，规格，安装部位。

（14）风扇（030404033）项目特征须描述名称，型号，规格，安装方式。

（15）照明开关（030404034）、插座（030404035）项目特征须描述名称，材质，规格，安装方式。

（16）其他电器（030404036）项目特征须描述名称，规格、安装方式。

### 2. 清单工程量计算规则

（1）控制屏，继电、信号屏，模拟屏，低压开关柜（屏），弱电控制返回屏，硅整流柜，可控硅柜，低压电容器柜，自动调节励磁屏，励磁灭磁屏，蓄电池屏（柜），直流馈电屏，事故照明切换屏，控制台，控制箱，配电箱，插座箱，控制器，接触器，磁力启动器，Y—△自耦减压启动器，电磁铁（电磁制动器），快速自动开关，油浸频敏变阻器，端子箱，风扇以台为计量单位，按设计图示数量计算。

（2）箱式配电室以套为计量单位，按设计图示数量计算。

（3）控制开关、低压熔断器、限位开关、分流器、照明开关、插座以"个"为计量单位，按设计图示数量计算。

（4）电阻器以箱为计量单位，按设计图示数量计算。

（5）小电器、其他电器以"个"（套、台）为计量单位，按设计图示数量计算。

### 3. 清单工程量计算示例

【例5-17】 某混凝土砖石结构房，室内安装定型照明配电箱（AZM）2台，普通照明灯（60 W）8盏，拉线开关4套。试计算其清单工程量。

【解】 清单工程量计算见表5-33。

表5-33 清单工程量计算

| 序号 | 项目编码 | 项目名称 | 项目特征描述 | 计量单位 | 工程量 |
|---|---|---|---|---|---|
| 1 | 030404017001 | 配电箱 | 定型照明配电箱（AZM）安装 | 台 | 2 |
| 2 | 030404034001 | 照明开关 | 拉线开关 | 个 | 4 |
| 3 | 030412001001 | 普通灯具 | 普通照明灯（60 W） | 套 | 8 |

## 六、蓄电池安装工程清单工程量计算

### 1. 清单项目编码和项目特征

（1）蓄电池（030405001）项目特征须描述名称，型号，容量（A·h），防震支架形式、材质，充放电要求。

(2)太阳能电池(030405002)项目特征须描述名称，型号，规格，容量，安装方式。

## 2. 清单工程量计算规则

蓄电池以"个(组件)"为计量单位，太阳能电池以组为计量单位，按设计图示数量计算。

## 3. 清单工程量计算示例

**【例 5-18】** 某工程安装 48 V/300 A·h 碱性蓄电池 4 个，蓄电池抗震支架采用单层支架单排，安装尺寸为 2 732 mm×516 mm×298 mm，需进行充放电。试根据定额及清单计量规范编制蓄电池安装的分部分项工程和单价措施项目清单与计价表。

**【解】** 根据《通用安装工程工程量计算规范》(GB 50856—2013)的规定，蓄电池项目编码为 030405001，计量单位为"个"，计算规则为按设计图示数量计算，工作内容包括本体安装、防震支架安装、充放电。因此，蓄电池安装应包括蓄电池本体安装费用、防震支架安装费用以及充放电费用。

(1)根据相关定额，单层支架单排蓄电池防震支架安装计量单位为"10 m"，人工费单价为 134.68 元，材料费单价为 127.43 元，机械费单价为 51.36 元，则防震支架安装费用计算如下：

人工费＝2.732/10×134.68＝36.79(元)

材料费＝2.732/10×127.43＝34.81(元)

机械费＝2.732/10×51.36＝14.03(元)

(2)根据相关定额，300 A·h 以下碱性蓄电池安装计量单位为"个"，人工费单价为 6.27 元，材料费单价为 0.78 元，则蓄电池安装费用计算如下：

人工费＝4×6.27＝25.08(元)

材料费＝4×0.78＝3.12(元)

(3)根据相关定额，300 A·h 以下蓄电池充放电计量单位为"组"，人工费单价为 1 625.40 元，材料费单价为 314.37 元，则蓄电池充放电费用计算如下：

人工费＝1×1 625.40＝1 625.40(元)

材料费＝1×314.37＝314.37(元)

(4)计算清单项目综合单价。

计算基础＝36.79＋25.08＋1 625.40＋14.03＝1 701.30(元)

人工费＝36.79＋25.08＋1 625.40＝1 687.27(元)

材料费＝34.81＋3.12＋314.37＝352.30(元)

机械费＝14.03 元

企业管理费＝1 701.30×25％＝425.33(元)

利润＝1 701.30×15％＝255.20(元)

小计＝1 687.27＋352.30＋14.03＋425.33＋255.20＝2 734.13(元)

综合单价＝2 734.13/4＝683.53(元)

(5)编制分部分项工程和单价措施项目清单与计价表。根据《通用安装工程工程量计算规范》(GB 50856—2 013)的规定，蓄电池项目编码为 030405001，计量单位为"个"，计算规则为按设计图示数量计算，则编制的分部分项工程和单价措施项目清单与计价表见表 5-34。

表 5-34　分部分项工程和单价措施项目清单与计价表

| 序号 | 项目编码 | 项目名称 | 项目特征描述 | 计量单位 | 工程量 | 金额/元 | | |
|---|---|---|---|---|---|---|---|---|
| | | | | | | 综合单价 | 合价 | 其中：暂估价 |
| 1 | 030405001001 | 蓄电池 | 48 V/300 A·h 碱性蓄电池安装 | 个 | 4 | 683.53 | 2 734.12 | — |

## 七、电机检查接线及调试工程清单工程量计算

### 1. 清单项目编码和项目特征

(1)发电机(030406001)、调相机(030406002)、普通小型直流电动机(030406003)项目特征须描述名称，型号，容量(kW)，接线端子材质、规格，干燥要求。

(2)可控硅调速直流电动机(030406004)项目特征须描述名称，型号，容量(kW)，类型，接线端子材质、规格，干燥要求。

(3)普通交流同步电动机(030406005)项目特征须描述名称，型号，容量(kW)，启动方式，电压等级(kV)，接线端子材质、规格，干燥要求。

(4)低压交流异步电动机(030406006)项目特征须描述名称，型号，容量(kW)，控制保护方式，接线端子材质、规格，干燥要求。

(5)高压交流异步电动机(030406007)项目特征须描述名称，型号，容量(kW)，保护类别，接线端子材质、规格，干燥要求。

(6)交流变频调速电动机(030406008)项目特征须描述名称，型号，容量(kW)，类别，接线端子材质、规格，干燥要求。

(7)微型电机、电加热器(030406009)项目特征须描述名称，型号，规格，接线端子材质、规格，干燥要求。

(8)电动机组(030406010)项目特征须描述名称，型号，电动机台数，联锁台数，接线端子材质、规格，干燥要求。

(9)备用励磁机组(030406011)项目特征须描述名称，型号，接线端子材质、规格，干燥要求。

(10)励磁电阻器(030406012)项目特征须描述名称，型号，规格，接线端子材质、规格，干燥要求。

### 2. 清单工程量计算规则

(1)发电机，调相机，普通小型直流电动机，可控硅调速直流电动机，普通交流同步电动机，低压交流异步电动机，高压交流异步电动机，交流变频调速电动机，微型电机、电加热器，励磁电阻器以"台"为计量单位，按设计图示数量计算。

(2)电动机组、备用励磁机组以"组"为计量单位，按设计图示数量计算。

## 八、滑触线装置安装工程清单工程量计算

### 1. 清单项目编码和项目特征

滑触线(030407001)项目特征须描述名称，型号，规格，材质，支架形式、材质，移动软电缆材质、规格、安装部位，拉紧装置类型，伸缩接头材质、规格。

**2. 清单工程量计算规则**

滑触线以"m"为计量单位，按设计图示尺寸以单相长度计算(含预留长度)。

## 九、电缆安装工程清单工程量计算

**1. 清单项目编码和项目特征**

(1)电力电缆(030408001)、控制电缆(030408002)项目特征须描述名称，型号，规格，材质，敷设方式、部位，电压等级(kV)，地形。

(2)电缆保护管(030408003)项目特征须描述名称，材质，规格，敷设方式。

(3)电缆槽盒(030408004)项目特征须描述名称、材质、规格、型号。

(4)铺砂、盖保护板(砖)(030408005)项目特征须描述种类、规格。

(5)电力电缆头(030408006)项目特征须描述名称，型号，规格，材质，类型，安装部位，电压等级(kV)。

(6)控制电缆头(030408007)项目特征须描述名称，型号，规格，材质、类型，安装方式。

(7)防火堵洞(030408008)、防火隔板(030408009)、防火涂料(030408010)项目特征须描述名称、材质、方式、部位。

(8)电缆分支箱(030408011)项目特征须描述名称，型号，规格，基础形式、材质、规格。

**2. 清单工程量计算规则**

(1)电力电缆、控制电缆以"m"为计量单位，按设计图示尺寸以长度计算(含预留长度及附加长度)。

(2)电缆保护管，电缆槽盒，铺砂、盖保护板以"m"为计量单位，按设计图示尺寸以长度计算。

(3)电力电缆头、控制电缆头以"个"为计量单位，按设计图示数量计算。

(4)防火堵洞以"处"为计量单位，按设计图示数量计算。

(5)防火隔板以"m²"为计量单位，按设计图示尺寸以面积计算。

(6)防火涂料以"kg"为计量单位，按设计图示尺寸以质量计算。

(7)电缆分支箱以"台"为计量单位，按设计图示数量计算。

## 十、防雷及接地装置工程清单工程量计算

**1. 清单项目编码和项目特征**

(1)接地极(030409001)项目特征须描述名称、材质、规格、土质、基础接地形式。

(2)接地母线(030409002)项目特征须描述名称、材质、规格、安装部位、安装形式。

(3)避雷引下线(030409003)项目特征须描述名称，材质，规格，安装部位，安装形式，断接卡子、箱材质、规格。

(4)均压环(030409004)项目特征须描述名称、材质、规格、安装形式。

(5)避雷网(030409005)项目特征须描述名称、材质、规格、安装形式、混凝土块标号。

(6)避雷针(030409006)项目特征须描述名称，材质，规格，安装形式、高度。

(7)半导体少长针消雷装置(030409007)项目特征须描述型号、高度。

(8)等电位端子箱、测试板(030409008),绝缘垫(030409009)项目特征须描述名称、材质、规格。

(9)浪涌保护器(030409010)项目特征须描述名称、规格、安装形式、防雷等级。

(10)降阻剂(030409011)项目特征须描述名称、类型。

2. 清单工程量计算规则

(1)接地极以"根(块)"为计量单位,按设计图示数量计算。

(2)接地母线、避雷引下线、均压环、避雷网以"m"为计量单位,按设计图示尺寸以长度计算(含附加长度)。

(3)避雷针以"根"为计量单位,按设计图示数量计算。

(4)半导体少长针消雷装置以"套"为计量单位,按设计图示数量计算。

(5)等电位端子箱、测试板以"台(块)"为计量单位,按设计图示数量计算。

(6)绝缘垫以"m²"为计量单位,按设计图示尺寸以展开面积计算。

(7)浪涌保护器以"个"为计量单位,按设计图示数量计算。

(8)降阻剂以"kg"为计量单位,按设计图示以质量计算。

## 十一、10 kV 以下架空配电线路工程清单工程量计算

1. 清单项目编码和项目特征

(1)电杆组立(030410001)项目特征须描述名称;材质;规格;类型;地形;土质;底盘、拉盘、卡盘规格;拉线材质、规格、类型;现浇基础类型、钢筋类型、规格,基础垫层要求;电杆防腐要求。

(2)横担组装(030410002)项目特征须描述名称,材质,规格,类型,电压等级(kV),瓷瓶型号、规格,金具品种规格。

(3)导线架设(030410003)项目特征须描述名称、型号、规格、地形、跨越类型。

(4)杆上设备(030410004)项目特征须描述名称,型号,规格,电压等级(kV),支撑架种类、规格,接线端子材质、规格,接地要求。

2. 清单工程量计算规则

(1)电杆组立以"根(基)"为计量单位,按设计图示数量计算。

(2)横担组装以"组"为计量单位,按设计图示数量计算。

(3)导线架设以"km"为计量单位,按设计图示尺寸以单线长度计算(含预留长度)。

(4)杆上设备以"台(组)"为计量单位,按设计图示数量计算。

3. 清单工程量计算示例

【例 5-19】 有一新建工厂,需架设 380 V/220 V 三相四线线路,导线使用裸铝绞线(3×100+1×80),高为 15 m 的水泥杆 12 根,杆距为 30 m,杆上铁横担水平安装一根。试计算其工程量。

【解】 由题可知:

(1)横担组装=12×1=12(组)

(2)电杆组立=12 根

清单工程量计算见表 5-35。

**表 5-35　清单工程量计算表**

| 序号 | 项目编码 | 项目名称 | 项目特征描述 | 计量单位 | 工程量 |
|------|----------|----------|--------------|----------|--------|
| 1 | 030410001001 | 电杆组立 | 15 m 高水泥杆 | 根 | 12 |
| 2 | 030410002001 | 横担组装 | 铁横担 | 组 | 12 |

## 十二、配管、配线工程清单工程量计算

### 1. 清单项目编码和项目特征

(1)配管(030411001)项目特征须描述名称，材质，规格，配置形式，接地要求，钢索材质、规格。

(2)线槽(030411002)项目特征须描述名称、材质、规格。

(3)桥架(030411003)项目特征须描述名称、型号、规格、材质、类型、接地方式。

(4)配线(030411004)项目特征须描述名称，配线形式，型号，规格，材质，配线部位，配线线制，钢索材质、规格。

(5)接线箱(030411005)、接线盒(030411006)项目特征须描述名称、材质、规格、安装形式。

### 2. 清单工程量计算规则

(1)配管、线槽、桥架以"m"为计量单位，按设计图示尺寸以长度计算。

(2)配线以"m"为计量单位，按设计图示尺寸以单线长度计算(含预留长度)。

(3)接线箱、接线盒以"个"为计量单位，按设计图示数量计算。

## 十三、照明器具安装工程清单工程量计算

### 1. 清单项目编码和项目特征

(1)普通灯具(030412001)项目特征须描述名称、型号、规格、类型。

(2)工厂灯(030412002)项目特征须描述名称、型号、规格、安装形式。

(3)高度标志(障碍)灯(030412003)项目特征须描述名称、型号、规格、安装部位、安装高度。

(4)装饰灯(030412004)、荧光灯(030412005)项目特征须描述名称、型号、规格、安装形式。

(5)医疗专用灯(030412006)项目特征须描述名称、型号、规格。

(6)一般路灯(030412007)项目特征须描述名称，型号，规格，灯杆材质、规格，灯架形式及臂长，附件配置要求，灯杆形式(单、双)，基础形式、砂浆配合比，杆座材质、规格，接线端子材质、规格，编号，接地要求。

(7)中杆灯(030412008)项目特征须描述名称，灯杆的材质及高度，灯架的型号、规格，附件配置，光源数量，基础形式、浇筑材质，杆座材质、规格，接线端子材质、规格，铁构件规格，编号，灌浆配合比，接地要求。

(8)高杆灯(030412009)项目特征须描述名称，灯杆高度，灯架形式(成套或组装、固定或升降)，附件配置，光源数量，基础形式、浇筑材质，杆座材质、规格，接线端子材质、

规格，铁构件规格，编号，灌浆配合比，接地要求。

(9)桥栏杆灯(030412010)、地道涵洞灯(030412011)项目特征须描述名称、型号、规格、安装形式。

### 2. 清单工程量计算规则

普通灯具、工厂灯、高度标志(障碍)灯、装饰灯、荧光灯、医疗专用灯、一般路灯、中杆灯、高杆灯、桥栏杆灯、地道涵洞灯以套为计量单位，按设计图示数量计算。

## 十四、附属工程清单工程量计算

### 1. 清单项目编码和项目特征

(1)铁构件(030413001)项目特征须描述名称、材质、规格。

(2)凿(压)槽(030413002)项目特征须描述名称、规格、类型、填充(恢复)方式、混凝土标准。

(3)打洞(孔)(030413003)项目特征须描述名称、规格、类型、填充(恢复)方式、混凝土标准。

(4)管道包封(030413004)项目特征须描述名称、规格、混凝土强度等级。

(5)人(手)孔砌筑(030413005)项目特征须描述名称、规格、类型。

(6)人(手)孔防水(030413006)项目特征须描述名称、类型、规格、防水材质及做法。

### 2. 清单工程量计算规则

(1)铁构件以"kg"为计量单位，按设计图示尺寸以质量计算。

(2)凿(压)槽、管道包封以"m"为计量单位，按设计图示尺寸以长度计算。

(3)打洞(孔)、人(手)孔砌筑以"个"为计量单位，按设计图示数量计算。

(4)人(手)孔防水以"m²"为计量单位，按设计图示防水面积计算。

## 十五、电气调整试验工程清单工程量计算

### 1. 清单项目编码和项目特征

(1)电力变压器系统(030414001)项目特征须描述名称、型号、容量(kV·A)。

(2)送配电装置系统(030414002)项目特征须描述名称、型号、电压等级(kV)、类型。

(3)特殊保护装置(030414003)，自动投入装置(030414004)，中央信号装置(030414005)，事故照明切换装置(030414006)，接地装置(030414011)，电抗器、消弧线圈(030414012)项目特征须描述名称、类型。

(4)不间断电源(030414007)项目特征须描述名称、类型、容量。

(5)母线(030414008)、避雷器(030414009)、电容器(030414010)项目特征须描述名称、电压等级(kV)。

(6)电除尘器(030414013)项目特征须描述名称、型号、规格。

(7)硅整流设备、可控硅整流装置(030414014)项目特征须描述名称、类别、电压(V)、电流(A)。

(8)电缆试验(030414015)项目特征须描述名称、电压等级(kV)。

### 2. 清单工程量计算规则

(1)电力变压器系统，送配电装置系统，事故照明切换装置，不间断电源，硅整流设

备、可控硅整流装置以"系统"为计量单位,按设计图示系统计算。

(2)特殊保护装置以"台(套)"为计量单位,按设计图示数量计算。

(3)自动投入装置以"系统(台、套)"为计量单位,按设计图示数量计算。

(4)中央信号装置以"系统(台)"为计量单位,按设计图示数量计算。

(5)母线以"段"为计量单位,按设计图示数量计算。

(6)避雷器、电容器以"组"为计量单位,按设计图示数量计算。

(7)接地装置以"系统"为计量单位,按设计图示系统计算;或者以"组"为计量单位,按设计图示数量计算。

(8)电抗器、消弧线圈以"台"为计量单位,按设计图示数量计算。

(9)电除尘器以"组"为计量单位,按设计图示数量计算。

(10)电缆试验以"次(根、点)"为计量单位,按设计图示数量计算。

## 本章小结

本章主要介绍电气设备安装工程定额说明和定额工程量计算规则,清单项目编码、项目特征描述和清单工程量计算规则。通过本章的学习,学生应掌握电气设备安装工程定额工程量和费用的计算,清单工程量和综合单价的计算。

## 思考与练习

**一、填空题**

1. 电缆按用途可分为_____、_____、_____等。

2. 配管配线是指由配电箱接到用电器具的供电和控制线路的安装,分为_____、_____两种。

3. 防直击雷装置由_____、_____、_____三部分组成。

4. 根据电气设备安装工程定额说明,在地下室内(含地下车库)、暗室内、净高小于1.6 m楼层、断面小于4 m² 且大于2 m² 隧道或洞内进行安装的工程,定额人工乘以系数_____。

5. 根据电气设备安装工程定额说明,开闭所配电采集器安装定额是按照分散分布式编制的,若实际采用集中组屏形式,执行分散式定额乘以系数_____;若为集中式配电终端安装,可执行环网柜配电采集器定额乘以系数_____。

6. 软母线安装是指直接由耐张绝缘子串悬挂安装,根据母线形式和截面面积或根数,按照设计布置以_____为计量单位。

7. 太阳能电池组装与安装根据设计布置,功率小于或等于_____按照每组电池输出功率,以"组"为计量单位;功率大于_____时,每增加_____计算一组增加工程量,功率小于_____,按照_____计算。

## 二、简答题

1. 如何计算三相变压器、单相变压器、消弧线圈安装定额工程量？

2. 如何计算成套配电柜和成套配电箱的定额工程量？

3. 简述槽形母线安装的定额工程量计算规则。

4. 简述荧光艺术装饰灯具安装的定额工程量计算规则。

5. 整流变压器的清单项目编码是多少？需描述哪些项目特征？其清单工程量计算规则是怎样的？

6. 简述蓄电池安装工程的清单项目编码、项目特征和清单工程量计算规则。

7. 电力电缆的清单项目编码是多少？需描述哪些项目特征？其清单工程量计算规则是怎样的？

8. 电缆试验的清单项目编码是多少？需描述哪些项目特征？其清单工程量计算规则是怎样的？

# 第六章 给水排水、采暖、燃气及其他工程工程量计算

**能力目标**

能计算给水排水、采暖、燃气及其他工程的工程量。

**知识目标**

1. 了解给水排水、室内采暖系统的分类、组成。

2. 掌握给水排水、室内采暖、燃气及其他工程定额说明与定额工程量计算规则。

3. 掌握给水排水、室内采暖、燃气及其他工程清单项目编码和须描述的项目特征，以及清单工程量计算规则。

## 第一节 给水排水、采暖工程概述

### 一、给水排水工程

#### (一)给水排水系统的分类与组成

**1. 系统任务**

建筑给水系统的任务就是根据用户对水质、水量、水压等方面的要求，将水由城市给水管网安全、可靠地输送到安装在室内的各种配水器具、生产用水设备、消防设备等用水点。建筑排水系统的任务是接纳、汇集建筑物内各种卫生器具和用水设备排放的污(废)水，以及屋面的雨(雪)水，并在满足排放要求的条件下将其排入室外排水管网。

**2. 系统分类**

室内给水系统按其用途不同，可划分为生活给水系统、生产给水系统和消防给水系统三类。

(1)生活给水系统。生活给水系统是供民用、公共建筑和工业企业建筑物内部的饮用、

烹调、盥洗、淋浴等生活上的用水。

(2)生产给水系统。生产给水系统用于生产设备的冷却、原料和产品的洗涤、锅炉用水和某些工业的原料用水等。

(3)消防给水系统。消防给水系统主要为建筑物消防系统供水。

根据具体情况，有时将上述三类基本给水系统或其中两类合并设置，如生产、消防共用给水系统，生活、生产共用给水系统，生活、生产、消防共用给水系统等。

### 3. 系统组成

(1)室内给水系统的组成。室内给水系统一般由引入管、干管、立管、支管、阀门、水表、配水龙头或用水设备等组成，供日常生活饮用、盥洗、冲刷等用水。当室外管网水压不足时，尚需设水箱、水泵等加压设备，满足室内任意用水点的用水要求。

(2)室外给水系统的组成。以地面水为水源的给水系统，一般由以下各部分组成：

1)取水构筑物：从天然水源取水的构筑物。

2)一级泵站：从取水构筑物取水后，将水压送至净水构筑物的泵站构筑物。

3)净水构筑物：处理水并使其水质符合要求的构筑物。

4)清水池：收集、储备、调节水量的构筑物。

5)二级泵站：将清水池的水送到水塔或管网的构筑物。

6)输水管：承担由二级泵站至水塔的输水管道。

7)水塔：收集、储备、调节水量并可将水压入配水管网的建筑。

8)配水管网：将水输送至各用户的管道。一般可将室外给水管道狭义地理解为配水网。

### (二)消防水灭火系统简介

#### 1. 消火栓给水系统

(1)低层建筑室内消火栓给水系统。根据设置水泵和水箱情况，可分为无加压泵和水箱的室内消火栓给水系统、设有水箱的室内消火栓给水系统、设有消防水泵和消防水箱的室内消火栓给水系统三种类型。

1)无加压泵和水箱的室内消火栓给水系统。无加压泵和水箱的室内消火栓给水系统室外给水管网的水压和水量任何时候都能满足室内最不利点消火栓的设计水压和水量时，便是常采用这种无加压泵和水箱的室内消火栓给水系统。

2)设有水箱的室内消火栓给水系统。设有水箱的室内消火栓给水系统在水压变化较大、用水量最大时，室外管网不能保证室内最不利点消火栓的水压和水量；而当用水量较少时，室外管网的压力又较大，在能向高位水箱补水的情况下采用这种给水系统。

3)设有消防水泵和消防水箱的室内消火栓给水系统。设有消防水泵和消防水箱的室内消火栓给水系统，当室外给水管网的水压和水量经常不能满足室内消火栓给水系统的水压和水量要求，或室外采用消防水池给水系统时，应设置消防水泵加压，同时设置消防水箱给水系统。

(2)高层建筑室内消火栓给水系统。

1)按服务范围分。按服务范围，可分为独立的室内消火栓给水系统，即每幢高层建筑设置一个单独加压的室内消火栓给水系统；区域集中的室内消火栓给水系统，即数幢或数十幢高层建筑物共用一个加压泵房的室内消火栓给水系统。

2)按建筑高度分。按建筑高度，可分为不分区给水方式消防给水系统和分区给水方式消防给水系统。

3)按消防给水压力分。按消防给水压力，可分为高压消防给水系统、准高压消防给水系统和临时高压消防给水系统。

## 2. 消防水泵接合器

消防水泵接合器是消防队使用消防车从室外水源取水，向室内管网供水的接口。其作用是当建筑物遇大火而消防用水不足时，可通过接合器将水送至室内消防给水管网，补充消防用水量的不足；当室内消防水泵发生故障时，消防车从室外消火栓取水，通过接合器将水送至室内消防给水管网；当室内消防用水不足而消防水泵工作正常时，可通过接合器将水送到位于建筑物内的消防水池。室内消防水泵压力不足时，可通过接合器将水送至室内消防给水管网。

消防水泵接合器可分为地上式、地下式和墙壁式三类。

## 3. 消防水箱

建筑室内消防水箱(包括水塔、气压水罐)是储存扑救初期火灾消防用水的储水设备。它提供扑救初期火灾的水量和保证扑救初期火灾时灭火设备有必要的水压。消防水箱按使用情况，分为专用消防水箱，生活、消防共用水箱，生产、消防共用水箱和生活、生产、消防共用水箱。

## 4. 室外消防水泵接合器及消火栓

(1)消防用水宜采用城市给水管直接供水。当城市给水管道等水源不能确保消防用水要求时，在工程进口以外应设室外消火栓(或消防水池)、水泵接合器。当工程内已设置消防水泵和消防水池时，可不设室外消火栓和水泵接合器。

(2)消防水池的容量，按 1 h 消防用水总量计算。消防水池的补水时间不应超过 48 h。消防用水宜与其他用水合用一个水池，但消防用水应有平时不被用于其他用途的措施。

(3)室外消火栓和水泵接合器的数量应按工程内消防用水总量确定(每个室外消火栓、水泵接合器的流量应按 10~15 L/s 计算)。室外消火栓应设在距工程进口不大于 40 m 的范围内。室外消火栓给水管直径不应小于 100 mm。在距水泵接合器 40 m 的范围内，应设有室外消火栓(或消防水池)。消火栓和水泵接合器应各自有明显的标志。

# 二、室内采暖工程

## 1. 采暖系统的供热方式

采暖系统按热媒种类的不同，可分为热水采暖系统、蒸汽采暖系统和热风采暖系统。

(1)热水采暖系统。热水采暖系统按照水循环动力，可分为两种：一种是自然循环采暖系统；另一种是机械循环采暖系统。自然循环采暖系统内热水是靠水的密度差进行循环的；机械循环采暖系统内热水是靠机械(泵)的动力进行循环的。自然循环采暖系统只适用于低层小型建筑，机械循环采暖系统适用于作用半径大的热水采暖系统。

1)自然循环热水采暖系统。自然循环热水采暖系统一般分为双管系统和单管系统。

2)机械循环热水采暖系统。机械循环热水采暖系统形式与自然循环热水采暖系统形式基本相同，只是机械循环热水采暖系统中增加了水泵装置，对热水加压，使其循环压力升高，使水流速度加快，循环范围加大。

3)高层建筑热水采暖系统。高层建筑热水采暖系统的形式有按层分区垂直式热水采暖系统、水平双线单管热水采暖系统及单、双管混合系统。

(2)蒸汽采暖系统。蒸汽采暖系统按供汽压力，分为低压蒸汽采暖系统和高压蒸汽采暖系统。当供汽压力≤0.07 MPa时，称为低压蒸汽采暖系统；当供汽压力＞0.07 MPa时，称为高压蒸汽采暖系统。

1)低压蒸汽采暖系统。图6-1为一完整的上分式低压蒸汽采暖系统的组成形式示意图。

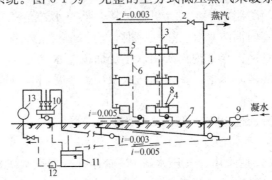

图6-1 上分式低压蒸汽采暖系统示意图

1—总立管；2—蒸汽干管；3—蒸汽立管；4—蒸汽支管；
5—凝水支管；6—凝水立管；7—凝水干管；8—调节阀；9—疏水器；
10—分汽缸；11—凝结水箱；12—凝结水泵；13—锅炉

系统运行时，由锅炉生产的蒸汽经过管道进入散热器内。蒸汽在散热器内凝结成水，放出汽化潜热；通过散热器把热量传给室内空气，维持室内的设计温度。而散热器中的凝结水，经回水管路流回凝结水箱中，再由凝结水泵加压送入锅炉重新加热成水蒸气再送入采暖系统中，如此周而复始地循环运行。

低压蒸汽采暖系统的管路布置可分为双管上分式、下分式、中分式蒸汽采暖系统及单管垂直上分式和下分式蒸汽采暖系统。

低压蒸汽采暖系统管路布置的常用形式、特点及适用范围见表6-1。

表6-1 低压蒸汽采暖系统管路布置常用形式、特点及适用范围

| 形式名称 | 图式 | 特点及适用范围 |
|---|---|---|
| 双管上供下回式 | | 1. 特点<br>(1)常用的双管做法。<br>(2)易产生上热下冷。<br>2. 适用范围<br>室温需调节的多层建筑 |
| 双管下供下回式 | | 1. 特点<br>(1)可缓和上热下冷现象。<br>(2)供汽立管需加大。<br>(3)需设地沟。<br>(4)室内顶层无供汽干管、美观。<br>2. 适用范围<br>室温需调节的多层建筑 |

| 形式名称 | 图式 | 特点及适用范围 |
|---|---|---|
| 双管中供下回式 | | 1. 特点<br>(1)接层方便。<br>(2)与双管上供下回式对比，解决上热下冷有利一些。<br>2. 适用范围<br>顶层无法敷设供汽干管的多层建筑 |
| 单管下供下回式 | | 1. 特点<br>(1)室内顶层无供汽干管，美观。<br>(2)供汽立管要加大。<br>(3)安装简便、造价低。<br>(4)需设地沟。<br>2. 适用范围<br>三层以下建筑 |
| 单管上供下回式 | | 1. 特点<br>(1)常用的单管做法。<br>(2)安装简便、造价低。<br>2. 适用范围<br>多层建筑 |

2)高压蒸汽采暖系统。高压蒸汽采暖系统比低压蒸汽采暖系统供汽压力高，流速大，作用半径大，散热器表面温度高，凝结水温度高，多用于工厂里的采暖。高压蒸汽采暖常用的形式如图 6-2 所示。

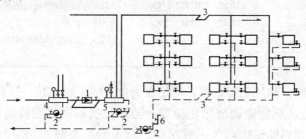

**图 6-2 双管上分式高压蒸汽采暖系统图示**

1—减压阀；2—疏水器；3—伸缩器；4—生产用分汽缸；
5—采暖用分汽缸；6—放气管

高压蒸汽采暖系统一般采用双管上分式系统形式。因为单管系统里蒸汽和凝结水在一根管子里流动，容易产生水击现象。而下分式系统又要求把干管布置在地面上或地沟内，障碍较多，所以很少采用。小的采暖系统可以采用异程双管上分式的系统形式；在系统的作用半径超过 80 m 时，宜采用同程双管上分式系统形式。

高压蒸汽采暖系统管路布置的常用形式、特点及适用范围见表 6-2。

表 6-2 高压蒸汽采暖系统管路布置的常用形式、特点及适用范围

| 形式名称 | 图式 | 特点及适用范围 |
|---|---|---|
| 上供下回式 | | 1. 特点<br>常用的做法,可节约地沟<br>2. 适用范围<br>单层公用建筑或工业厂房 |
| 上供上回式 | | 1. 特点<br>(1)除节省地沟外,检修方便。<br>(2)系统泄水不便。<br>2. 适用范围<br>工业厂房暖风机供暖系统 |
| 水平串联式 | | 1. 特点<br>(1)构造最简单、造价低。<br>(2)散热器接口处易漏水、漏气。<br>2. 适用范围<br>单层公用建筑 |
| 同程辐射板式 | | 1. 特点<br>(1)供热量较均匀。<br>(2)节省地面有效面积。<br>2. 适用范围<br>工业厂房及车间 |
| 双管上供下回式 | | 1. 特点<br>可调节每组散热器的热流量。<br>2. 适用范围<br>多层公用建筑及辅助建筑,作用半径不超过 80 m |

(3)热风采暖系统。热风采暖系统,即热媒为空气的采暖系统。这种系统是用辅助热媒(放热带热体)把热能从热源输送至热交换器,经热交换器把热能传给主要热媒(受热带热体),由主要热媒再把热能输送至各采暖房间。这里的主要热媒是空气。如热风机采暖系统、热泵采暖系统,均为热风采暖系统。

2. 室内采暖系统的组成

室内采暖系统一般是由管道、水箱、用热设备、开关调节配件等组成。其中,热水采暖系统的设备包括散热器、膨胀水箱、补给水箱、集气罐、除污器、放气阀及其他附件等。蒸汽采暖系统的设备除散热器外,还有冷凝水收集箱、减压器及疏水器等。

室内采暖的管道分为导管、立管和支管。一般由热水(或蒸汽)干管、回水(或冷凝水)干管接至散热器支管组成。导管多用无缝钢管,立管、支管多采用焊接钢管(镀锌或不镀锌)。管道的连接方式有焊接和丝接两种。直径在 32 mm 以上时,多采用焊接;直径在 32 mm 以下时,采用丝接。

# 第二节  给水排水、采暖、燃气及其他工程定额工程量计算

## 一、给水排水、采暖、燃气及其他工程定额说明

(1)《通用安装工程消耗量定额》(TY02—31—2015)第十册《给排水、采暖、燃气工程》适用于工业与民用建筑的生活用给水排水、采暖、空调水、燃气系统中的管道、附件、器具及附属设备等安装工程。

(2)本册定额[①]不包括以下内容:

1)工业管道、生产生活共用的管道,锅炉房、泵房、站类管道以及建筑物内加压泵房、空调制冷机房、消防泵房的管道,管道焊缝热处理、无损探伤,医疗气体管道执行《通用安装工程消耗量定额》(TY02—31—2015)第八册《工业管道工程》相应项目。

2)本册定额未包括的采暖、给水排水设备安装,执行《通用安装工程消耗量定额》(TY02—31—2015)第一册《机械设备安装工程》、《通用安装工程消耗量定额》(TY02—31—2015)第三册《静置设备与工艺金属结构制作安装工程》等相应项目。

3)给水排水、采暖设备、器具等电气检查、接线工作,执行《通用安装工程消耗量定额》(TY02—31—2015)第四册《电气设备安装工程》相应项目。

4)刷油、防腐蚀、绝热工程执行《通用安装工程消耗量定额》(TY02—31—2015)第十二册《刷油、防腐蚀、绝热工程》相应项目。

(3)本册定额凡涉及管沟、工作坑及井类的土方开挖、回填、运输、垫层、基础、砌筑、地沟盖板预制安装、路面开挖及修复、管道混凝土支墩的项目,以及混凝土管道、水泥管道安装执行相关定额项目。

(4)下列费用可按系数分别计取:

1)脚手架搭拆费按定额人工费的5%计算,其费用中,人工费占35%。单独承担的室外埋地管道工程,不计取该费用。

2)操作高度增加费:定额中操作物高度以距楼地面3.6 m为限,超过3.6 m时,超过部分工程量按定额人工费乘以表6-3系数计算。

表6-3  操作高度增加费系数

| 操作物高度/m | ≤10 | ≤30 | ≤50 |
|---|---|---|---|
| 系数 | 1.10 | 1.20 | 1.50 |

3)建筑物超高增加费,是指高度在6层或20 m以上的工业与民用建筑物上进行安装时增加的费用,按表6-4计算,其费用中,人工费占65%。

---

①本章中所指"本册定额"均为《通用安装工程消耗量定额》(TY02—31—2015)第十册《给排水、采暖、燃气工程》。

表 6-4　建筑物超高增加费

| 建筑物檐高/m | ≤40 | ≤60 | ≤80 | ≤100 | ≤120 | ≤140 | ≤160 | ≤180 | ≤200 |
|---|---|---|---|---|---|---|---|---|---|
| 建筑层数/层 | ≤12 | ≤18 | ≤24 | ≤30 | ≤36 | ≤42 | ≤48 | ≤54 | ≤60 |
| 按人工费的百分比/% | 2 | 5 | 9 | 14 | 20 | 26 | 32 | 38 | 44 |

4)在洞库、暗室及已封闭的管道间(井)、地沟、吊顶内安装的项目,人工、机械乘以系数 1.20。

5)采暖工程系统调整费按采暖系统工程人工费的 10% 计算,其费用中人工费占 35%。

6)空调水系统调整费按空调水系统工程(含冷凝水管)人工费的 10% 计算,其费用中,人工费占 35%。

(5)本册定额与市政管网工程的界线划分:

1)给水、采暖管道以与市政管道碰头点或以计量表、阀门(井)为界。

2)室外排水管道以与市政管道碰头井为界。

3)燃气管道以与市政管道碰头点为界。

(6)本册定额各项目中,均包括安装物的外观检查。

## 二、给水排水管道工程定额工程量计算

1. 定额说明

(1)本册定额给水排水管道部分适用于室内外生活用给水排水管道的安装,包括镀锌钢管、钢管、不锈钢管、铜管、铸铁管、塑料管、复合管等不同材质的管道安装及室外管道碰头等项目。

(2)管道的界限划分:

1)室内外给水管道以建筑物外墙皮 1.5 m 为界,建筑物入口处设阀门的,以阀门为界。

2)室内外排水管道以出户第一个排水检查井为界。

3)与工业管道的界线以与工业管道碰头点为界。

4)与设在建筑物内的水泵房(间)管道以泵房(间)外墙皮为界。

(3)室外管道安装不分地上与地下,均执行同一子目。

(4)管道的适用范围:

1)给水管道适用于生活饮用水、热水、中水及压力排水等管道的安装。

2)塑料管安装适用于 UPVC、PVC、PP-C、PP-R、PE、PB 管等塑料管安装。

3)镀锌钢管(螺纹连接)项目适用于室内外焊接钢管的螺纹连接。

4)钢塑复合管安装适用于内涂塑、内外涂塑、内衬塑、外覆塑内衬塑复合管道安装。

5)钢管沟槽连接适用于镀锌钢管、焊接钢管及无缝钢管等沟槽连接的管道安装。不锈钢管、铜管、复合管的沟槽连接,可参照执行。

(5)有关说明:

1)管道安装项目中,均包括相应管件安装、水压试验及水冲洗工作内容。各种管件数量系综合取定,执行定额时,成品管件数量可依据设计文件及施工方案或参照本册定额附录"管道管件数量取定表"计算,定额中其他消耗量均不做调整。

本册定额管件含量中,不含与螺纹阀门配套的活接、对丝,其用量含在螺纹阀门安装项目中。

2)钢管焊接安装项目中均综合考虑了成品管件和现场煨制弯管、摔制大小头、挖眼三通。

3)管道安装项目中，除室内直埋塑料给水管项目中已包括管卡安装外，均不包括管道支架、管卡、托钩等制作安装以及管道穿墙、楼板套管制作安装、预留孔洞、堵洞、打洞、凿槽等工作内容，发生时，应按本册定额第十一章相应项目另行计算。

4)管道安装定额中包括水压试验及水冲洗内容，管道的消毒冲洗应按本册定额第十一章相应项目另行计算。排(雨)水管道包括灌水(闭水)及通球试验工作内容；排水管道不包括止水环、透气帽本体材料，发生时按实际数量另计材料费。

5)室内柔性铸铁排水管(机械接口)按带法兰承口的承插式管材考虑。

6)雨水管系统中的雨水斗安装执行本册定额第六章相应项目。

7)塑料管热熔连接公称外径 $DN125$ 及以上管径按热熔对接连接考虑。

8)室内直埋塑料管道是指敷设于室内地坪下或墙内的塑料给水管段。它包括充压隐蔽、水压试验、水冲洗以及地面划线标示等工作内容。

9)安装带保温层的管道时，可执行相应材质及连接形式的管道安装项目，其人工乘以系数1.10；管道接头保温执行《通用安装工程消耗量定额》(TY02—31—2015)第十二册《刷油、防腐蚀、绝热工程》，其人工、机械乘以系数2.0。

10)室外管道碰头项目适用于新建管道与已有水源管道的碰头连接，如已有水源管道已做预留接口，则不执行相应安装项目。

## 2. 定额工程量计算规则

(1)各类管道安装按室内外、材质、连接形式、规格分别列项，以"10 m"为计量单位。定额中，铜管、塑料管、复合管(除钢塑复合管外)按公称外径表示，其他管道均按公称直径表示。

(2)各类管道安装工程量，均按设计管道中心线长度，以"10 m"为计量单位，不扣除阀门、管件、附件(包括器具组成)及井类所占长度。

(3)室内给水排水管道与卫生器具连接的分界线：

1)给水管道工程量计算至卫生器具(含附件)前与管道系统连接的第一个连接件(角阀、三通、弯头、管箍等)止；

2)排水管道工程量自卫生器具出口处的地面或墙面的设计尺寸算起；与地漏连接的排水管道自地面设计尺寸算起，不扣除地漏所占长度。

## 3. 定额工程量计算示例

【例 6-1】 某建筑的屋顶排水系统如图 6-3 所示，该建筑采用天沟外排水系统排水，排水管采用承插塑料管 $DN50$。试计算塑料排水管工程量。

【解】 根据定额计算规则，各类管道安装工程量，均按设计管道中心线长度，以"10 m"为计量单位，不扣除阀门、管件、附件(包括器具组成)及井类所占长度。

塑料管工程量＝(9.50－9.00)＋1.0＋9＋1.7＋0.8＝13(m)＝1.3(10 m)

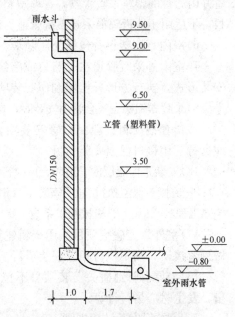

图 6-3 某建筑的屋顶排水系统图

### 三、采暖管道工程定额工程量计算

**1. 定额说明**

(1)本册定额适用于室内外采暖管道的安装，包括镀锌钢管、钢管、塑料管、直埋式预制保温管以及室外管道碰头等项目。

(2)管道的界限划分：

1)室内外管道以建筑物外墙皮1.5 m为界；建筑物入口处设阀门者，以阀门为界，室外设有采暖入口装置者，以入口装置循环管三通为界。

2)与工业管道的界限，以锅炉房或热力站外墙皮1.5 m为界。

3)与设在建筑物内的换热站管道以站房外墙皮为界。

(3)室外管道安装不分地上与地下，均执行同一子目。

(4)有关说明：

1)管道安装项目中，均包括相应管件安装、水压试验及水冲洗工作内容。各种管件数量系综合取定，执行定额时，成品管件数量可依据设计文件及施工方案或参照本册定额附录"管道管件数量取定表"计算，定额中其他消耗量均不做调整。

本章定额管件含量中，不含与螺纹阀门配套的活接、对丝，其用量含在螺纹阀门安装项目中。

2)钢管焊接安装项目中，均综合考虑了成品管件和现场煨制弯管、摔制大小头、挖眼三通。

3)管道安装项目中，除室内直埋塑料管道中已包括管卡安装外，其他管道项目均不包括管道支架、管卡、托钩等制作安装以及管道穿墙、楼板套管制作安装、预留孔洞、堵洞、打洞、凿槽等工作内容。发生时，应按本册定额第十一章相应项目另行计算。

4)镀锌钢管(螺纹连接)项目适用于室内外焊接钢管的螺纹连接。

5)采暖室内直埋塑料管道是指敷设于室内地坪下或墙内的由采暖分集水器连接散热器及管井内立管的塑料采暖管段。直埋塑料管分别设置了热熔管件连接和无接口敷设两项定额项目，不适用于地板辐射采暖系统管道。地板辐射采暖系统管道执行本册定额第七章相应项目。

6)室内直埋塑料管包括充压隐蔽、水压试验、水冲洗以及地面划线标示工作内容。

7)室内外采暖管道在过路门或跨绕梁、柱等障碍时，如发生类似于方形补偿器的管道安装形式，执行方形补偿器制作安装项目。

8)采暖塑铝稳态复合管道安装时，按相应塑料管道安装项目人工乘以系数1.1，其他不变。

9)塑套钢预制直埋保温管安装项目中已包括管件安装，但不包括接口保温，发生时，应另行套用接口保温安装项目。

10)安装带保温层的管道时，可执行相应材质及连接形式的管道安装项目，其人工乘以系数1.1；管道接头保温执行《通用安装工程消耗量定额》(TY02—31—2015)第十二册《刷油、防腐蚀、绝热工程》，其人工、机械乘以系数2.0。

11)室外管道碰头项目适用于新建管道与已有热源管道的碰头连接，如已有热源管道已做预留接口，则不执行相应安装项目。

12)与原有管道碰头安装项目不包括与供热部门的配合协调工作以及通水试验的用水量，发生时应另行计算。

**2. 定额工程量计算规则**

(1)各类管道安装按室内外、材质、连接形式、规格分别列项，以"10 m"为计量单位。

定额中塑料管按公称外径表示，其他管道均按公称直径表示。

（2）各类管道安装工程量，均按设计管道中心线长度，以"10 m"为计量单位，不扣除阀门、管件、附件所占长度。

（3）方形补偿器所占长度计入管道安装工程量。方形补偿器制作安装应执行本册定额第五章相应项目。

（4）与分集水器进出口连接的管道工程量，应计算至分集水器中心线位置。

（5）直埋保温管保温层补口分管径，以"个"为计量单位。

（6）与原有采暖热源钢管碰头，区分带介质、不带介质两种情况，按新接支管公称管径列项，以"处"为计量单位。每处含有供、回水两条管道碰头连接。

## 四、空调水管道工程定额工程量计算

1. 定额说明

（1）本册定额空调水管道部分适用于室内空调水管道安装，包括镀锌钢管、钢管、塑料管等项目。

（2）管道的界限划分：

1）室内外管道以建筑物外墙皮 1.5 m 为界；建筑物入口处设阀门的，以阀门为界。

2）与设在建筑物内的空调机房管道以机房外墙皮为界。

（3）室外管道执行本册定额第二章采暖室外管道安装相应项目。

（4）有关说明：

1）管道安装项目中，均包括相应管件安装、水压试验及水冲洗工作内容。各种管件数量系综合取定，执行定额时，成品管件数量可依据设计文件及施工方案或参照本册定额附录"管道管件数量取定表"计算，定额中其他消耗量均不做调整。

本册定额管件含量中不含与螺纹阀门配套的活接、对丝，其用量含在螺纹阀门安装项目中。

2）钢管焊接安装项目中，均综合考虑了成品管件和现场煨制弯管、摔制大小头、挖眼三通。

3）管道安装项目中，均不包括管道支架、管卡、托钩等制作安装以及管道穿墙、楼板套管制作安装、预留孔洞、堵洞、打洞、凿槽等工作内容，发生时，应按本册定额第十一章相应项目另行计算。

4）镀锌钢管（螺纹连接）安装项目适用于空调水系统中采用螺纹连接的焊接钢管、钢塑复合管的安装项目。

5）空调冷热水镀锌钢管（沟槽连接）安装项目适用于空调冷热水系统中采用沟槽连接的 DN150 以下焊接钢管的安装。

6）室内空调机房与空调冷却塔之间的冷却水管道执行空调冷热水管道。

7）空调凝结水管道安装项目是按集中空调系统编制的，并适用于户用单体空调设备的凝结水管道系统的安装。

8）室内空调水管道在过路口或跨绕梁、柱等障碍时，如发生类似于方形补偿器的管道安装形式，执行方形补偿器制作安装项目。

9）安装带保温层的管道时，可执行相应材质及连接形式的管道安装项目，其人工乘以系数 1.1；管道接头保温执行《通用安装工程消耗定额》（TY02—31—2015）第十二册《刷油、防腐蚀、绝热工程》，其人工、机械乘以系数 2.0。

**2. 定额工程量计算规则**

(1)各类管道安装按室内外、材质、连接形式、规格分别列项，以"10 m"为计量单位。定额中除塑料管按公称外径表示外，其他管道均按公称直径表示。

(2)各类管道安装工程量，均按设计管道中心线长度，以"10 m"为计量单位，不扣除阀门、管件、附件所占长度。

(3)方形补偿器所占长度计入管道安装工程量。方形补偿器制作安装应执行本册定额第五章相应项目。

## 五、燃气管道工程定额工程量计算

**1. 定额说明**

(1)本册定额燃气管道部分适用于室内外燃气管道的安装，包括镀锌钢管、钢管、不锈钢管、铜管、铸铁管、塑料管、复合管等管道安装，室外管道碰头、氮气置换及警示带、示踪线、地面警示标志桩安装等项目。

(2)管道的界限划分：

1)地下引入室内的管道以室内第一个阀门为界。

2)地上引入室内的管道以墙外三通为界。

(3)燃气管道安装项目适用于工作压力小于或等于0.4 MPa(中压 A)的燃气系统。如铸铁管道工作压力大于0.2 MPa，安装人工乘以系数1.3。

(4)室外管道安装不分地上与地下，均执行同一子目。

(5)有关说明：

1)管道安装项目中，均包括管道及管件安装、强度试验、严密性试验、空气吹扫等内容。各种管件均按成品管件安装考虑，其数量系综合取定，执行定额时，管件数量可依据设计文件及施工方案或参照本册定额附录"管道管件数量取定表"计算，定额中其他消耗量均不做调整。

本册定额管件含量中不含与螺纹阀门配套的活接、对丝，其用量含在螺纹阀门安装项目中。

2)管道安装项目中，均不包括管道支架、管卡、托钩等制作安装以及管道穿墙、楼板套管制作安装、预留孔洞、堵洞、打洞、凿槽等工作内容，发生时，应按本册定额第十一章相应项目另行计算。

3)已验收合格但未及时投入使用的管道，使用前需做强度试验、严密性试验、空气吹扫的，执行《通用安装工程消耗量定额》(TY02—31—2015)第八册《工业管道工程》相应项目。

4)燃气检漏管安装执行相应材质的管道安装项目。

5)成品防腐管道需做电火花检测的，可另行计算。

6)室外管道碰头项目适用于新建管道与已有气源管道的碰头连接，如已有气源管道已做预留接口，则不执行相应安装项目。

与已有管道碰头项目中，不包含氮气置换、连接后的单独试压以及带气施工措施费，应根据施工方案另行计算。

**2. 定额工程量计算规则**

(1)各类管道安装按室内外、材质、连接形式、规格分别列项，以"10 m"为计量单位。

定额中铜管、塑料管、复合管按公称外径表示，其他管道均按公称直径表示。

（2）各类管道安装工程量，均按设计管道中心线长度，以"10 m"为计量单位，不扣除阀门、管件、附件及井类所占长度。

（3）与已有管道碰头项目，除钢管带介质碰头、塑料管带介质碰头以及支管管径外，其他项目均按主管管径，以"处"为计量单位。

（4）氮气置换区分管径，以"100 m"为计量单位。

（5）警示带、示踪线安装，以"100 m"为计量单位。

（6）地面警示标志桩安装，以"10 个"为计量单位。

## 六、管道附件定额工程量计算

### 1. 定额说明

（1）本册定额管道附件部分包括螺纹阀门、法兰阀门、塑料阀门、沟槽阀门、法兰、减压器、疏水器、除污器、水表、热量表、倒流防止器、水锤消除器、补偿器、软接头（软管）、塑料排水管消声器、浮标液面计、浮标水位标尺等安装。

（2）阀门安装均综合考虑了标准规范要求的强度及严密性试验工作内容。若采用气压试验，除定额人工外，其他相关消耗量可进行调整。

（3）安全阀安装后进行压力调整的，其人工乘以系数 2.0。螺纹三通阀安装按螺纹阀门安装项目乘以系数 1.3。

（4）电磁阀、温控阀安装项目均包括了配合调试工作内容，不再重复计算。

（5）对夹式蝶阀安装已含双头螺栓用量，在套用与其连接的法兰安装项目时，应将法兰安装项目中的螺栓用量扣除。浮球阀安装已包括了联杆及浮球的安装。

（6）与螺纹阀门配套的连接件，如设计与定额中材质不同，可按设计进行调整。

（7）法兰阀门、法兰式附件安装项目均不包括法兰安装，应另行套用相应法兰安装项目。

（8）每副法兰和法兰式附件安装项目中，均包括一个垫片和一副法兰螺栓的材料用量。各种法兰连接用垫片均按石棉橡胶板考虑，如工程要求采用其他材质的，可按实调整。

（9）减压器、疏水器安装均按组成安装考虑，分别依据《国家建筑标准设计图集》01SS105 和 05R407 编制。疏水器组成安装未包括止回阀安装，若安装止回阀，执行阀门安装相应项目。单独安装减压器、疏水器时，执行阀门安装相应项目。

（10）除污器组成安装依据《国家建筑标准设计图集》03R402 编制，适用于立式、卧式和旋流式除污器组成安装。单个过滤器安装执行阀门安装相应项目，人工乘以系数 1.2。

（11）普通水表、IC 卡水表安装不包括水表前的阀门安装。水表安装定额是按与钢管连接编制的，若与塑料管连接，其人工乘以系数 0.6，材料、机械消耗量可按实调整。

（12）水表组成安装是依据《国家建筑标准设计图集》05S502 编制的。法兰水表（带旁通管）组成安装中，三通、弯头均按成品管件考虑。

（13）热量表组成安装是依据《国家建筑标准设计图集》10K509、10R504 编制的。如实际组成与此不同，可按法兰、阀门等附件安装相应项目计算或调整。

（14）倒流防止器组成安装是根据《国家建筑标准设计图集》12S108—1 编制的，按连接方式不同，分为带水表与不带水表安装。

(15)器具组成安装项目已包括标准设计图集中的旁通管安装,旁通连接管所占长度不再另计管道工程量。

(16)器具组成安装均分别依据现行相关标准图集编制,其中连接管、管件均按钢制管道、管件及附件考虑。如实际采用其他材质组成安装,则按相应项目分别计算。

器具附件组成如实际与定额不同,可按法兰、阀门等附件安装相应项目分别计算或调整。

(17)补偿器项目包括方形补偿器制作安装和焊接式、法兰式成品补偿器安装,成品补偿器包括球形、填料式、波纹式补偿器。补偿器安装项目中,包括就位前进行预拉(压)工作。

(18)法兰式软接头安装适用于法兰式橡胶及金属挠性接头安装。

(19)塑料排水管消声器安装按成品考虑。

(20)浮标液面计、水位标尺分别依据《采暖通风国家标准图集》N102—3 和《全国通用给水排水标准图集》S318 编制,如设计与标准图集不符,主要材料可做调整,其他不变。

(21)本册定额管道附件部分所有安装项目均不包括固定支架的制作安装,发生时执行本册定额第十一章相应项目。

2. 定额工程量计算规则

(1)各种阀门、补偿器、软接头、普通水表、IC 卡水表、水锤消除器、塑料排水管消声器安装,均按照不同连接方式、公称直径,以"个"为计量单位。

(2)减压器、疏水器、水表、倒流防止器、热量表组成安装,按照不同组成结构、连接方式、公称直径,以"组"为计量单位。减压器安装按高压侧的直径计算。

(3)卡紧式软管按照不同管径,以"根"为计量单位。

(4)法兰均区分不同公称直径,以"副"为计量单位。承插盘法兰短管按照不同连接方式、公称直径,以"副"为计量单位。

(5)浮标液面计、浮漂水位标尺区分不同的型号,以"组"为计量单位。

3. 定额工程量计算示例

【例 6-2】 已知某设计图示,需安装 $DN25$ 螺纹阀门 10 个。求螺纹阀门工程量。

【解】 螺纹阀门工程量=10 个

# 七、卫生器具定额工程量计算

1. 定额说明

(1)本册定额卫生器具部分所有卫生器具是参照国家建筑标准设计图集《排水设备及卫生器具安装》(2010 年合订本)中有关标准图编制的,其包括浴缸(盆)、净身盆、洗脸盆、洗涤盆、化验盆、大便器、小便器、烘手器、淋浴器、淋浴间、桑拿浴房、大小便器自动冲洗水箱、给水排水附件、小便槽冲洗管制作安装、蒸汽-水加热器、冷热水混合器、饮水器和隔油器等器具安装项目。

(2)各类卫生器具安装项目除另有标注外,均适用于各种材质。

(3)各类卫生器具安装项目包括卫生器具本体、配套附件、成品支托架安装。各类卫生器具配套附件是指给水附件(水嘴、金属软管、阀门、冲洗管、喷头等)和排水附件(下水口、排水栓、存水弯、与地面或墙面排水口间的排水连接管等)。

(4)各类卫生器具所用附件已列出消耗量,如随设备或器具配套供应时,其消耗量不得重复计算。

各类卫生器具支托架如现场制作时，执行本册定额第十一章相应项目。

（5）浴盆冷热水带喷头若采用埋入式安装时，混合水管及管件消耗量应另行计算。按摩浴盆包括配套小型循环设备（过滤罐、水泵、按摩泵、气泵等）安装，其循环管路材料、配件等均按成套供货考虑。浴盆底部所需要填充的干砂材料消耗量另行计算。

（6）液压脚踏卫生器具安装执行本册定额卫生器具部分相应定额，人工乘以系数1.3，液压脚踏装置材料消耗量另行计算。如水嘴、喷头等配件随液压阀及控制器成套供应时，应扣除定额中的相应材料，不得重复计取。

卫生器具所用液压脚踏装置包括配套的控制器、液压脚踏开关及其液压连接软管等配套附件。

（7）大、小便器冲洗（弯）管均按成品考虑。大便器安装已包括柔性连接头或胶皮碗。

（8）大、小便槽自动冲洗水箱安装中，已包括水箱和冲洗管的成品支托架、管卡安装，水箱支托架及管卡的制作及刷漆，应按相应定额项目另行计算。

（9）与卫生器具配套的电气安装，应执行《通用安装工程消耗量定额》（TY02—31—2015）第四册《电气设备安装工程》相应项目。

（10）各类卫生器具的混凝土或砖基础、周边砌砖、瓷砖粘贴、蹲式大便器蹲台砌筑、台式洗脸盆的台面，浴厕配件安装，应执行《房屋建筑与装饰工程消耗量定额》（TY01—31—2015）相应项目。

（11）本册定额卫生器具部分所有项目安装不包括预留、堵孔洞，发生时执行本册定额第十一章相应项目。

2. 定额工程量计算规则

（1）各种卫生器具均按设计图示数量计算，以"10组"或"10套"为计量单位。

（2）大便槽、小便槽自动冲洗水箱安装分容积按设计图示数量，以"10套"为计量单位。大、小便槽自动冲洗水箱制作不分规格，以"100 kg"为计量单位。

（3）小便槽冲洗管制作与安装按设计图示长度以"10 m"为计量单位，不扣除管件所占的长度。

（4）湿蒸房依据使用人数，以"座"为计量单位。

（5）隔油器区分安装方式和进水管径，以"套"为计量单位。

3. 定额工程量计算示例

【例6-3】 某工程安装洗脸盆5组，由冷水钢管组成。试计算定额工程量。

【解】 洗脸盆工程量＝5组＝0.5（10组）

# 八、供暖器具工程定额工程量计算

1. 定额说明

（1）本册定额供暖器具部分包括铸铁散热器安装，钢制散热器及其他成品散热器安装，光排管散热器制作安装，暖风机安装，地板辐射采暖，热媒集配装置安装。

（2）散热器安装项目系参考《国家建筑标准设计图集》10K509、10R504编制。除另有说明外，各型散热器均包括散热器成品支托架（钩、卡）安装和安装前的水压试验以及系统水压试验。

（3）各型散热器不分明装、暗装，均按材质、类型执行同一定额子目。

（4）各型散热器的成品支托架（钩、卡）安装，是按采用膨胀螺栓固定编制的，如工程要求与定额不同时，可按照本册定额第十一章有关项目进行调整。

（5）铸铁散热器按柱型（柱翼型）编制，区分带足、不带足两种安装方式。成组铸铁散热器、光排管散热器如发生现场进行除锈刷漆时，执行《通用安装工程消耗量定额》（TY02—31—2015）第十二册《刷油、防腐蚀、绝热工程》相应项目。

（6）钢制板式散热器安装无论是否带对流片，均按安装形式和规格执行同一项目。钢制卫浴散热器执行钢制单板板式散热器安装项目。钢制扁管散热器分别执行单板、双板钢制板式散热器安装定额项目，其人工乘以系数1.2。

（7）钢制翅片管散热器安装项目包括安装随散热器供应的成品对流罩，如工程不要求安装随散热器供应的成品对流罩时，每组扣减0.03工日。

（8）钢制板式散热器、金属复合散热器、艺术造型散热器的固定组件，按随散热器配套供应编制，如散热器未配套供应，应增加相应材料的消耗量。

（9）光排管散热器安装不分A型、B型执行同一定额子目。光排管散热器制作项目已包括联管、支撑管所用人工与材料。

（10）手动放气阀的安装执行本册定额第五章相应项目。如随散热器已配套安装就位时，不得重复计算。

（11）暖风机安装项目不包括支架制作安装，其制作安装按照本册定额第十一章相应项目另行计算。

（12）地板辐射采暖塑料管道敷设项目包括固定管道的塑料卡钉（管卡）安装、局部套管敷设及地面浇筑的配合用工。如工程要求固定管道的方式与定额不同时，固定管道的材料可按设计要求进行调整，其他不变。

（13）地板辐射采暖的隔热板项目中的塑料薄膜，是指在接触土壤或室外空气的楼板与绝热层之间所铺设的塑料薄膜防潮层。如隔热板带有保护层（铝箔），应扣除塑料薄膜材料消耗量。

地板辐射采暖塑料管道在跨越建筑物的伸缩缝、沉降缝时所铺设的塑料板条，应按照边界保温带安装项目计算，塑料板条材料消耗量可按设计要求的厚度、宽度进行调整。

（14）成组热媒集配装置包括成品分集水器和配套供应的固定支架及与分支管连接的部件。固定支架如不随分集水器配套供应，需现场制作时，按照本册定额第十一章相应项目另行计算。

2. 定额工程量计算规则

（1）铸铁散热器安装分落地安装、挂式安装。铸铁散热器组对安装以"10片"为计量单位；成组铸铁散热器安装按每组片数以"组"为计量单位。

（2）钢制柱式散热器安装按每组片数，以"组"为计量单位；闭式散热器安装以"片"为计量单位；其他成品散热器安装以"组"为计量单位。

（3）艺术造型散热器按与墙面的正投影（高×长）计算面积，以"组"为计量单位。不规则形状以正投影轮廓的最大高度乘以最大长度计算面积。

（4）光排管散热器制作分A型、B型，区分排管公称直径，按图示散热器长度计算排管长度以"10 m"为计量单位，其中联管、支撑管不计入排管工程量；光排管散热器安装不分A型、B型，区分排管公称直径，按光排管散热器长度以"组"为计量单位。

（5）暖风机安装按设备重量，以"台"为计量单位。

（6）地板辐射采暖管道区分管道外径，按设计图示中心线长度计算，以"10 m"为计量单位。保护层(铝箔)、隔热板、钢丝网按设计图示尺寸计算实际铺设面积,以"10 m²"为计量单位。边界保温带按设计图示长度以"10 m"为计量单位。

(7)热媒集配装置安装区分带箱、不带箱,按分支管环路数以"组"为计量单位。

### 3. 定额工程量计算示例

**【例6-4】** 某工程安装B型光排管散热器D45—1.5—4,共12组。试计算定额工程量。

**【解】** 根据定额,光排管散热器制作分A型、B型,区分排管公称直径,按图示散热器长度计算排管长度以"10 m"为计量单位,其中联管、支撑管不计入排管工程量;光排管散热器安装不分A型、B型,区分排管公称直径,按光排管散热器长度以"组"为计量单位。

D45—1.5—4光排管散热器表示排管外径为45 mm,排管长度为1.5 m,排管排数为4排,则

光排管长度=1.5×4×12=72(m)

光排管散热器制作工程量=7.2(10 m)

光排管散热器安装工程量=12组

## 九、燃气器具及其他定额工程量计算

### 1. 定额说明

(1)本册定额燃气器具及其他部分包括燃气开水炉安装,燃气采暖炉安装,燃气沸水器、消毒器、燃气快速热水器安装,燃气表,燃气灶具,气嘴,调压器安装,调压箱、调压装置,燃气凝水缸,燃气管道调长器安装,引入口保护罩安装等。

(2)各种燃气炉(器)具安装项目,均包括本体及随炉(器)具配套附件的安装。

(3)壁挂式燃气采暖炉安装子目,考虑了随设备配备的托盘、挂装支架的安装。

(4)膜式燃气表安装项目适用于螺纹连接的民用或公用膜式燃气表,IC卡膜式燃气表安装按膜式燃气表安装项目,其人工乘以系数1.1。

膜式燃气表安装项目中列有2个表接头,如随燃气表配套表接头时,应扣除所列表接头。膜式燃气表安装项目中不包括表托架制作安装,发生时根据工程要求另行计算。

(5)燃气流量计适用于法兰连接的腰轮(罗茨)燃气流量计、涡轮燃气流量计。

(6)法兰式燃气流量计、流量计控制器、调压器、燃气管道调长器安装项目均包括与法兰连接一侧所用的螺栓、垫片。

(7)成品钢制凝水缸、铸铁凝水缸、塑料凝水缸安装,按中压和低压分别列项,是依据《燃气工程设计施工》05R502进行编制的。凝水缸安装项目包括凝水缸本体、抽水管及其附件、管件安装以及与管道系统的连接。低压凝水缸还包括混凝土基座及铸铁护罩的安装。中压凝水缸不包括井室部分、凝水缸的防腐处理,发生时执行其他相应项目。

(8)燃气管道调长器安装项目适用于法兰式波纹补偿器和套筒式补偿器的安装。

(9)燃气调压箱安装按壁挂式和落地式分别列项,其中落地式区分单路和双路。调压箱安装不包括支架制作安装、保护台、底座的砌筑,发生时执行其他相应项目。

(10)燃气管道引入口保护罩安装按分体型保护罩和整体型保护罩分别列项。砖砌引入口保护台及引入管的保温、防腐应执行其他相关定额。

(11)户内家用可燃气体检测报警器与电磁阀成套安装的,执行本册定额第五章中螺纹电磁阀项目,人工乘以系数1.3。

### 2. 定额工程量计算规则

(1)燃气开水炉、采暖炉、沸水器、消毒器、热水器以"台"为计量单位。

(2)膜式燃气表安装按不同规格型号，以"块"为计量单位；燃气流量计安装区分不同管径，以"台"为计量单位；流量计控制器区分不同管径，以"个"为计量单位。

(3)燃气灶具区分民用灶具和公用灶具，以"台"为计量单位。

(4)气嘴安装以"个"为计量单位。

(5)调压器、调压箱(柜)区分不同进口管径，以"台"为计量单位。

(6)燃气管道调长器区分不同管径，以"个"为计量单位。

(7)燃气凝水缸区分压力、材质、管径，以"套"为计量单位。

(8)引入口保护罩安装以"个"为计量单位。

### 3. 定额工程量计算示例

【例6-5】 某工程安装JZT2双眼天然气灶6台。试计算其工程量。

【解】 双眼灶工程量＝6台

## 十、采暖、给水排水设备定额工程量计算

### 1. 定额说明

(1)本册定额采暖、给水排水设备部分适用于采暖、生活给水排水系统中的变频给水设备、稳压给水设备、无负压给水设备、气压罐、太阳能集热装置、地源(水源、气源)热泵机组、除砂器、水处理器、水箱自洁器、水质净化器、紫外线杀菌设备、热水器、开水炉、消毒器、消毒锅、直饮水设备、水箱制作安装等项目。

(2)本册定额采暖、给水排水设备部分设备安装定额中均包括设备本体以及与其配套的管道、附件、部件的安装和单机试运转或水压试验、通水调试等内容，均不包括与设备外接的第一片法兰或第一个连接口以外的安装工程量，发生时应另行计算。设备安装项目中包括与本体配套的压力表、温度计等附件的安装，如实际未随设备供应附件时，其材料另行计算。

(3)给水设备、地源热泵机组均按整体组成安装编制。

(4)本册定额采暖、给水排水设备部分动力机械设备单机试运转所用的水、电耗用量应另行计算；静置设备水压试验、通水调试所用消耗量已列入相应项目中。

(5)水箱安装适用于玻璃钢、不锈钢、钢板等各种材质，不分圆形、方形，均按箱体容积执行相应项目。水箱安装按成品水箱编制，如现场制作、安装水箱、水箱主材不得重复计算。水箱消毒冲洗及注水试验用水按设计图示容积或施工方案计入。组装水箱的连接材料是按随水箱配套供应考虑的。

(6)本册定额采暖、给水排水设备部分设备安装定额中均未包括减震装置、机械设备的拆装检查、基础灌浆、地脚螺栓的埋设，若发生时执行《通用安装工程消耗量定额》(TY02—31—2015)第一册《机械设备安装工程》相应项目。

(7)本册定额采暖、给水排水设备部分设备安装定额中均未包括设备支架或底座制作安装，如采用型钢支架执行本册定额第十一章设备支架相应子目，混凝土及砖底座执行《房屋建筑与装饰工程消耗量定额》(TY01—31—2015)相应项目。

(8)随设备配备的各种控制箱(柜)、电气接线及电气调试等，执行《通用安装工程消耗量定额》(TY02—31—2015)第四册《电气设备安装工程》相应项目。

（9）太阳能集热器是按集中成批安装编制的，如发生 4 $m^2$ 以下工程量时，人工、机械乘以系数 1.1。

2. 定额工程量计算规则

（1）各种设备安装项目除另有说明外，按设计图示规格、型号、质量，均以"台"为计量单位。

（2）给水设备按同一底座设备质量列项，以"套"为计量单位。

（3）太阳能集热装置区分平板、玻璃真空管型式，以"$m^2$"为计量单位。

（4）地源热泵机组按设备质量列项，以"组"为计量单位。

（5）水箱自洁器分外置式、内置式，电热水器分挂式、立式安装，以"台"为计量单位。

（6）水箱安装项目按水箱设计容量，以"台"为计量单位；钢板水箱制作分圆形、矩形，按水箱设计容量，以箱体金属质量"100 kg"为计量单位。

## 十一、医疗气体设备及附件定额工程量计算

1. 定额说明

（1）本册定额医疗气体设备及附件部分适用于常用医疗气体设施器具安装，包括制氧机、液氧罐、二级稳压箱、气体汇流排、集污罐、刷手池、医用真空罐、气水分离器、干燥机、储气罐、空气过滤器、集水器、医疗设备带及气体终端等。

（2）本册定额医疗气体设备及附件部分设备安装定额中包括随本体配备的管道及附件安装。与本体配备的第一片法兰或第一个连接口的工程量，发生时应另行计算；设备安装项目中支架、地脚螺栓按随设备配备考虑，如需现场加工，应另行计算。

（3）气体汇流排安装项目，适用于氧气、二氧化碳、氮气、笑气、氩气、压缩空气等汇流排安装。

（4）本册定额医疗气体设备及附件部分设备单机无负荷试运转及水压试验所用的水、电耗用量应另行计算。

（5）刷手池安装项目，按刷手池自带全部配件及密封材料编制，本册定额中只包括刷手池安装、连接上下水管。

（6）干燥机安装项目，适用于吸附式和冷冻式干燥机安装。

（7）空气过滤器安装项目，适用于压缩空气预过滤器、精过滤器、超精过滤器等安装。

（8）本册定额医疗气体设备及附件部分安装项目定额中均不包括试压、脱脂、阀门研磨及无损探伤检验、设备氮气置换等工作内容，如设计要求，应另行计算。

（9）设备地脚螺栓预埋、基础灌浆应执行《通用安装工程消耗量定额》（TY02—31—2015）第一册《机械设备安装工程》相应项目。

2. 定额工程量计算规则

（1）各种医疗设备及附件均按设计图示数量计算。

（2）制氧机按氧产量、储氧罐按储液氧量，以"台"为计量单位。

（3）气体汇流排按左右两侧钢瓶数量，以"套"为计量单位。

（4）刷手池按水嘴数量，以"组"为计量单位。

（5）集污罐、医用真空罐、气水分离器、储气罐均按罐体直径，以"台"为计量单位。

（6）集水器、二级稳压箱、干燥机以"台"为计量单位。

（7）气体终端、空气过滤器以"个"为计量单位。

(8)医疗设备带以"m"为计量单位。

## 十二、支架及其他定额工程量计算

### 1. 定额说明

(1)本册定额支架及其他部分包括管道支架、设备支架和各种套管制作安装,管道水压试验,管道消毒、冲洗,成品表箱安装,剔堵槽、沟,机械钻孔,预留孔洞,堵洞等项目。

(2)管道支架制作安装项目,适用于室内外管道的管架制作与安装。如单件质量大于100 kg时,应执行本册定额支架及其他部分设备支架制作安装相应项目。

(3)管道支架采用木垫式、弹簧式管架时,均执行本册定额支架及其他部分管道支架安装项目,支架中的弹簧减震器、滚珠、木垫等成品件质量应计入安装工程量,其材料数量按实计入。

(4)成品管卡安装项目,适用于与各类管道配套的立、支管成品管卡的安装。

(5)管道、设备支架的除锈、刷油,执行《通用安装工程消耗定额》(TY02—31—2015)第十二册《刷油、防腐蚀、绝热工程》相应项目。

(6)刚性防水套管和柔性防水套管安装项目中,包括配合预留孔洞及浇筑混凝土工作内容。一般套管制作安装项目,均未包括预留孔洞工作,发生时按本册定额支架及其他部分所列预留孔洞项目另行计算。

(7)套管制作安装项目已包含堵洞工作内容。本册定额支架及其他部分所列堵洞项目,适用于管道在穿墙、楼板不安装套管时的洞口封堵。

(8)套管内填料按油麻编制,如与设计不符时,可按工程要求调整换算填料。

(9)保温管道穿墙、板采用套管时,按保温层外径规格执行套管相应项目。

(10)管道保护管是指在管道系统中,为避免外力(荷载)直接作用在介质管道外壁上,造成介质管道受损而影响正常使用,在介质管道外部设置的保护性管段。

(11)水压试验项目仅适用于因工程需要而发生且非正常情况的管道水压试验。管道安装定额中已经包括了规范要求的水压试验,不得重复计算。

(12)因工程需要再次发生管道冲洗时,执行本册定额支架及其他部分消毒冲洗定额项目,同时扣减定额中漂白粉消耗量,其他消耗量乘以系数0.6。

(13)成品表箱安装适用于水表、热量表、燃气表箱的安装。

(14)机械钻孔项目是按混凝土墙体及混凝土楼板考虑的,厚度系综合取定。如实际墙体厚度超过300 mm,楼板厚度超过220 mm时,按相应项目乘以系数1.2。砖墙及砌体墙钻孔按机械钻孔项目乘以系数0.4。

### 2. 定额工程量计算规则

(1)管道、设备支架制作安装按设计图示单件重量,以"100 kg"为计量单位。

(2)成品管卡、阻火圈安装、成品防火套管安装,按工作介质管道直径,区分不同规格以"个"为计量单位。

(3)管道保护管制作与安装,分为钢制和塑料两种材质,区分不同规格,按设计图示管道中心线长度以"10 m"为计量单位。

(4)预留孔洞、堵洞项目,按工作介质管道直径,分规格以"10个"为计量单位。

(5)管道水压试验、消毒冲洗按设计图示管道长度,分规格以"100 m"为计量单位。

(6)一般穿墙套管、柔性、刚性套管,按工作介质管道的公称直径,分规格以"个"为计量单位。

（7）成品表箱安装按箱体半周长以"个"为计量单位。

（8）机械钻孔项目，区分混凝土楼板钻孔及混凝土墙体钻孔，按钻孔直径以"10个"为计量单位。

（9）剔堵槽沟项目，区分砖结构及混凝土结构，按截面尺寸以"10 m"为计量单位。

# 第三节　给水排水、采暖、燃气工程清单工程量计算

## 一、给水排水、采暖、燃气管道工程工程量清单内容

### 1. 清单适用范围

给排水、采暖、燃气工程适用于采用工程量清单计价的新建、扩建的生活给排水、采暖、燃气工程。

### 2. 相关说明

（1）管道界限的划分。

1）给水管道室内外界限划分：以建筑物外墙皮 1.5 m 为界，入口处设有阀门者的以阀门为分界。

2）排水管道室内外界限划分：以出户第一个排水检查井为分界。

3）采暖管道室内外界限划分：以建筑物外墙皮 1.5 m 为界，入口处设有阀门者以阀门为分界。

4）燃气管道室内外界限划分：地下引入室内的管道以室内第一个阀门为界，地上引入室内的管道以墙外三通为界。

（2）管道热处理、无损探伤应按《通用安装工程工程量计算规范》（GB 50856—2013）附录 H "工业管道工程相关项目"编码列项。

（3）医疗气体管道及附件应按《通用安装工程工程量计算规范》（GB 50856—2013）附录 H "工业管道工程相关项目"编码列项。

（4）管道、设备及支架除锈、刷油、保温除注明者外，应按《通用安装工程工程量计算规范》（GB 50856—2013）附录 M "刷油、防腐蚀、绝热工程相关项目"编码列项。

（5）凿槽（沟）、打洞项目应按《通用安装工程工程量计算规范》（GB 50856—2013）附录 D "电气设备安装工程相关项目"编码列项。

## 二、给水排水、采暖、燃气管道工程清单工程量计算

### 1. 清单项目编码和项目特征

（1）镀锌钢管（031001001）、钢管（031001002）、不锈钢管（031001003）、铜管（031001004）项目特征须描述安装部位，介质，规格、压力等级，连接形式，压力试验及吹、洗设计要求，警示带形式。

（2）铸铁管(031001005)项目特征须描述安装部位，介质，材质、规格，连接形式，接口材料，压力试验及吹、洗设计要求，警示带形式。

（3）塑料管(031001006)项目特征须描述安装部位，介质，材质、规格，连接形式，阻火圈设计要求，压力试验及吹、洗设计要求，警示带形式。

（4）复合管(031001007)项目特征须描述安装部位，介质，材质、规格，连接形式，压力试验及吹、洗设计要求，警示带形式。

（5）直埋式预制保温管(031001008)项目特征须描述埋设深度，介质，管道材质、规格，连接形式，接口保温材料，压力试验及吹、洗设计要求，警示带形式。

（6）承插陶瓷缸瓦管(031001009)、承插水泥管(031001010)项目特征须描述埋设深度，规格，接口方式及材料，压力试验及吹、洗设计要求，警示带形式。

（7）室外管道碰头(031001011)项目特征须描述介质，碰头形式，材质、规格，连接形式，防腐、绝热设计要求。

2. 清单工程量计算规则

（1）镀锌钢管、钢管、不锈钢管、铜管、铸铁管、塑料管、复合管、直埋式预制保温管、承插陶瓷缸瓦管、承插水泥管以"m"为计量单位，按设计图示管道中心线以长度计算。

（2）室外管道碰头以处为计量单位，按设计图示以处计算。

3. 清单工程量计算示例

【例 6-6】 对【例 6-1】编制该承插塑料排水管的分部分项工程和单价措施项目清单与计价表。

【解】 （1）计算定额费用。根据相关定额，计量单位为"10 m"，人工费单价为 35.53 元，材料费单价为 16.26 元，机械费单价为 0.25 元。定额未计主材费用，取主材费用为 5.25 元/m。由此可得

人工费$=1.3 \times 35.53 = 46.19$（元）

材料费$=1.3 \times 16.26 + 5.25 \times 13 = 89.39$（元）

机械费$=1.3 \times 0.25 = 0.33$（元）

（2）计算清单项目综合单价。按建筑工程工程取费标准取费，企业管理费费率取 25%，利润费费率取 15%，计费基础为：人工费＋机械费。

计费基础$=46.19 + 0.33 = 46.52$（元）

人工费$=46.19$ 元。

材料费$=89.39$ 元。

机械费$=0.33$ 元。

企业管理费$=46.52 \times 25\% = 11.63$（元）

利润$=46.52 \times 15\% = 6.98$（元）

小计$=46.19 + 89.39 + 0.33 + 11.63 + 6.98 = 154.52$（元）

综合单价$=154.52/13 = 11.89$（元）

（3）编制分部分项工程和单价措施项目清单与计价表。根据《通用安装工程工程量计算规范》(GB 50856—2013)，塑料管项目编码为 031001006，计量单位为"m"，计算规则为按设计图示管道中心线以长度计算，则编制的分部分项工程和单价措施项目清单与计价表见表 6-5。

表 6-5　分部分项工程和单价措施项目清单与计价表

| 序号 | 项目编码 | 项目名称 | 项目特征描述 | 计量单位 | 工程量 | 金额/元 | | |
|---|---|---|---|---|---|---|---|---|
| | | | | | | 综合单价 | 合价 | 其中：暂估价 |
| 1 | 031001006001 | 塑料管 | 承插塑料排水管，$DN50$ | m | 13 | 11.89 | 154.57 | — |

## 三、支架及其他工程清单工程量计算

### 1. 清单项目编码和项目特征

(1)管道支架(031002001)项目特征须描述材质、管架形式。

(2)设备支架(031002002)项目特征须描述材质、形式。

(3)套管(031002003)项目特征须描述名称、类型，材质，规格，填料材质。

### 2. 清单工程量计算规则

(1)管道支架、设备支架以"kg"为计量单位，按设计图示质量计算；或者以"套"为计量单位，按设计图示数量计算。

(2)套管以"个"为计量单位，按设计图示数量计算。

## 四、管道附件工程清单工程量计算

### 1. 清单项目编码和项目特征

(1)螺纹阀门(031003001)、螺纹法兰阀门(031003002)、焊接法兰阀门(031003003)项目特征须描述类型，材质，规格、压力等级，连接形式，焊接方法。

(2)带短管甲乙阀门(031003004)项目特征须描述材质，规格、压力等级，连接形式，接口方式及材质。

(3)塑料阀门(031003005)项目特征须描述规格、连接形式。

(4)减压器(031003006)、疏水器(031003007)项目特征须描述材质，规格，压力等级，连接形式，附件配置。

(5)除污器(过滤器)(031003008)项目特征须描述材质，规格，压力等级，连接形式。

(6)补偿器(031003009)项目特征须描述类型，材质，规格、压力等级，连接形式。

(7)软接头(软管)(031003010)项目特征须描述材质、规格、连接形式。

(8)法兰(031003011)项目特征须描述材质，规格、压力等级，连接形式。

(9)倒流防止器(031003012)项目特征须描述材质，型号、规格，连接形式。

(10)水表(031003013)项目特征须描述安装部位(室内外)、型号、规格，连接形式，附件配置。

(11)热量表(031003014)项目特征须描述类型，型号、规格，连接形式。

(12)塑料排水管消声器(031003015)、浮标液面计(031003016)项目特征须描述规格、连接形式。

(13)浮漂水位标尺(031003017)项目特征须描述用途、规格。

### 2. 清单工程量计算规则

(1)螺纹阀门、螺纹法兰阀门、焊接法兰阀门、带短管甲乙阀门、塑料阀门、补偿器、塑料排水管消声器以"个"为计量单位，按设计图示数量计算。

（2）减压器、疏水器、除污器（过滤器）、浮标液面计以组为计量单位，按设计图示数量计算。

（3）软接头（软管）以"个"（组）为计量单位，按设计图示数量计算。

（4）法兰以"副（片）"为计量单位，按设计图示数量计算。

（5）倒流防止器、浮漂水位标尺以"套"为计量单位，按设计图示数量计算。

（6）水表以"组（个）"为计量单位，按设计图示数量计算。

（7）热量表以"块"为计量单位，按设计图示数量计算。

## 五、卫生器具工程清单工程量计算

### 1. 清单项目编码和项目特征

（1）浴缸（031004001）、净身盆（031004002）、洗脸盆（031004003）、洗涤盆（031004004）、化验盆（031004005）、大便器（031004006）、小便器（031004007）、其他成品卫生器具（031004008）项目特征须描述材质、规格、类型、组装形式，附件名称、数量。

（2）烘手器（031004009）项目特征须描述材质、型号、规格。

（3）淋浴器（031004010）、淋浴间（031004011）、桑拿浴房（031004012）项目特征须描述材质、规格，组装形式，附件名称、数量。

（4）大、小便槽自动冲洗水箱（031004013）项目特征须描述材质、类型，规格，水箱配件，支架形式及做法，器具及支架除锈、刷油设计要求。

（5）给、排水附（配）件（031004014）项目特征须描述材质，型号、规格，安装方式。

（6）小便槽冲洗管（031004015）项目特征须描述材质、规格。

（7）蒸汽-水加热器（031004016）、冷热水混合器（031004017）、饮水器（031004018）项目特征须描述类型、型号、规格，安装方式。

（8）隔油器（031004019）项目特征须描述类型、型号、规格，安装部位。

### 2. 清单工程量计算规则

（1）浴缸、净身盆、洗脸盆、洗涤盆、化验盆、大便器、小便器、其他成品卫生器具以组为计量单位，按设计图示数量计算。

（2）烘手器以"个"为计量单位，按设计图示数量计算。

（3）淋浴器，淋浴间，桑拿浴房，大、小便槽自动冲洗水箱以套为计量单位，按设计图示数量计算。

（4）给、排水附（配）件以个（组）为计量单位，按设计图示数量计算。

（5）小便槽冲洗管以"m"为计量单位，按设计图示长度计算。

（6）蒸汽-水加热器、冷热水混合器、饮水器、隔油器以套为计量单位，按设计图示数量计算。

## 六、供暖器具工程清单工程量计算

### 1. 清单项目编码和项目特征

（1）铸铁散热器（031005001）项目特征须描述型号、规格，安装方式，托架形式，器具、托架除锈、刷油设计要求。

（2）钢制散热器（031005002）项目特征须描述结构形式，型号、规格，安装方式，托架除锈、刷油设计要求。

(3)其他成品散热器(031005003)项目特征须描述材质、类型，型号、规格，托架刷油设计要求。

(4)光排管散热器(031005004)项目特征须描述材质、类型，型号、规格，托架形式及做法，器具、托架除锈、刷油设计要求。

(5)暖风机(031005005)项目特征须描述质量，型号、规格，安装方式。

(6)地板辐射采暖(031005006)项目特征须描述保温层材质、厚度，钢丝网设计要求，管道材质、规格，压力试验及吹扫设计要求。

(7)热媒集配装置(031005007)项目特征须描述材质，规格，附件名称、规格、数量。

(8)集气罐(031005008)项目特征须描述材质，规格。

2. 清单工程量计算规则

(1)铸铁散热器以"片(组)"为计量单位，按设计图示数量计算。

(2)钢制散热器、其他成品散热器以"组(片)"为计量单位，按设计图示数量计算。

(3)光排管散热器以"m"为计量单位，按设计图示排管长度计算。

(4)暖风机、热媒集配装置以"台"为计量单位，按设计图示数量计算。

(5)地板辐射采暖以"$m^2$"为计量单位，按设计图示采暖房间净面积计算；或者以"m"为计量单位，按设计图示管道长度计算。

(6)集气罐以"个"为计量单位，按设计图示数量计算。

# 七、采暖、给水排水设备工程清单工程量计算

1. 清单项目编码和项目特征

(1) 变频给水设备 (031006001)、稳压给水设备 (031006002)、无负压给水设备 (031006003)项目特征须描述设备名称，型号、规格，水泵主要技术参数，附件名称、规格、数量，减震装置形式。

(2)气压罐(031006004)项目特征须描述型号、规格，安装方式。

(3)太阳能集热装置(031006005)项目特征须描述型号、规格，安装方式，附件名称、规格、数量。

(4)地源(水源、气源)热泵机组(031006006)项目特征须描述型号、规格，安装方式，减震装置形式。

(5)除砂器(031006007)项目特征须描述型号、规格，安装方式。

(6)水处理器(031006008)、超声波灭藻设备(031006009)、水质净化器(031006010)项目特征须描述类型，型号、规格。

(7)紫外线杀菌设备(031006011)项目特征须描述名称、规格。

(8)热水器、开水炉(031006012)项目特征须描述能源种类，型号、容积，安装方式。

(9)消毒器、消毒锅(031006013)项目特征须描述类型，型号、规格。

(10)直饮水设备(031006014)项目特征须描述名称、规格。

(11)水箱(031006015)项目特征须描述材质、类型，型号、规格。

2. 清单工程量计算规则

(1)变频给水设备、稳压给水设备、无负压给水设备、太阳能集热装置、直饮水设备以

"套"为计量单位，按设计图示数量计算。

（2）气压罐，除砂器，水处理器，超声波灭藻设备，水质净化器，紫外线杀菌设备，热水器、开水炉，消毒器、消毒锅，水箱以"台"为计量单位，按设计图示数量计算。

（3）地源（水源、气源）热泵机组以"组"为计量单位，按设计图示数量计算。

## 八、燃气器具及其他工程清单工程量计算

### 1. 清单项目编码和项目特征

（1）燃气开水炉（031007001）、燃气采暖炉（031007002）项目特征须描述型号、容量，安装方式，附件型号、规格。

（2）燃气沸水器、消毒器（031007003），燃气热水器（031007004）项目特征须描述类型，型号、容量，安装方式，附件型号、规格。

（3）燃气表（031007005）项目特征须描述类型，型号、规格，连接方式，托架设计要求。

（4）燃气灶具（031007006）项目特征须描述用途，类型，型号、规格，安装方式，附件型号、规格。

（5）气嘴（031007007）项目特征须描述单嘴、双嘴，材质，型号、规格，连接形式。

（6）调压器（031007008）项目特征须描述类型，型号、规格，安装方式。

（7）燃气抽水缸（031007009）项目特征须描述材质，规格，连接形式。

（8）燃气管道调长器（031007010）项目特征须描述规格、压力等级、连接形式。

（9）调压箱、调压装置（031007011）项目特征须描述类型，型号、规格，安装部位。

（10）引入口砌筑（031007012）项目特征须描述砌筑形式、材质，保温、保护材料设计要求。

### 2. 清单工程量计算规则

（1）燃气开水炉，燃气采暖炉，燃气沸水器，消毒器，燃气热水器，燃气灶具，调压器，调压箱、调压装置以"台"为计量单位，按设计图示数量计算。

（2）燃气表以"块（台）"为计量单位，按设计图示数量计算。

（3）气嘴、燃气抽水缸、燃气管道调长器以"个"为计量单位，按设计图示数量计算。

（4）引入口砌筑以"处"为计量单位，按设计图示数量计算。

### 3. 清单工程量计算示例

【例 6-7】 某工程安装 JZT2 双眼天然气灶 6 台。试编制该双眼灶的分部分项工程和单价措施项目清单与计价表。

【解】 （1）计算定额工程量。

双眼灶工程量＝6 台

根据相关定额，计量单位为"台"，基价单价为 8.30 元，人工费单价为 5.80 元，材料费单价为 2.50 元。定额未计主材费用，取主材费用为 1 320.00 元/台。由此可得

人工费＝6×5.80＝34.80（元）

材料费＝6×（2.50＋1 320.00）＝7 935.00（元）

（2）计算清单项目综合单价。

计费基础＝34.80 元

人工费＝34.80 元

材料费＝7 935.00 元

$$企业管理费＝34.80×25\%＝8.70(元)$$

$$利润＝34.80×15\%＝5.22(元)$$

$$小计＝34.80＋7 935.00＋8.70＋5.22＝7 983.72(元)$$

$$综合单价＝7 983.72/6＝1 330.62(元)$$

（3）编制分部分项工程和单价措施项目清单与计价表。根据《通用安装工程工程量计算规范》(GB 50856—2013)的规定，燃气灶具项目编码为 031007006，计量单位为"台"，计算规则为按设计图示数量计算，则编制的分部分项工程项目清单与计价表见表 6-6。

表 6-6　分部分项工程和单价措施项目清单与计价表

| 序号 | 项目编码 | 项目名称 | 项目特征描述 | 计量单位 | 工程量 | 金额/元 | | |
| --- | --- | --- | --- | --- | --- | --- | --- | --- |
| | | | | | | 综合单价 | 合价 | 其中：暂估价 |
| 1 | 031007006001 | 燃气灶具 | JZT2 双眼灶 | 台 | 6 | 1 330.62 | 7 983.72 | — |

## 九、医疗气体设备及附件工程清单工程量计算

### 1. 清单项目编码和项目特征

（1）制氧机（031008001）、液氧罐（031008002）、二级稳压箱（031008003）、气体汇流排（031008004）、集污罐（031008005）项目特征须描述型号、规格，安装方式。

（2）刷手池（031008006）项目特征须描述材质、规格，附件材质、规格。

（3）医用真空罐（031008007）项目特征须描述型号、规格，安装方式，附件材质、规格。

（4）气水分离器（031008008）项目特征须描述规格、型号。

（5）干燥机（031008009）、储气罐（031008010）、空气过滤器（031008011）、集水器（031008012）项目特征须描述规格、安装方式。

（6）医疗设备带（031008013）项目特征须描述材质、规格。

（7）气体终端（031008014）项目特征须描述名称、气体种类。

### 2. 清单工程量计算规则

（1）制氧机、液氧罐、二级稳压箱、医用真空罐、气水分离器、干燥机、储气罐、集水器以"台"为计量单位，按设计图示数量计算。

（2）气体汇流排、刷手池以组为计量单位，按设计图示数量计算。

（3）集污罐、空气过滤器、气体终端以"个"为计量单位，按设计图示数量计算。

（4）医疗设备带以"m"为计量单位，按设计图示长度计算。

本章小结

本章主要介绍给水排水、采暖、燃气及其他工程定额说明和定额工程量计算规则，清单项目编码、项目特征描述和清单工程量计算规则。通过本章的学习，学生应掌握给水排水、采暖、燃气及其他工程定额工程量和费用的计算，清单工程量和综合单价的计算。

## 一、填空题

1. 室内给水系统按其用途不同，可分为_____、_____、_____三类。

2. 采暖系统按热媒种类的不同，可分为_____、_____和_____。

3. 当供汽压力≤0.07 MPa 时，称为_____；当供汽压力＞0.07 MPa 时，称为_____。

4. 根据给水排水、采暖、燃气及其他工程定额说明，采暖工程系统调整费按采暖系统工程人工费的_____计算，其费用中人工费占_____。

5. 室内外管道以建筑物外墙皮_____为界；建筑物入口处设阀门者以_____为界，室外设有采暖入口装置者以_____为界。

6. 根据给水排水、采暖、燃气及其他工程定额说明，燃气管道安装项目适用于工作压力_____的燃气系统。如铸铁管道工作压力大于 0.2 MPa 时，安装人工乘以系数_____。

## 二、简答题

1. 简述室外给水系统的组成。

2. 简述高层建筑室内消火栓给水系统的分类。

3. 简述采暖管道工程定额工程量计算规则。

4. 简述卫生器具工程定额工程量计算规则。

5. 简述光排管散热器制作安装定额工程量计算规则。

6. 镀锌钢管的清单项目编码是多少？需要描述哪些项目特征？其清单工程量计算规则是怎样的？

7. 地板辐射采暖的清单项目编码是多少？需要描述哪些项目特征？其清单工程量计算规则是怎样的？

# 第七章 通风空调工程工程量计算

## 第一节 通风与空调工程概述

### 一、通风工程

从最浅显的意义讲，"通风"就是把新鲜空气送进来，把污浊的空气排出去。

1. 按作用范围分类

（1）全面通风。在整个房间内进行全面空气交换，称为全面通风。当有害物体在很大范围内产生并扩散到整个房间时，就需要全面通风，排除有害气体和送入大量的新鲜空气，将有害气体浓度冲淡到容许浓度之内。

（2）局部通风。将污浊空气或有害物体直接从产生的地方抽出，防止扩散到全室，或者将新鲜空气送到某个局部范围，改善局部范围的空气状况，称为局部通风。当车间的某些设备产生大量危害人体健康的有害气体时，采用全面通风不能将其冲淡到容许浓度，或者采用全面通风很不经济时，常采用局部通风。

（3）混合通风。混合通风是用全面送风和局部排风，或全面送风和局部排风相结合的通风形式。

2. 按动力分类

（1）自然通风。利用室外冷空气与室内热空气比重的不同，以及建筑物通风面和背风面风压的不同而进行换气的通风方式，称为自然通风。自然通风可分为以下三种情况：

1)一般建筑物没有特殊的通风装置，依靠普通门窗及其缝隙进行自然通风。

2)按照空气自然流动的规律，在建筑物的墙壁、屋顶等处设置可以自由启闭的侧窗及天窗，利用侧窗和天窗控制和调节排气的地点和数量，进行有组织的通风。

3)为了充分利用风的抽力，排除室内的有害气体，可采用"风帽"装置或"风帽"与排风管道连接的方法。当某个建筑物需全面通风时，风帽按一定间距安装在屋顶上。如果是局部通风，则风帽安装在加热炉、锻造炉等设备抽气罩的排风管上。

(2)机械通风。利用通风机产生的抽力和压力，借助通风管网进行室内外空气交换的通风方式，称为机械通风。

机械通风可以向房间或生产车间的任何地方供给适当数量新鲜的用适当方式处理过的空气，也可以从房间或生产车间的任何地方按照要求的速度抽出一定数量的污浊空气。

3. 按施工工艺要求分类

(1)送风系统。送风系统是用来向室内输送新鲜的或经过处理的空气。其工作流程为室外空气由可挡住室外杂物的百叶窗进入进气室；经保温阀至过滤器，由过滤器除掉空气中的灰尘；再经空气加热器将空气加热到所需的温度后吸入通风机，经风量调节阀、风管，由送风口送入室内。

(2)排风系统。排风系统是将室内产生的污浊、高温干燥空气排到室外大气中。其主要工作流程为污浊空气由室内的排气罩被吸入风管后，再经通风机排到室外的风帽而进入大气。

如果预排放的污浊空气中有害物质的排放标准超过国家制定的排放标准时，则必须经中和及吸收处理，使排放浓度低于排放标准后，再排放到大气中。

(3)除尘系统。除尘系统通常用于生产车间，其主要作用是将车间内含大量工业粉尘和微粒的空气进行收集处理，有效降低工业粉尘和微粒的含量，以达到排放标准。其工作流程主要是通过车间内的吸尘罩将含尘空气吸入，经风管进入除尘器除尘，随后通过风机送至室外风帽而排入大气。

## 二、空调系统

一套较完善的空调系统主要由冷源、热源，空气处理设备，空气输送与分配设备及自动控制等组成。

冷源是指制冷装置，它可以是直接蒸发式制冷机组或冰水机组。它们提供冷量用来使空气降温，有时还可以使空气减湿。制冷装置的制冷机有活塞式、离心式或者螺杆式压缩机，以及吸收式制冷机或热电制冷器等。

热源是提供热量用来加热空气(有时还包括加湿)，常用的有蒸汽或热水等热媒或电热器等。

空气处理设备的主要功能是对空气进行净化、冷却、减湿，或者加热加湿处理。

空气输送与分配设备主要有通风机、送回风管道、风阀、风口及空气分布器等。它们的作用是将送风合理地分配到各个空调房间，并将污浊空气排到室外。

自动控制的功能是使空调系统能适应室内外热湿负荷的变化，保证空调房间有一定的空调精度，其设备主要有温湿度调节器、电磁阀、各种流量调节阀等。近年来微型电子计算机也开始运用于大型空调系统的自动控制。

1. 按空气处理设备的设置情况分类

(1)集中式空调系统。集中式空调系统是所有的空气处理设备全部集中在空调机房内，根据送风的特点，它又分为单风道空调系统、双风道空调系统及变风量空调系统三种。其中，单风道空调系统常用的有直流式空调系统、一次回风式空调系统、二次回风式空调系统及末端再热式空调系统，如图 7-1～图 7-4 所示。

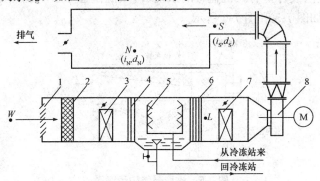

**图 7-1　直流式空调系统流程图**

1—百叶栅；2—粗过滤器；3——次加热器；4—前挡水板；

5—喷水排管及喷嘴；6—后挡水板；7—二次风加热器；8—风机

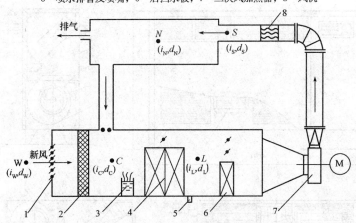

**图 7-2　一次回风式空调系统流程图**

1—新风口；2—过滤器；3—电极加湿器；4—表面式蒸发器；

5—排水口；6—二次加热器；7—风机；8—精加热器

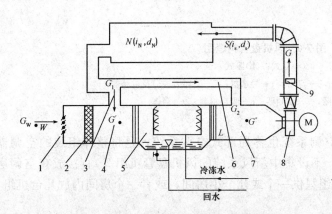

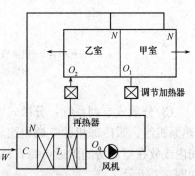

**图 7-3　二次回风式空调系统流程图**

1—新风口；2—过滤器；3——次回风管；4——次混合室；5—喷雾室；

6—二次回风管；7—二次混合室；8—风机；9—电加热器

**图 7-4　末端再热式空调系统流程图**

(2)半集中式空调系统。半集中式空调系统也称混合式空调系统，是集中处理部分或全部风量，然后送各房间（或各区）再进行处理。它包括集中处理新风，经诱导器（全空气或另加冷热盘管）送入室内或各室有风机盘管的系统（即风机盘管与下风道并用的系统），也包括分区机组系统等，如图 7-5 和图 7-6 所示。

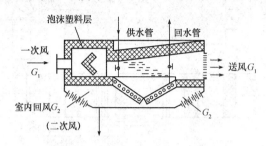

**图 7-5　诱导器结构示意图**

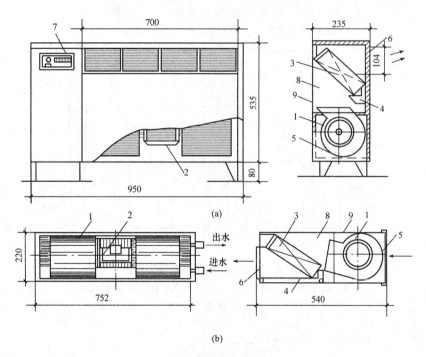

**图 7-6　风机盘管构造图**

(a)立式；(b)卧式

1—风机；2—电动机；3—盘管；4—凝水盘；5—循环风进口及过滤器；

6—出风格栅；7—控制器；8—吸声材料；9—箱体

(3)分散式空调系统。分散式空调系统也称局部式空调系统，是将整体组装的空调器（热泵机组、带冷冻机的空调机组、不设集中新风系统的风机盘管机组等）直接放在空调房间内或放在空调房间附近，每台机组只供一个或几个小房间，或者一个房间内放几台机组，如图 7-7 所示。

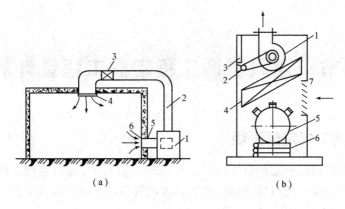

（a）　　　　　　　　　　　　　（b）

**图 7-7　局部式空调系统示意图**

(a)空调机组

1—空调机组；2—送风管道；3—电加热器；4—送风口；5—回风管；6—回风口

(b)风机盘管机组

1—风机；2—电机；3—控制盘；4—蒸发器；5—压缩机；6—冷凝器；7—回风口

### 2. 按处理空调负荷的输送介质分类

(1)全空气系统。房间的全部冷热负荷均由集中处理后的空气负担。属于全空气系统的有定风量或变风量的单风道或双风道集中式系统、全空气诱导系统等。

(2)空气-水系统。空调房间的负荷由集中处理的空气负担一部分，其他负荷由水作为介质在送入空调房间时，对空气进行再处理(加热、冷却等)。属于空气-水系统的有再热系统(另设有室温调节加热器的系统)、带盘管的诱导系统、风机盘管机组和风道并用的系统等。

(3)全水系统。房间负荷全部由集中供应的冷水、热水负担，如风机盘管系统、辐射板系统等。

(4)直接蒸发机组系统。室内冷、热负荷由制冷和空调机组组合在一起的小型设备负担。直接蒸发机组系统按冷凝器冷却方式不同可分为风冷式、水冷式等；按安装组合情况可分为窗式(安装在窗或墙洞内)、立柜式(制冷和空调设备组装在同一立柜式箱体内)、组合式(制冷和空调设备分别组装、联合使用)等。

### 3. 按送风管道风速分类

(1)低速系统。一般是指主风道风速低于 15 m/s 的系统。对于民用和公共建筑，主风道风速不超过 10 m/s。

(2)高速系统。一般是指主风道风速高于 15 m/s 的系统。对民用和公共建筑，主风道风速大于 12 m/s 的也称高速系统。

# 第二节  通风空调工程定额工程量计算

## 一、通风空调工程定额说明

(1)《通用安装工程消耗量定额》(TY02—31—2015)第七册《通风空调工程》适用于通风空调设备及部件制作安装，通风管道制作安装，通风管道部件制作安装工程。

(2)本册定额[①]不包括下列内容：

1)通风设备、除尘设备为专供通风工程配套的各种风机及除尘设备。其他工业用风机(如热力设备用风机)及除尘设备安装执行《通用安装工程消耗量定额》(TY02—31—2015)第一册《机械设备安装工程》、第二册《热力设备安装工程》相应项目。

2)空调系统中管道配管执行《通用安装工程消耗量定额》(TY02—31—2015)第十册《给排水、采暖、燃气工程》相应项目，制冷机机房、锅炉房管道配管执行《通用安装工程消耗量定额》(TY02—31—2015)第八册《工业管道工程》相应项目。

3)管道及支架的除锈、油漆，管道的防腐蚀、绝热等内容，执行《通用安装工程消耗量定额》(TY02—31—2015)第十二册《刷油、防腐蚀、绝热工程》相应项目。

①薄钢板风管刷油按其工程量执行相应项目，仅外(或内)面刷油定额乘以系数1.20，内外均刷油定额乘以系数1.10(其法兰加固框、吊托支架已包括在此系数内)。

②薄钢板部件刷油按其工程量执行金属结构刷油项目，定额乘以系数1.15。

③未包括在风管工程量内而单独列项的各种支架(不锈钢吊托支架除外)的刷油按其工程量执行相应项目。

④薄钢板风管、部件以及单独列项的支架，其除锈不分锈蚀程度，均按其第一遍刷油的工程量，执行《通用安装工程消耗量定额》(TY02—31—2015)第十二册《刷油、防腐蚀、绝热工程》中除轻锈的项目。

4)安装在支架上的木衬垫或非金属垫料，发生时按实计入成品材料价格。

(3)下列费用可按系数分别计取：

1)系统调整费：按系统工程人工费7%计取，其费用中人工费占35%。它包括漏风量测试和漏光法测试费用。

2)脚手架搭拆费：按定额人工费的4%计算，其费用中人工费占35%。

3)操作高度增加费：本册定额操作物高度是按距离楼地面6m考虑的，超过6m时，超过部分工程量按定额人工费乘以系数1.2计取。

4)建筑物超高增加费：是指高度在6层或20m以上的工业与民用建筑物上进行安装时增加的费用(不包括地下室)。建筑物超高增加费按表7-1计算，其费用中人工费占65%。

---

①本章中所指"本册定额"均为《通用安装工程消耗量定额》(TY02—31—2015)第七册《通风空调工程》。

表 7-1　建筑物超高增加费

| 建筑物檐高/m | ≤40 | ≤60 | ≤80 | ≤100 | ≤120 | ≤140 | ≤160 | ≤180 | ≤200 |
|---|---|---|---|---|---|---|---|---|---|
| 建筑层数/层 | ≤12 | ≤18 | ≤24 | ≤30 | ≤36 | ≤42 | ≤48 | ≤54 | ≤60 |
| 按人工费的百分比/% | 2 | 5 | 9 | 14 | 20 | 26 | 32 | 28 | 44 |

（4）定额中制作和安装的人工、材料、机械比例见表 7-2。

表 7-2　制作和安装的人工、材料、机械比例

| 序号 | 项目名称 | 制作/% | | | 安装/% | | |
|---|---|---|---|---|---|---|---|
| | | 人工 | 材料 | 机械 | 人工 | 材料 | 机械 |
| 1 | 空调部件及设备支架制作安装 | 86 | 98 | 95 | 14 | 2 | 5 |
| 2 | 镀锌薄钢板法兰通风管道制作安装 | 60 | 95 | 95 | 40 | 5 | 5 |
| 3 | 镀锌薄钢板共板法兰通风管道制作安装 | 40 | 95 | 95 | 60 | 5 | 5 |
| 4 | 薄钢板法兰通风管道制作安装 | 60 | 95 | 95 | 40 | 5 | 5 |
| 5 | 净化通风管道及部件制作安装 | 40 | 85 | 95 | 60 | 15 | 5 |
| 6 | 不锈钢板通风管道及部件制作安装 | 72 | 95 | 95 | 28 | 5 | 5 |
| 7 | 铝板通风管道及部件制作安装 | 68 | 95 | 95 | 32 | 5 | 5 |
| 8 | 塑料通风管道及部件制作安装 | 85 | 95 | 95 | 15 | 5 | 5 |
| 9 | 复合型风管制作安装 | 60 | — | 99 | 40 | 100 | 1 |
| 10 | 风帽制作安装 | 75 | 80 | 99 | 25 | 20 | 1 |
| 11 | 罩类制作安装 | 78 | 98 | 95 | 22 | 2 | 5 |

## 二、通风空调设备及部件制作安装定额工程量计算

### 1. 定额说明

（1）本册定额通风空调设备及部件制作安装部分包括空气加热器（冷却器），除尘设备，空调器，多联体空调机室外机，风机盘管，空气幕，VAV 变风量末端装置、分段组装式空调器，钢板密闭门，钢板挡水板安装，滤水器、溢水盘制作、安装，金属壳体制作、安装，过滤器、框架制作、安装，净化工作台、风淋室，通风机，设备支架制作、安装。

（2）通风机安装包括电动机安装，其安装形式包括 A、B、C、D 等型，适用于碳钢、不锈钢、塑料通风机安装。

（3）有关说明：

1）诱导器安装执行风机盘管安装子目。

2）VRV 系统的室内机按安装方式执行风机盘管子目，应扣除膨胀螺栓。

3）空气幕的支架制作安装执行设备支架子目。

4）VAV 变风量末端装置适用单风道变风量末端和双风道变风量末端装置，风机动力型变风量末端装置人工乘以系数 1.1。

5）洁净室安装执行分段组装式空调器安装子目。

6）玻璃钢和 PVC 挡水板执行钢板挡水板安装子目。

7）低效过滤器包括：M－A 型、WL 型、LWP 型等系列。

8）中效过滤器包括：ZKL 型、YB 型、M 型、ZX－1 型等系列。

9）高效过滤器包括：GB 型、GS 型、JX－20 型等系列。

10)净化工作台包括：XHK 型、BZK 型、SXP 型、SZP 型、SZX 型、SW 型、SZ 型、SXZ 型、TJ 型、CJ 型等系列。

11)清洗槽、浸油槽、晾干架、LWP 滤尘器支架制作安装执行设备支架子目。

12)通风空调设备的电气接线执行《通用安装工程消耗量定额》(TY02—31—2015)第四册《电气设备安装工程》相应项目。

**2. 定额工程量计算规则**

(1)空气加热器(冷却器)安装按设计图示数量计算，以"台"为计量单位。

(2)除尘设备安装按设计图示数量计算，以"台"为计量单位。

(3)整体式空调机组、空调器安装(一拖一分体空调以室内机、室外机之和)按设计图示数量计算，以"台"为计量单位。

(4)组合式空调机组安装依据设计风量，按设计图示数量计算，以"台"为计量单位。

(5)多联体空调机室外机安装依据制冷量，按设计图示数量计算，以"台"为计量单位。

(6)风机盘管安装按设计图示数量计算，以"台"为计量单位。

(7)空气幕按设计图示数量计算，以"台"为计量单位。

(8)VAV 变风量末端装置安装按设计图示数量计算，以"台"为计量单位。

(9)分段组装式空调器安装按设计图示质量计算，以"kg"为计量单位。

(10)钢板密闭门制作安装按设计图示数量计算，以"个"为计量单位。

(11)挡水板制作和安装按设计图示尺寸以空调器断面面积计算，以"m²"为计量单位。

(12)滤水器、溢水盘、电加热器外壳、金属空调器壳体制作安装按设计图示尺寸以质量计算，以"kg"为计量单位。非标准部件制作安装按成品质量计算。

(13)高、中、低效过滤器安装、净化工作台、风淋室安装按设计图示数量计算，以"台"为计量单位。

(14)过滤器框架制作按设计图示尺寸以质量计算，以"kg"为计量单位。

(15)通风机安装依据不同形式、规格按设计图示数量计算，以"台"为计量单位。风机箱安装按设计图示数量计算，以"台"为计量单位。

(16)设备支架制作安装按设计图示尺寸以质量计算，以"kg"为计量单位。

**3. 定额工程量计算示例**

【例 7-1】 图 7-8 所示为某挡水板。试计算其工程量。

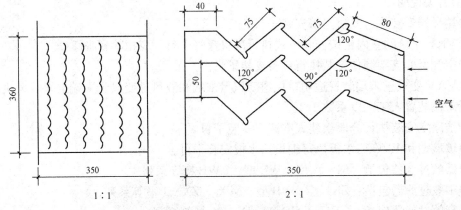

图 7-8 某挡水板示意图

【解】　挡水板工程量＝360×350＝126 000（mm²）＝0.126 m²

【例7-2】　某工程采用 XP 型旋风除尘器 20 台，尺寸为 φ700。试计算其工程量。

【解】　旋风除尘器工程量＝20 台

## 三、通风管道制作安装定额工程量计算

### 1. 定额说明

（1）本册定额通风管道制作安装部分包括镀锌薄钢板法兰风管制作、安装，镀锌薄钢板共板法兰风管制作、安装，薄钢板法兰风管制作、安装，镀锌薄钢板矩形净化风管制作、安装，不锈钢板风管制作、安装，铝板风管制作、安装，塑料通风管制作、安装，玻璃钢风管安装，复合型风管制作、安装，柔性软风管安装，弯头导流叶片及其他。

（2）下列费用可按系数分别计取：

1）薄钢板风管整个通风系统设计采用渐缩管均匀送风者，圆形风管按平均直径、矩形风管按平均周长参照相应规格子目，其人工乘以系数 2.5。

2）如制作空气幕送风管时，按矩形风管平均周长执行相应风管规格子目，其人工乘以系数 3，其余不变。

（3）有关说明：

1）镀锌薄钢板风管子目中的板材是按镀锌薄钢板编制的，如设计要求不用镀锌薄钢板时，板材可以换算，其他不变。

2）风管导流叶片不分单叶片和香蕉形双叶片，均执行同一子目。

3）薄钢板通风管道、净化通风管道、玻璃钢通风管道、复合型风管制作安装子目中，包括弯头、三通、变径管、天圆地方等管件及法兰、加固框和吊托支架的制作安装，但不包括过跨风管落地支架，落地支架制作安装执行本册定额第一章中"设备支架制作、安装"子目。

4）薄钢板风管子目中的板材，如设计要求厚度不同时可以换算，人工、机械消耗量不变。

5）净化风管、不锈钢板风管、铝板风管、塑料风管子目中的板材，如设计厚度不同时可以换算，人工、机械不变。

6）净化圆形风管制作安装执行矩形风管制作安装子目。

7）净化风管涂密封胶按全部口缝外表面涂抹考虑。如设计要求口缝不涂抹而只在法兰处涂抹时，每 10 m² 风管应减去密封胶 1.5 kg 和一般技工 0.37 工日。

8）净化风管及部件制作安装子目中，型钢未包括镀锌费，如设计要求镀锌时，应另加镀锌费。

9）净化通风管道子目按空气洁净度 100 000 级编制。

10）不锈钢板风管咬口连接制作安装执行镀锌薄钢板风管法兰连接子目。

11）不锈钢板风管、铝板风管制作安装子目中包括管件，但不包括法兰和吊托支架；法兰和吊托支架应单独列项计算，执行相应子目。

12）塑料风管、复合型风管制作安装子目规格所表示的直径为内径，周长为内周长。

13）塑料风管制作安装子目中包括管件、法兰、加固框，但不包括吊托支架制作安装，吊托支架执行本册定额第一章中"设备支架制作、安装"子目。

14）塑料风管制作安装子目中的法兰垫料如与设计要求使用品种不同时可以换算，但人工消耗量不变。

15)塑料通风管道胎具材料摊销费的计算方法：塑料风管管件制作的胎具摊销材料费，未包括在内，按以下规定另行计算：

①风管工程量在 30 m² 以上的，每 10m² 风管的胎具摊销木材为 0.06 m³，按材料价格计算胎具材料摊销费。

②风管工程量在 30 m² 以下的，每 10 m² 风管的胎具摊销木材为 0.09 m³，按材料价格计算胎具材料摊销费。

16)玻璃钢风管及管件以图示工程量加损耗计算，按外加工订作考虑。

17)软管接头如使用人造革而不使用帆布时可以换算。

18)定额中的法兰垫料按橡胶板编制，如与设计要求使用的材料品种不同时可以换算，但人工消耗量不变。使用泡沫塑料者每 1 kg 橡胶板换算为泡沫塑料 0.125 kg；使用闭孔乳胶海绵者每 1 kg 橡胶板换算为闭孔乳胶海绵 0.5 kg。

19)柔性软风管适用于由金属、涂塑化纤织物、聚酯、聚乙烯、聚氯乙烯薄膜、铝箔等材料制成的软风管。

2. 定额工程量计算规则

(1)薄钢板风管、净化风管、不锈钢风管、铝板风管、塑料风管、玻璃钢风管、复合型风管按设计图示规格以展开面积计算，以"m²"为计量单位。不扣除检查孔、测定孔、送风口、吸风口等所占面积。风管展开面积不计算风管、管口重叠部分面积。

(2)薄钢板风管、净化风管、不锈钢风管、铝板风管、塑料风管、玻璃钢风管、复合型风管长度计算时均以设计图示中心线长度(主管与支管以其中心线交点划分)，包括弯头、变径管、天圆地方等管件的长度，不包括部件所占长度。

(3)柔性软风管安装按设计图示中心线长度计算，以"m"为计量单位；柔性软风管阀门安装按设计图示数量计算，以"个"为计量单位。

(4)弯头导流叶片制作安装按设计图示叶片的面积计算，以"m²"为计量单位。

(5)软管(帆布)接口制作安装按设计图示尺寸，以展开面积计算，以"m²"为计量单位。

(6)风管检查孔制作安装按设计图示尺寸质量计算，以"kg"为计量单位。

(7)温度、风量测定孔制作安装依据其型号，按设计图示数量计算，以"个"为计量单位。

3. 定额工程量计算示例

【例 7-3】 如图 7-9 所示，某通风系统设计圆形渐缩风管均匀送风，采用 1 mm 镀锌薄钢板，风管直径 $D_1 = 800$ mm，$D_2 = 400$ mm，风管中心线长度为 10 m，咬口连接。试计算圆形渐缩风管工程量。

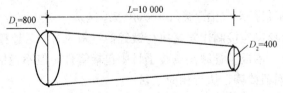

图 7-9 某圆形渐缩风管示意图

【解】 碳钢通风管道工程量 $= (0.8 + 0.4)/2 \times \pi \times 10 = 18.85$(m²)

【例 7-4】 某工程采用铝板风管，规格为 $\phi 630 \times 3$，长度为 8.48 m，采用手工氩弧焊连接。试计算其工程量。

【解】 铝板风管工程量＝π×0.63×8.48＝16.78（m²）

## 四、通风管道部件制作安装定额工程量

1. 定额说明

(1)本册定额通风管道部件制作安装部分包括碳钢调节阀安装，柔性软风管阀门安装，碳钢风口安装，不锈钢风口安装，法兰、吊托支架制作、安装，塑料散流器安装，塑料空气分布器安装，铝制孔板口安装，碳钢风帽制作、安装，塑料风帽、伸缩节制作、安装，铝板风帽、法兰制作、安装，玻璃钢风帽安装，罩类制作、安装，塑料风罩制作、安装，消声器安装，消声静压箱安装，静压箱制作、安装，人防排气阀门安装，人防手动密闭阀门安装，人防其他部件制作、安装。

(2)下列费用按系数分别计取：

1)电动密闭阀安装执行手动密闭阀子目，人工乘以系数1.05。

2)手(电)动密闭阀安装子目包括一副法兰，两副法兰螺栓及橡胶石棉垫圈。如为一侧接管时，人工乘以系数0.6，材料、机械乘以系数0.5。不包括吊托支架制作与安装，如发生执行本册定额第一章中"设备支架制作、安装"相应项目。

3)碳钢百叶风口安装子目适用于带调节板活动百叶风口、单层百叶风口、双层百叶风口、三层百叶风口、连动百叶风口、135型单层百叶风口、135型双层百叶风口、135型带导流叶片百叶风口、活动金属百叶风口。风口的宽与长之比≤0.125为条缝形风口，执行百叶风口子目，人工乘以系数1.1。

(3)有关说明：

1)密闭式对开多叶调节阀与手动式对开多叶调节阀执行同一子目。

2)蝶阀安装子目适用于圆形保温蝶阀，方、矩形保温蝶阀，圆形蝶阀，方、矩形蝶阀。风管止回阀安装子目适用于圆形风管止回阀，方形风管止回阀。

3)铝合金或其他材料制作的调节阀安装应执行相应子目。

4)碳钢散流器安装子目适用于圆形直片散流器、方形直片散流器、流线形散流器。

5)碳钢送吸风口安装子目适用于单面送吸风口、双面送吸风口。

6)铝合金风口安装应执行碳钢风口子目，人工乘以系数0.9。

7)铝制孔板风口如需电化处理时，电化费另行计算。

8)其他材质和形式的排气罩制作安装可执行本册定额通风管道部件制作安装部分中相近的子目。

9)管式消声器安装适用于各类管式消声器。

10)静压箱吊托支架执行设备支架子目。

11)手摇(脚踏)电动两用风机安装，其支架按与设备配套编制，若自行制作，按本册定额第一章中"设备支架制作、安装"子目另行计算。

12)排烟风口吊托支架执行本册定额第一章中"设备支架制作、安装"项目。

13)除尘过滤器、过滤吸收器安装子目不包括支架制作安装，其支架制作安装执行本册定额第一章中"设备支架制作、安装"子目。

14)探头式含磷毒气报警器安装包括探头固定和三角支架制作安装，报警器保护孔按建

筑预留考虑。

15)γ射线报警器探头安装孔按钢套管编制，地脚螺栓(M12 x200，6 个)按与设备配套编制。它包括安装孔孔底电缆穿管，但不包括电缆敷设，如设计电缆穿管长度大于 0.5 m，超过部分另外执行相应子目。

16)密闭穿墙管填料按油麻丝、黄油封堵考虑，如填料不同，不作调整。

17)密闭穿墙管制作安装分类：Ⅰ型为薄钢板风管直接浇入混凝土墙内的密闭穿墙管；Ⅱ型为取样管用密闭穿墙管；Ⅲ型为薄钢板风管通过套管穿墙的密闭穿墙管。

18)密闭穿墙管按墙厚 0.3 m 编制，如与设计墙厚不同，管材可以换算，其余不变；Ⅲ型穿墙管项目不包括风管本身。

2. 工程量计算规则

(1)碳钢调节阀安装依据其类型、直径(圆形)或周长(方形)，按设计图示数量计算，以"个"为计量单位。

(2)柔性软风管阀门安装按设计图示数量计算，以"个"为计量单位。

(3)碳钢各种风口、散流器的安装依据类型、规格尺寸按设计图示数量计算，以"个"为计量单位。

(4)钢百叶窗及活动金属百叶风口安装依据规格尺寸按设计图示数量计算，以"个"为计量单位。

(5)塑料通风管道柔性接口及伸缩节制作安装应依连接方式按设计图示尺寸以展开面积计算，以"m²"为计量单位。

(6)塑料通风管道分布器、散流器的制作安装按其成品质量，以"kg"为计量单位。

(7)塑料通风管道风帽、罩类的制作均按其质量，以"kg"为计量单位；非标准罩类制作按成品质量，以"kg"为计量单位。罩类为成品安装时制作不再计算。

(8)不锈钢板风管圆形法兰制作安装按设计图示尺寸以质量计算，以"kg"为计量单位。

(9)不锈钢板风管吊托支架制作安装按设计图示尺寸以质量计算，以"kg"为计量单位。

(10)铝板圆伞形风帽、铝板风管圆、矩形法兰制作按设计图示尺寸以质量计算，以"kg"为计量单位。

(11)碳钢风帽的制作安装均按其质量以"kg"为计量单位；非标准风帽制作安装按成品质量以"kg"为计量单位。风帽为成品安装时制作不再计算。

(12)碳钢风帽筝绳制作安装按设计图示规格长度以质量计算，以"kg"为计量单位。

(13)碳钢风帽泛水制作安装按设计图示尺寸以展开面积计算，以"m²"为计量单位。

(14)碳钢风帽滴水盘制作安装按设计图示尺寸以质量计算，以"kg"为计量单位。

(15)玻璃钢风帽安装依据成品质量按设计图示数量计算，以"kg"为计量单位。

(16)罩类的制作安装均按其质量以"kg"为计量单位；非标准罩类制作安装按成品质量以"kg"为计量单位。罩类为成品安装时制作不再计算。

(17)微穿孔板消声器、管式消声器、阻抗式消声器成品安装按设计图示数量计算，以"节"为计量单位。

(18)消声弯头安装按设计图示数量计算，以"个"为计量单位。

(19)消声静压箱安装按设计图示数量计算，以"个"为计量单位。

(20)静压箱制作安装按设计图示尺寸以展开面积计算，以"m²"为计量单位。

(21)人防通风机安装按设计图示数量计算，以"台"为计量单位。

(22)人防各种调节阀制作安装按设计图示数量计算，以"个"为计量单位。

(23)LWP型滤尘器制作安装按设计图示尺寸以面积计算，以"m²"为计量单位。

(24)探头式含磷毒气及γ射线报警器安装按设计图示数量计算，以"台"为计量单位。

(25)过滤吸收器、预滤器、除湿器等安装按设计图示数量计算，以"台"为计量单位。

(26)密闭穿墙管制作安装按设计图示数量计算，以"个"为计量单位。密闭穿墙管填塞按设计图示数量计算，以"个"为计量单位。

(27)测压装置安装按设计图示数量计算，以"套"为计量单位。

(28)换气堵头安装按设计图示数量计算，以"个"为计量单位。

(29)波导窗安装按设计图示数量计算，以"个"为计量单位。

3. 定额工程量计算示例

【例 7-5】 某工程安装矩形碳钢送风口 2 个，尺寸为 80 mm×69 mm。试计算其安装工程量。

【解】 根据定额计算规则，碳钢各种风口、散流器的安装依据类型、规格尺寸按设计图示数量计算，以"个"为计量单位。

$$矩形碳钢送风口工程量＝2 个$$

# 第三节　通风空调工程清单工程量计算

## 一、通风空调工程工程量清单内容

### 1. 清单适用范围

通风空调工程适用于通风(空调)设备及部件、通风管道及部件的制作与安装工程。

### 2. 相关说明

(1)冷冻机组站内的设备安装、通风机安装及人防两用通风机安装，应按《通用安装工程工程量计算规范》(GB 50856—2013)附录 A"机械设备安装工程相关项目"编码列项。

(2)冷冻机组站内的管道安装，应按《通用安装工程工程量计算规范》(GB 50856—2013)附录 H"工业管道工程相关项目"编码列项。

(3)冷冻站外墙皮以外通往通风空调设备的供热、供冷、供水等管道，应按《通用安装工程工程量计算规范》(GB 50856—2013)附录 K"给排水、采暖、燃气工程相关项目"编码列项。

(4)设备和支架的除锈、刷漆、保温及保护层安装，应按《通用安装工程工程量计算规范》(GB 50856—2013)附录 M"刷油、防腐蚀、绝热工程相关项目"编码列项。

## 二、通风及空调设备及部件制作安装清单工程量计算

### 1. 清单项目编码和项目特征

(1)空气加热器(冷却器)(030701001)、除尘设备(030701002)项目特征须描述名称，型

号，规格，质量，安装形式，支架形式、材质。

(2)空调器(030701003)项目特征须描述名称，型号，规格，安装形式，质量，隔振垫(器)、支架形式、材质。

(3)风机盘管(030701004)项目特征须描述名称，型号，规格，安装形式，减振器、支架形式、材质，试压要求。

(4)表冷器(030701005)项目特征须描述名称、型号、规格。

(5)密闭门(030701006)，挡水板(030701007)，滤水器、溢水盘(030701008)，金属壳体(030701009)项目特征须描述名称，型号，规格，形式，支架形式、材质。

(6)过滤器(030701010)项目特征须描述名称，型号，规格，类型，框架形式、材质。

(7)净化工作台(030701011)项目特征须描述名称、型号、规格、类型。

(8)风淋室(030701012)、洁净室(030701013)项目特征须描述名称、型号、规格、类型、质量。

(9)除湿机(030701014)项目特征须描述名称、型号、规格、类型。

(10)人防过滤吸收器(030701015)项目特征须描述名称，规格，形式，材质，支架形式、材质。

**2. 清单工程量计算规则**

(1)空气加热器(冷却器)、除尘设备、风机盘管、表冷器、净化工作台、风淋室、洁净室、除湿机、人防过滤吸收器以"台"为计量单位，按设计图示数量计算。

(2)空调器以"台(组)"为计量单位，按设计图示数量计算。

(3)密闭门，挡水板，滤水器、溢水盘，金属壳体以"个"为计量单位，按设计图示数量计算。

(4)过滤器以"台"为计量单位，按设计图示数量计算；或者以"m²"为计量单位，按设计图示尺寸以过滤面积计算。

**3. 清单工程量计算示例**

【例7-6】 对【例7-1】编制该挡水板的分部分项工程项目清单与计价表。

【解】 (1)计算定额费用。根据相关定额，计量单位为"m²"，人工费单价为159.06元，材料费单价为662.28元，机械费单价为17.52元。由此可得

人工费$=0.126 \times 159.06 = 20.04$(元)

材料费$=0.126 \times 662.28 = 83.45$(元)

机械费$=0.126 \times 17.52 = 2.21$(元)

(2)计算清单项目综合单价。按建筑工程取费标准取费，企业管理费费率取25%，利润费费率取15%，计费基础为：人工费+机械费。

计费基础$=20.04 + 2.21 = 22.25$(元)

人工费$=20.04$元。

材料费$=83.45$元。

机械费$=2.21$元。

企业管理费$=22.25 \times 25\% = 5.56$(元)

利润$=22.25 \times 15\% = 3.34$(元)

小计$=20.04 + 83.45 + 2.21 + 5.56 + 3.34 = 114.60$(元)

综合单价$=114.60/1 = 114.60$(元)

(3)编制分部分项工程和单价措施项目清单与计价表。根据《通用安装工程工程量计算规范》(GB 50856—2013)的规定，挡水板项目编码为030701007，计量单位为"个"，计算规则为按设计图示数量计算，则编制的分部分项工程和单价措施项目清单与计价表见表7-3。

表7-3 分部分项工程和单价措施项目清单与计价表

| 序号 | 项目编码 | 项目名称 | 项目特征描述 | 计量单位 | 工程量 | 金额/元 | | |
| --- | --- | --- | --- | --- | --- | --- | --- | --- |
| | | | | | | 综合单价 | 合价 | 其中：暂估价 |
| 1 | 030701007001 | 挡水板 | 六折曲板钢板挡水板 | 个 | 1 | 114.60 | 114.60 | — |

## 三、通风管道制作安装清单工程量计算

### 1. 清单项目编码和项目特征

(1)碳钢通风管道(030702001)、净化通风管道(030702002)项目特征须描述名称，材质，形状，规格，板材厚度，管件、法兰等附件及支架设计要求，接口形式。

(2)不锈钢板通风管道(030702003)、铝板通风管道(030702004)、塑料通风管道(030702005)项目特征须描述名称，形状，规格，板材厚度，管件、法兰等附件及支架设计要求，接口形式。

(3)玻璃钢通风管道(030702006)项目特征须描述名称，形状，规格，板材厚度，支架形式、材质，接口形式。

(4)复合型风管(030702007)项目特征须描述名称，材质，形状，规格，板材厚度，接口形式，支架形式、材质。

(5)柔性软风管(030702008)项目特征须描述名称，材质，规格，风管接头、支架形式、材质。

(6)弯头导流叶片(030702009)项目特征须描述名称、材质、规格、形式。

(7)风管检查孔(030702010)项目特征须描述名称、材质、规格。

(8)温度、风量测定孔(030702011)项目特征须描述名称、材质、规格、设计要求。

### 2. 清单工程量计算规则

(1)碳钢通风管道、净化通风管道、不锈钢板通风管道、铝板通风管道、塑料通风管道以"m²"为计量单位，按设计图示内径尺寸以展开面积计算。

(2)玻璃钢通风管道、复合型风管以"m²"为计量单位，按设计图示外径尺寸以展开面积计算。

(3)柔性软风管以"m"为计量单位，按设计图示中心线以长度计算；或者以"节"为计量单位，按设计图示数量计算。

(4)弯头导流叶片以"m²"为计量单位，按设计图示以展开面积平方米计算；或者以"组"为计量单位，按设计图示数量计算。

(5)风管检查孔以"kg"为计量单位，按风管检查孔质量计算；或者以"个"为计量单位，按设计图示数量计算。

(6)温度、风量测定孔以"个"为计量单位，按设计图示数量计算。

### 3. 清单工程量计算示例

【例7-7】 图7-10所示为矩形弯头320 mm×1 600 mm导流叶片，中心角 $\alpha=90°$，半径 $r=200$ mm，导流叶片片数为10片，数量为1组。试编制该弯头导流叶片的分部分项工程

和单价措施项目清单与计价表。

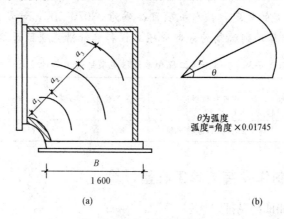

**图 7-10　导流叶片示意图**

(a)导流叶片安装图；(b)导流叶片局部图

**【解】** (1)计算定额费用。弯头导流叶片工程量：导流叶片弧长×弯头边长 $B$ ×片数＝ $3.14×90×0.2/180×1.60×10＝5.02(m^2)$

根据相关定额，计量单位为 $m^2$，人工费单价为 36.69 元，材料费单价为 43.25 元。由此可得

人工费＝ $5.02×36.69＝184.18$ (元)。

材料费＝ $5.02×43.25＝217.12$ (元)。

(2)计算工程量清单综合单价。

计费基础＝184.18 元。

人工费＝184.18 元。

材料费＝217.12 元。

企业管理费＝ $184.18×25\%＝46.05$ (元)。

利润＝ $184.18×15\%＝27.63$ (元)。

小计＝ $184.18＋217.12＋46.05＋27.63＝474.98$ (元)。

根据《通用安装工程工程量计算规范》(GB 50856—2013)的规定，弯头导流叶片项目编码为 030702009，其计算规则若以"$m^2$"计量，按设计图示以展开面积平方米计算；若以"组"计量，按设计图示数量计算。

若以"$m^2$"为计量单位，综合单价＝ $474.98/5.02＝94.62$ (元)。

若以"组"为计量单位，综合单价＝ $474.98/1＝474.98$ (元)。

(3)编制分部分项工程和单价措施项目清单与计价表。编制的分部分项工程和单价措施项目清单与计价表见表 7-4。

**表 7-4　分部分项工程和单价措施项目清单与计价表**

| 序号 | 项目编码 | 项目名称 | 项目特征描述 | 计量单位 | 工程量 | 金额/元 | | |
| --- | --- | --- | --- | --- | --- | --- | --- | --- |
| | | | | | | 综合单价 | 合价 | 其中：暂估价 |
| 1 | 030702009001 | 弯头导流叶片 | 矩形弯头 320 mm× 1 600 mm 导流叶片 | m² /组 | 5.02(1) | 94.62 (474.98) | 474.98 | — |

## 四、通风管道部件制作安装清单工程量计算

### 1. 清单项目编码和项目特征

(1)碳钢阀门(030703001)项目特征须描述名称，型号，规格，质量，类型，支架形式、材质。

(2)柔性软风管阀门(030703002)项目特征须描述名称、规格、材质、类型。

(3)铝蝶阀(030703003)、不锈钢蝶阀(030703004)项目特征须描述名称、规格、质量、类型。

(4)塑料阀门(030703005)、玻璃钢蝶阀(030703006)项目特征须描述名称、型号、规格、类型。

(5)碳钢风口、散流器、百叶窗(030703007)项目特征须描述名称、型号、规格、质量、类型、形式。

(6)不锈钢风口、散流器、百叶窗(030703008)，塑料风口、散热器、百叶窗(030703009)项目特征须描述名称、型号、规格、质量、类型、形式。

(7)玻璃钢风口(030703010)，铝及铝合金风口、散热器(030703011)项目特征须描述名称、型号、规格、类型、形式。

(8)碳钢风帽(030703012)、不锈钢风帽(030703013)、塑料风帽(030703014)、铝板伞形风帽(030703015)、玻璃钢风帽(030703016)项目特征须描述名称，规格，质量，类型，形式，风帽筝绳、泛水设计要求。

(9)碳钢罩类(030703017)、塑料罩类(030703018)项目特征须描述名称、型号、规格、质量、类型、形式。

(10)柔性接口(030703019)项目特征须描述名称、规格、材质、类型、形式。

(11)消声器(030703020)项目特征须描述名称，规格，材质，形式，质量，支架形式、材质。

(12)静压箱(030703021)项目特征须描述名称，规格，形式，材质，支架形式、材质。

(13)人防超压自动排气阀(030703022)项目特征须描述名称、型号、规格、类型。

(14)人防手动密闭阀(030703023)项目特征须描述名称，型号，规格，支架形式、材质。

(15)人防其他部件(030703024)项目特征须描述名称、型号、规格、类型。

### 2. 清单工程量计算规则

(1)碳钢阀门，柔性软风管阀门，铝蝶阀，不锈钢蝶阀，塑料阀门，玻璃钢蝶阀，碳钢风口、散流器、百叶窗，不锈钢风口、散流器、百叶窗，塑料风口、散热器、百叶窗，玻璃钢风口，铝及铝合金风口、散热器，碳钢风帽，不锈钢风帽，塑料风帽，铝板伞形风帽，玻璃钢风帽，碳钢罩类，塑料罩类，消声器，人防超压自动排气阀，人防手动密闭阀以"个"为计量单位，按设计图示数量计算。

(2)柔性接口以"m²"为计量单位，按设计图示尺寸以展开面积计算。

(3)静压箱以"个"为计量单位，按设计图示数量计算；或者以"m²"为计量单位，按设计图示尺寸以展开面积计算。

(4)人防其他部件以"个(套)"为计量单位，按设计图示数量计算。

### 五、通风工程检测、调试清单工程量计算

#### 1. 清单项目编码和项目特征

(1)通风工程检测、调试(030704001)项目特征须描述风管工程量。

(2)风管漏光试验、漏风试验(030704002)项目特征须描述漏光试验、漏风试验、设计要求。

#### 2. 清单工程量计算规则

(1)通风工程检测、调试以系统为计量单位，按通风系统计算。

(2)风管漏光试验、漏风试验以 m² 为计量单位，按设计图纸或规范要求以展开面积计算。

---

## 本章小结

本章主要介绍通风空调工程定额说明和定额工程量计算规则，清单项目编码、项目特征描述和清单工程量计算规则。通过本章的学习，学生应掌握通风空调工程定额工程量和费用的计算，清单工程量和综合单价的计算。

---

## 思考与练习

### 一、填空题

1. 通风工程按作用范围分类可分为_____、_____、_____。

2. 空调系统按空气处理设备的设置情况分类可分为_____、_____、_____。

3. 挡水板制作和安装按设计图示尺寸以_____计算，以"_____"为计量单位。

4. 根据通风空调工程定额说明，净化通风管道子目按空气洁净度_____编制。

5. 通风工程检测、调试以"_____"为计量单位，按_____计算。

### 二、简答题

1. 简述薄钢板风管定额工程量计算规则。

2. 根据通风空调工程定额说明，碳钢百叶风口安装子目适用于哪些风口？

3. 简述碳钢风帽制作安装的定额工程量计算规则。

4. 过滤器的清单项目编码是多少？须描述哪些项目特征？其清单工程量计算规则是怎样的？

5. 风管检查孔的清单项目编码是多少？须描述哪些项目特征？其清单工程量计算规则是怎样的？

# 第八章 刷油、防腐蚀、绝热工程
# 工程量计算

能力目标

能计算刷油、防腐蚀、绝热工程的工程量。

知识目标

1. 了解除锈、刷油、防腐蚀、绝热工程的基础知识。
2. 掌握刷油、防腐蚀、绝热工程定额说明与定额工程量计算规则。
3. 掌握刷油、防腐蚀、绝热工程清单项目编码和须描述的项目特征，以及清单工程量计算规则。

## 第一节 刷油、防腐蚀、绝热工程概述

刷油、防腐蚀、绝热工程是各类设备、管道、结构的依附工程，它不是主要工程实体项目，在工程量清单计价中，它不作为清单项目列出，是按设计要求在工程量清单中作为主体项目的子项目，是安装工程计价的组成部分。

### 一、除锈工程

除锈即表面处理，除锈的好坏关系到防腐效果，倘若未处理表面的铁锈和杂质，如油脂、水垢、灰尘等，会影响防腐层同基体表面的黏结和附着。所以，对设备或管道等施工时，要根据规范的要求进行处理。

1. 除锈等级

钢材表面锈蚀程度可划分为 A、B、C、D 四级，见表 8-1。一般来说，对 C 级和 D 级钢材表面需要进行较为彻底的表面处理。

表 8-1　钢材表面原始锈蚀等级

| 锈蚀等级 | 锈蚀状况 |
| --- | --- |
| A 级 | 大面积覆盖着氧化皮而几乎没有铁锈的钢材表面 |
| B 级 | 已发生锈蚀，并且氧化皮已开始剥落的钢材表面 |
| C 级 | 氧化皮已因锈蚀而剥落，或者可以刮除，并且在正常视力观察下可见轻微点蚀的钢材表面 |
| D 级 | 氧化皮已因锈蚀而剥落，并且在正常视力观察下可见普遍发生点蚀的钢材表面 |

**2. 除锈方法**

金属表面的除锈方法主要有手工除锈、动力工具除锈、喷砂除锈及化学除锈。

(1)手工除锈是使用砂轮片、刮刀、锉刀、钢丝刷、纱布等简单工具摩擦外表面，将金属表面的锈层、氧化皮、铸砂等除掉，露出金属光泽。人工除锈劳动强度大，效率低，质量差，一般在劳动力充足或无法使用机械除锈的情况下采用。

(2)动力工具除锈是利用砂轮、钢丝刷等动力工具打磨金属表面，将金属表面的锈层、氧化皮、铸砂等污物除净。

(3)喷砂除锈是采用 0.4～0.6 MPa 的压缩空气，把粒径为 0.5～2.0 mm 的砂子喷射到有锈污的金属表面上，靠砂子的打击使金属材料表面的污物去掉，露出金属光泽，再用干净的废棉纱或废布擦干净。喷砂除锈可分为干法喷砂除锈和湿法喷砂除锈。干法喷砂除锈灰尘大，污染环境，影响身体健康。湿法喷砂除锈可减少尘埃的飞扬，但金属表面易再度生锈，因此常在水中加入 1%～5% 的缓蚀剂(磷酸三钠、亚硝酸钠)，使除锈后的金属表面形成一层钝化膜，可保持短时间内不生锈。

(4)化学除锈又称酸洗除锈，它是用浓度为 10%～20%、温度为 18～60 ℃ 的稀硫酸溶液(或用 10%～15% 的盐酸溶液在室温下)浸泡金属物件，清除金属表面的锈层、氧化皮。酸溶液中应加入缓蚀剂(如亚硝酸钠)，以免损伤金属。酸洗后用水清洗，再用碱溶液中和，最后热水冲洗 2～3 次，用热空气干燥。化学除锈方法一般用于形状复杂的设备或零部件。

## 二、刷油工程

刷油亦称为涂覆，是安装工程施工中常见的重要内容，将普通油脂漆料涂刷在金属表面、使之与外界隔绝，防止气体、水分的氧化侵蚀，并增加光泽。设备、管道以及附属钢结构经过除锈以后，就可在其表面进行刷油(涂覆)。

刷油工程定额适用于金属面、管道、设备、通风管道、金属结构与玻璃布面、石棉布面、抹灰面等刷(喷)油漆工程。

刷油一般有底漆和面漆，其刷漆遍数、种类、颜色等根据设计图纸要求决定。刷油的方法可分为手工涂刷法和采用喷枪为工具的空气喷涂法。手工涂刷法操作简便，适应性强，但效率低。空气喷涂法的特点是漆膜厚度均匀，表面平整，效率高。无论采用哪种方法，均要求被涂物表面干燥清洁。多遍涂刷时，必须在上一层的漆膜干燥后或基本干燥后，方可涂刷下一遍。

**(一)涂料的组成**

涂料的种类虽然很多，但一般只包括成膜物、溶剂、颜料(粉料)和助剂。

**(二)涂料的作用**

涂料是一种流动状态或粉末状态的有机物质。将其涂敷在物体表面上干燥(或固化干燥)后形成一层薄膜，均匀地覆盖并紧附在物体表面上。其作用如下：

(1)保护作用。由于大气、阳光和各种介质的存在使物体表面受到腐蚀，如金属表面生锈和木材腐烂等，而在金属或木材表面上涂一层具有耐潮湿、耐候性、耐化学介质的涂料，就可以达到保护金属、木材等物体不受腐蚀并延长使用寿命的效果。

(2)装饰作用。将物体表面涂一层涂料，使其具有色彩、光泽、平滑性等，给人们留下美的舒适感受。

(3)特殊功能作用。将物体表面涂一层涂料，可以使物体获得调节热、电传导性，防止微生物附着、声波的散发、光的反射和吸收，有的还可起夜光、分辨标志等作用。

**(三)涂料的分类**

**1.按涂料的构成形态分**

(1)按成膜物质的分散形态，可分为无溶剂型涂料、溶剂型涂料、分散型涂料、水乳胶型涂料、粉末型涂料。

(2)按是否含有颜料，可分为厚漆(系含有颜料的有色不透明的无溶剂型涂料)、磁漆(系含有颜料的有色不透明的溶剂型涂料)与清漆(系不含有颜料的溶剂型涂料，一般为透明的)。

**2.按成膜物质的类别分**

(1)大漆(改性的漆酚树脂漆)。

(2)天然树脂清漆。

(3)沥青类涂料。

(4)水性涂料。

(5)油性涂料。

(6)纤维素涂料。

(7)各类合成树脂涂料。

**3.按成膜干燥机理分**

(1)挥发干燥型涂料，又称热塑性涂料(系指自然干燥型涂料)。

(2)固化干燥型涂料，又称气干型涂料(与空气中的氧气或潮气反应而干燥)。

(3)烘烤型涂料，又称热固型涂料或热熔融型涂料。

(4)触媒固化型涂料(加入固化剂或促进与固化剂固化干燥的)。

(5)辐射型涂料。

(6)多组分型涂料。

**4.按成膜程序分**

按成膜程序分为底漆、中间漆及面漆。

**(四)涂料选用的原则**

正确选用涂料，对漆膜的质量和使用寿命具有重要的意义。选用涂料应注意以下几点：

(1)涂料的适用范围和环境条件。选用涂料应明确涂料的适用范围及其所处环境条件，如室外钢结构、管道外皮涂刷涂料，主要是防止锈蚀和良好的耐久性。如果是化工大气腐蚀的环境，则选用的涂料就应当考虑漆膜耐腐蚀的性能。混凝土表面涂漆就应考虑漆膜的附着强度和耐久性。

(2)被涂物体的材质。同一种涂料涂在不同材质的物体上会有不同的效果。例如，采用适用于钢铁表面的油性防锈涂料，若使用在中和处理的新混凝土表面时，由于混凝土中含碱性物质，易与油性涂料起皂化反应，结果会使涂层脱落。

(3)涂料的配套性。涂料的配套性是指采用底漆、腻子、面漆和罩光漆作复合层时，应特别注意底漆适用何种面漆，即底漆与面漆是否起反应，附着力大小等。有些人对涂料的配套性不了解，往往随意使用底漆、中间漆、面漆，造成漆膜分层、咬起、析出、脱落等质量事故。

(4)经济效果。选用涂料时应注意涂料的价格高低和使用寿命长短。应选用价格低、使用寿命长、施工方便、低毒或无毒性涂料。

## 三、防腐蚀工程

防腐蚀是指在碳钢管道、设备、型钢支架和水泥砂浆表面要喷涂防锈漆，粘贴耐腐蚀材料和涂抹防腐蚀面层，用以抵御腐蚀物质的侵蚀。防腐蚀工程是避免管道和设备腐蚀损失，减少使用昂贵的合金钢，杜绝生产中的泄漏和保证设备正常连续运转及安全生产的重要手段。

防腐措施，有内防腐措施和外防腐措施之分。安装工程中的管道、设备、管件、阀门等，除采取外防腐措施防止锈蚀外，有些工程还要按照使用或设计的要求，采用内防腐措施，涂刷防腐材料或用防腐材料衬里，附着于内壁，与腐蚀物质隔开。因此，也可以说防腐蚀工程是根据需要对除锈、刷油、绝热等工程的综合处理。

目前，防腐蚀方法较多，概括起来一般包括电化学防护，添加缓蚀剂，金属镀层保护，非金属材料保护，用非金属材料代替金属材料，选用有色金属或合金材料，除掉介质中的有害成分，钝化液处理以及选用合理的结构、先进的工艺流程等。

### 1. 电化学防护

电化学腐蚀是金属在介质溶液中，由于存在阳极与阴极区之间的电位差，形成了腐蚀电池而引起的腐蚀。例如，将金属锌(Zn)，放入盐酸(HCl)溶液中，会发生如下反应：

即可看 $$Zn + 2H^+ \rightarrow Zn^{2+} + H_2 \uparrow$$
成

又可以分为两个反应式：

$$氧化反应(阳极反应) Zn \rightarrow Zn^{2+} + 2e$$
$$还原反应(阴极反应) 2H^+ + 2e \rightarrow H_2 \uparrow$$

为了避免这种腐蚀，采取相应的电化学防护，其方法是对被保护的金属面，通以直流电流进行极化，消除电解质中形成的电位差，使其达到某一电位，使被保护的金属减少腐蚀。

电化学防护分为阳极保护和阴极保护两种。

(1)阳极保护(又叫化学转化)是在被保护的金属表面通以阳极直流电流，使金属表面形成一种钝化膜，增加腐蚀阻力，阻止介质与金属表面进行腐蚀反应。

(2)阴极保护是在被保护金属面通以阴极直流电流，消除或者减少被保护金属表面的腐蚀电池作用。

阳极保护较复杂，且实施难度大；阴极保护相对安全简便。这两种方法在国内均有应用。如碱液浓缩锅应用阴极保护、长输管道采用牺牲阳极的阳极保护，均能起到了较好的效果。

### 2. 添加缓蚀剂

在腐蚀介质中添加少许物质，就会使腐蚀介质的腐蚀速度降低或停止，称这类物质为缓蚀剂。缓蚀剂的特点是不会改变介质的性质。缓蚀剂主要有吸附型缓蚀剂、除蚀剂、氧化剂及气相缓蚀剂等。

（1）吸附型缓蚀剂，一般都是有机化合物。它的作用是吸附在金属表面上，使金属氧化还原反应都受到抑制，这类缓蚀剂放在酸性介质中是非常有效的。

（2）除蚀剂，这类缓蚀剂的作用是在水溶液中加入适量的除蚀剂，如亚硫酸钠或肼就可以除掉水溶液中的氧，其反应式如下：

$$2Na_2SO_3 + O_2 \rightarrow 2Na_2SO_4$$

$$H_2NNH_2 + O_2 \rightarrow N_2 + 2H_2O$$

此类缓蚀剂在氧化还原为控制腐蚀的阴极反应的溶液中是很有效的，但在强酸中是无效的。

（3）氧化剂，如铬酸盐、硝酸盐和三价铁盐，其主要用于氧化→钝化转化的金属和合金的缓蚀。

（4）气相缓蚀剂，它与有机吸附型缓蚀剂相似，而且具有很高的蒸气压力。它的主要作用是使用时将其放在金属附近，不需要和金属直接接触，靠升华后凝聚在金属表面上阻止腐蚀的发生。

### 3. 金属镀层保护

将有色金属材料采用气喷涂或电镀、热浸等方法嵌附在被保护的金属表面上，防止介质对金属表面的腐蚀作用。如对桥梁、排气筒等，用喷铝的方法镀层保护，可以减少介质对金属的腐蚀作用。

### 4. 非金属材料保护

采用耐腐蚀的非金属材料，如各种陶瓷砖、板、橡胶、塑料、玻璃钢等，对设备及管道表面进行衬涂，防止介质与金属接触，以达到防腐蚀的目的。

### 5. 用非金属材料代替金属材料

选用耐腐蚀的非金属材料，如塑料、玻璃钢等，加工制造各种管道、管件、设备等应用于生产中。

### 6. 选用有色金属或合金材料

针对介质的腐蚀性质，合理选用有色金属或合金材料，制造各种设备、管道。如用镍管、铅管分别作浓碱液和硫酸的输送管道，用铝板、不锈钢板材分别制作浓硝酸贮罐和硝酸吸收塔等。

### 7. 除掉介质中的有害成分

酸性气体氯气、二氧化硫……，含有 0.02% 以上的水分时，对金属表面的腐蚀作用很严重，用干燥方法预先除掉或减少气体中的水分，就可以减少酸性气体对金属表面的腐蚀等。

### 8. 钝化液处理

钝化液处理，是先将金属表面经过除锈，然后再用配制好的钝化液进行浸泡，使其被保护的金属表面生成一种很薄的钝化膜，如对金属填料环、输氧管道、枪炮筒进行烤蓝（发蓝）处理等。

### 9. 选用合理的结构、先进的工艺流程

如预热焊接，减少焊接时产生的热应力和残余应力；采用的工艺流程应力求避免停滞、聚集区域和局部受热现象的产生。

## 四、绝热工程

绝热是减少系统热量向外传递（保温）或外部热量传入系统内（保冷）而采取的一种工程措施。

保温和保冷不同，保冷的要求比保温高。保冷结构的热传递方向是由外向内。在热传递过程中，由于保冷结构的内外温差，结构内的温度低于外部空气的露点温度，使得渗入保冷结构的空气温度降低，将空气中的水分凝结出来，在保冷结构内部积聚，甚至产生结冰现象，导致绝热材料的热导率增大，绝热效果降低甚至失效。为防止水蒸气渗入绝热结构，保冷结构的绝热层外必须设置防潮层，而保温结构在一般情况下不设置防潮层。

保温结构：防腐层→保温层→保护层→识别层。

保冷结构：防腐层→保冷（温）层→防潮层→保护层→识别层。

绝热的作用是降低（或减少）热量损失，节约燃料消耗；防止气体冷凝结露、流体冻结、蒸发损失，维护生产的正常进行；防止火灾，提高耐火绝缘，防烫等，改善劳动条件；避免能量的浪费，降低能耗等。

绝热材料，是指密度小（保温材料不大于 400 kg/m³、保冷材料不大于 220 kg/m³）、导热系数小[平均温度在 350 ℃时不得大于 0.12 W/(m·K)]、无腐蚀性、吸水和吸湿率小，并具有一定强度的一种建筑材料。

### 1. 绝热层材料分类

（1）按材质分。按材质分，绝热层材料可分为有机材料和无机材料。

（2）按适用温度分。按适用温度分，绝热层材料可分为保冷材料、保温材料、隔热材料、耐火隔热材料（耐高温材料）。

（3）按材料性状分。按材料性状分，绝热层材料可分为轻质材料、硬质材料、半硬质材料、散状材料。

### 2. 绝热层施工方法及施工注意事项

绝热层施工方法较多，常见的施工方法有捆扎法、拼砌法、缠绕法、粘贴法、充填法、浇筑法、喷涂法及涂抹法等。绝热层施工中的注意事项如下：

（1）采用定型的预制瓦块、板绝热施工，瓦块或板材间的缝隙应互相错开。内外层缝隙也要错开覆盖，保温层缝隙不得大于 10 mm，保冷不得大于 2 mm，每块预制块至少捆扎两道铁丝（或钢带）。

（2）用预制块砌筑设备封头时，需将预制块加工成扇形，砌筑后用铁丝（或钢带）捆扎固定或按设计要求施工。用毡席材料铺砌封头时，挂在毡席表面的铁丝网，应用相应的铁线缝合，再用铁丝（或钢带）搣成扇形固定。对于立式设备封头，为了避免施工时和检修时踩

坏保护层，应尽量采用硬质材料，而少用棉席等软质材料。

（3）属于螺栓连接的部位，而且需要冷紧或者热紧的，都应分别在冷紧或者热紧之后单独进行绝热层和保护层施工。

（4）保冷层施工时，若无设计要求，保冷层长度应大于设备或管道保冷厚度的四倍或达到垫木厚度。

（5）保温或保冷管线应单独进行施工。保温、保冷的管线，保温、保冷后其表面与相邻的管线及其他障碍物表面净距：保温不小于 80 mm，保冷不小于 100 mm。

（6）采用定型管壳材料，在水平管道上安装时，必须上下覆盖、错接，使管壳材料水平接缝偏向侧面。在垂直管道上安装，应自下而上施工，所有定型管壳或定型板材之间的缝隙，应用导热性能相近的材料配制的胶泥勾缝，或者用导热系数相同或小一级的软质材料塞缝，并塞满、塞实。

（7）带伴热管的管线保温，宜采用定型管壳材料。采用棉毡等软质材料施工时，为了避免堵塞伴热管与主管之间的加热空间，需要在伴管、主管外面先包扎一层金属皮或网，再进行绝热层施工。

（8）在伴管、主管之间分段加 10～20 mm 厚的垫块，防止伴热管直接靠在主管上造成局部受热、介质结垢。

（9）弯头、阀门、三通、法兰等部位绝热施工，应在设备、管道绝热施工完毕后再单独进行施工，当采用棉毡等软质材料施工时，应铺盖均匀、薄厚一致。若采用管壳施工时，应将材料加工成不少于三段的虾米腰形管段施工，并用胶泥勾缝砌筑或用软质材料塞缝。螺栓连接处的一侧应留出螺栓拆卸间隙，其间隙以超过螺栓长度的 25～30 mm 为宜。管道堵头部位应采用绝热材料封闭，其厚度与绝热层厚度相同。法兰连接部位绝热层端面应用绝热胶泥封闭。

（10）无设计要求时，设备、管道用硬质预制块材料进行绝热层施工，支承环下应留出 25 mm 的膨胀缝隙，管道也应留出 40 mm 的膨胀缝隙。所有缝隙应用与预制块导热性能相近的材料填塞，其厚度相同。

（11）若用软质材料施工时，软质材料应与被绝热物表面贴紧，当捆扎时，铁线（钢带）间距为 150 mm±20 mm，环缝、竖缝应用导热系数相同的软质材料填塞严密。

（12）若用半硬质材料施工时，铁线或钢带间距为 150～300 mm。

（13）散状棉类施工时，宜分层进行，并分层捆扎，厚度≥90 mm 时应分两层施工，厚度≥200 mm 时应分多层进行施工。在施工前，应先预铺并达到要求的均匀一致厚度后，再进行施工。

（14）采用散状材料填充时，应自下而上逐层填充，填充均匀。填充大型立式设备时应设有隔板，除有设计要求外，每层隔板高度不得大于 1 000 mm，密实度应大于填充材料的密度。

（15）铁丝或钢带的环向平面应与绝热层纵向垂直，须捆扎线扣，拧 2～3 个扣为宜。

（16）喷涂发泡施工，须采用喷涂方法进行绝热施工。目前，国内外较多的用于发泡的材料，是聚氨基树脂。这种材料适用低温绝热，也适用于 80 ℃高温下绝热。导热系数较小，密度较轻，为水泥珍珠岩制品的 1/2。它除了能浇筑预制成型各种瓦、板块制品外，还可以直接喷涂在设备、管道表面上，能自行发泡成型。

喷涂发泡的聚氨基泡沫塑料绝热层表面，应采取防潮层与保护层施工，如采用挂网刮沥青玛琋脂、涂漆，或者与此同时再包一层金属皮，否则，由于紫外线长期照射、雨淋或受潮等，会产生破裂，从而影响绝热质量。

(17)设备及管道上的标记、铭牌应留出，不能留出的应在保护层外另行标出。

(18)采用涂抹材料施工时，应分层涂抹(刮涂)，保证连续性，其施工程序如下：

表面清理→配制材料→刮涂第一层→检查→刮涂至要求厚度→干燥(24 h)→涂刷防水剂。

## 第二节　刷油、防腐蚀、绝热工程定额工程量计算

### 一、刷油、防腐蚀、绝热工程定额说明

#### 1. 总说明

(1)《通用安装工程消耗量定额》(TY02—31—2015)第十二册《刷油、防腐蚀、绝热工程》适用于设备、管道、金属结构等的刷油、防腐蚀、绝热工程。

(2)下列费用可按系数分别计取：

1)脚手架搭拆费：刷油、防腐蚀工程按人工费的7%；绝热工程按人工费的10%；其费用中人工费占35%。

2)操作高度增加费：本册定额[①]以设计标高正负零为基准，当安装高度超过 6 m 时，超过部分工程量按定额人工、机械费乘以表 8-2 系数。

表 8-2　操作高度增加费系数

| 操作物高度/m | ≤30 | ≤50 |
| --- | --- | --- |
| 系数 | 1.20 | 1.50 |

(3)金属结构：

1)大型型钢：H 型钢结构及任何一边大于 300 mm 以上的型钢，均以"10 m²"为计量单位；

2)管廊：除管廊上的平台、栏杆、梯子以及大型型钢以外的钢结构均为管廊，以"100 kg"为计量单位；

3)一般钢结构：除大型型钢和管廊以外的其他钢结构，如平台、栏杆、梯子、管道支吊架及其他金属构件等，均以"100 kg"为计量单位；

4)由钢管组成的金属结构，执行管道相应子目，人工乘以系数 1.2。

#### 2. 除锈工程

(1)本册定额除锈工程部分适用于金属表面的手工除锈、动力工具除锈、喷射除锈、化

---

①本章中所指"本册定额"均为《通用安装工程消耗量定额》(TY02—31—2015)第十二册《刷油、防腐蚀、绝热工程》。

学除锈等工程。

(2)各种管件、阀件及设备上人孔、管口凹凸部分的除锈已综合考虑在定额内,不另行计算。

(3)除锈区分标准:

1)手工、动力工具除锈锈蚀标准分为轻锈、中锈两种。

轻锈:已发生锈蚀,并且部分氧化皮已经剥落的钢材表面。

中锈:氧化皮已锈蚀而剥落,或者可以刮除,并且有少量点蚀的钢材表面。

2)手工、动力工具除锈过的钢材表面分为 St2 和 St3 两个标准。

St2 标准:钢材表面应无可见的油脂和污垢,并且没有附着不牢的氧化皮、铁锈和油漆涂层等附着物。

St3 标准:钢材表面应无可见的油脂和污垢,并且没有附着不牢的氧化皮、铁锈和油漆涂层等附着物。除锈应比 St2 标准更为彻底,底材显露出部分的表面应具有金属光泽。

3)喷射除锈过的钢材表面分为 Sa2 级、Sa2 $\frac{1}{2}$ 级和 Sa3 级三个标准。

Sa2 级:彻底的喷射或抛射除锈。

钢材表面应无可见的油脂、污垢,并且氧化皮、铁锈和油漆层等附着物已基本清除,其残留物应是牢固附着的。

Sa2 $\frac{1}{2}$ 级:非常彻底的喷射或抛射除锈。

钢材表面应无可见的油脂、污垢、氧化皮、铁锈和油漆层等附着物,任何残留的痕迹应仅是点状或条纹状的轻微色斑。

Sa3 级:使钢材表观洁净的喷射或抛射除锈钢材表面应无可见的油脂、污垢、氧化皮、铁锈和油漆层等附着物,该表面应显示均匀的金属色泽。

(4)关于下列各项费用的规定。

1)手工和动力工具除锈按 St2 标准确定。若变更级别标准,如按 St3 标准定额乘以系数 1.1。

2)喷射除锈按 Sa2 $\frac{1}{2}$ 级标准确定。若变更级别标准时,Sa3 级定额乘以系数 1.1,Sa2 级定额乘以系数 0.9。

3)本册定额除锈工程部分不包括除微锈(标准:氧化皮完全紧附,仅有少量锈点),发生时其工程量执行轻锈定额乘以系数 0.2。

3. 刷油工程

(1)本册定额刷油工程部分适用于金属管道、设备、通风管道、金属结构与玻璃布面、石棉布面、玛琋脂面、抹灰面等刷(喷)油漆工程。

(2)各种管件、阀件和设备上人孔、管口凹凸部分的刷油已综合考虑在定额内,不另行计算。

(3)金属面刷油不包括除锈工作内容。

(4)关于下列各项费用的规定。

1)标志色环等零星刷油,执行定额相应项目,其人工乘以系数 2.0。

2)刷油和防腐蚀工程按安装场地内涂刷油漆考虑,如安装前集中刷油,人工乘以系数 0.45(暖气片除外)。如安装前集中喷涂,执行刷油子目人工乘以系数 0.45,材料乘以系数 1.16,增加喷涂机械电动空气压缩机 3 m³/min(其台班消耗量同调整后的合计工日消耗量)。

(5)主材与稀干料可以换算,但人工和材料消耗量不变。

## 4. 防腐蚀涂料工程

(1)本册定额防腐蚀涂料工程部分适用于设备、管道、金属结构等各种防腐蚀涂料工程。

(2)定额不包括除锈工作内容。

(3)涂料配合比与实际设计配合比不同时,可根据设计要求进行换算,其人工、机械消耗量不变。

(4)定额聚合热固化是采用蒸汽及红外线间接聚合固化考虑的,如采用其他方法,应按施工方案另行计算。

(5)定额未包括的新品种涂料,应按相近定额项目执行,其人工、机械消耗量不变。

(6)无机富锌底漆执行氯磺化聚乙烯漆,漆用量进行换算。

(7)如涂刷时需要强行通风,应增加轴流通风机 7.5 kW,其台班消耗量同合计工日消耗量。

## 5. 绝热工程

(1)本册定额绝热工程部分适用于设备、管道、通风管道的绝热工程。

(2)关于下列各项费用的规定。

1)镀锌铁皮保护层厚度按 0.8 mm 以下综合考虑,若厚度大于 0.8 mm 时,其人工乘以系数 1.2;

2)铝皮保护层执行镀锌铁皮保护层安装项目,主材可以换算,若厚度大于 1 mm 时,其人工乘以系数 1.2;

3)采用不锈钢薄板作保护层,执行金属保护层相应项目,其人工乘以系数 1.25,钻头消耗量乘以系数 2.0,机械乘以系数 1.15;

4)管道绝热均按现场安装后绝热施工考虑,若先绝热后安装时,其人工乘以系数 0.9。

(3)有关说明:

1)伴热管道、设备绝热工程量计算方法是主绝热管道或设备的直径加伴热管道的直径、再加 10~20 mm 的间隙作为计算的直径,即 $D=D_主+d_伴+(10\sim20 \text{ mm})$。

2)管道绝热工程,除法兰、阀门单独套用定额外,其他管件均已考虑在内;设备绝热工程,除法兰、人孔单独套用定额外,其封头已考虑在内。

3)聚氨酯泡沫塑料安装子目执行泡沫塑料相应子目。

4)保温卷材安装执行相同材质的板材安装项目,其人工、铁线消耗量不变,但卷材用量损耗率按 3.1% 考虑。

5)复合成品材料安装执行相同材质瓦块(或管壳)安装项目。复合材料分别安装时应按分层计算。

6)根据绝热工程施工及验收技术规范,保温层厚度大于 100 mm,保冷层厚度大于 75 mm 时,若分为两层安装的,其工程量可按两层计算并分别套用定额子目;如厚 140 mm 的要两层,分别为 60 mm 和 80 mm,该两层分别计算工程量,套用定额时,按单层 60 mm 和 80 mm 分别套用定额子目。

7)聚氨酯泡沫塑料发泡工程,是按无模具直喷施工考虑的。若采用有模具浇注法施工,其模具(制作安装)费另行计算;由于批量不同,相差悬殊的,可另行协商,分数次摊销。发泡效果受环境温度条件影响较大,因此定额中以成品 m³ 计算,环境温度低于 15 ℃ 应采用措施,其费用另计。

## 二、刷油、防腐蚀、绝热工程定额工程量计算规则

1. 除锈、刷油、防腐蚀工程

(1)计算公式。设备筒体、管道表面积计算公式为

$$S=\pi\times D\times L$$

式中　$\pi$——圆周率；

　　　$D$——设备或管道直径；

　　　$L$——设备筒体或管道延长米。

(2)计算规则。

1)计算设备筒体、管道表面积时已包括各种管件、阀门、人孔、管口凹凸部分，不另外计算。

2)管道、设备与矩形管道、大型型钢钢结构、铸铁管暖气片(散热面积为准)的除锈工程以"10 m²"为计量单位。

3)一般钢结构、管廊钢结构的除锈工程以"100 kg"为计量单位。

4)灰面、玻璃布、白布面、麻布、石棉布面、气柜、玛琋脂面刷油工程以"10 m²"为计量单位。

2. 绝热工程

(1)设备筒体或管道绝热、防潮和保护层计算公式为

$$V=\pi\times(D+1.03\delta)\times1.03\delta\times L$$
$$S=\pi\times(D+2.1\delta)\times L$$

式中　$D$——直径；

　　　1.03、2.1——调整系数；

　　　$\delta$——绝热层厚度；

　　　$L$——设备筒体或管道延长米。

(2)伴热管道绝热工程量计算公式：

1)单管伴热或双管伴热(管径相同，夹角小于90°时)计算公式为

$$D'=D_1+D_2+(10\sim20\ mm)$$

式中　$D'$——伴热管道综合值；

　　　$D_1$——主管道直径；

　　　$D_2$——伴热管道直径；

　　　$(10\sim20\ mm)$——主管道与伴热管道之间的间隙。

2)双管伴热(管径相同，夹角大于90°时)计算公式为

$$D'=D_1+D_{伴大}+(10\sim20\ mm)$$

式中　$D'$——伴热管道综合值；

　　　$D_1$——主管道直径。

将上述$D'$计算结果分别代入下述3)中的两个公式计算出伴热管道的绝热层、防潮层和保护层工程量。

3)设备封头绝热、防潮和保护层工程量计算公式为

$$V=[(D+1.033)/2]^2\times\pi\times1.03\delta\times1.5\times N$$

$$S=[(D+2.1\delta)/2]^2\times\pi\times1.5\times N$$

4)拱顶罐封头绝热、防潮和保护层计算公式为

$$V=2\pi r\times(h+1.03\delta)\times1.03\delta$$
$$S=2\pi r\times(h+2.1\delta)$$

5)当绝热需分层施工时，工程量分层计算，执行设计要求相应厚度子目。分层计算工程量计算公式为

$$第一层\ V=\pi\times(D+1.03\delta)\times1.03\delta\times L$$
$$第二层至第\ N\ 层\ D=[D+2.1\delta\times(N-1)]$$

### 三、刷油、防腐蚀、绝热工程定额工程量计算示例

【例 8-1】 某钢板水箱规格为 3 000 mm×1 800 mm×1 850 mm，除锈后刷防锈漆两道，试计算水箱除锈、刷油工程量。

【解】 钢板水箱除锈、刷油工程量计算：

$$S=S_1\times2=(3.0\times1.8\times2+3.0\times1.85\times2+1.8\times1.85\times2)\times2=57.12(\text{m}^2)$$

注：$S_1$ 为钢板水箱表面积，水箱制作完成后内外都要进行除锈、刷油等工作。

# 第三节　刷油、防腐蚀、绝热工程清单工程量计算

## 一、刷油、防腐蚀、绝热工程清单内容

### 1. 清单适用范围

刷油、防腐蚀、绝热工程适用于新建、扩建项目中的设备、管道、金属结构等的刷油、防腐蚀、绝热工程。

### 2. 相关说明

(1)一般钢结构(包括吊、支、托架、梯子、栏杆、平台)、管廊钢结构以"千克(kg)"为计量单位；大于 400 mm 型钢及 H 型钢制结构以"平方米(m²)"为计量单位，按展开面积计算。

(2)由钢管组成的金属结构的刷油按管道刷油相关项目编码，由钢板组成的金属结构的刷油按 H 型钢刷油相关项目编码。

## 二、刷油工程清单工程量计算

### 1. 清单项目编码和项目特征

(1)管道刷油(031201001)、设备与矩形管道刷油(031201002)项目特征须描述除锈级别，油漆品种，涂刷遍数、漆膜厚度，标志色方式、品种。

(2)金属结构刷油(031201003)项目特征须描述除锈级别，油漆品种，结构类型，涂刷遍数、漆膜厚度。

(3)铸铁管、暖气片刷油(031201004)项目特征须描述除锈级别，油漆品种，涂刷遍数、漆膜厚度。

(4)灰面刷油(031201005)项目特征须描述油漆品种，涂刷遍数、漆膜厚度，涂刷部位。

(5)布面刷油(031201006)项目特征须描述布面品种，油漆品种，涂刷遍数、漆膜厚度，涂刷部位。

(6)气柜刷油(031201007)项目特征须描述除锈级别，油漆品种，涂刷遍数、漆膜厚度，涂刷部位。

(7)玛琋酯面刷油(031201008)项目特征须描述除锈级别，油漆品种，涂刷遍数、漆膜厚度。

(8)喷漆(031201009)项目特征须描述除锈级别，油漆品种，喷涂遍数、漆膜厚度，喷涂部位。

**2. 清单工程量计算规则**

(1)管道刷油、设备与矩形管道刷油以"m²"为计量单位，按设计图示表面积尺寸以面积计算；或者以"m"为计量单位，按设计图示尺寸以长度计算。

(2)金属结构刷油以"m²"为计量单位，按设计图示表面积尺寸以面积计算；或者以"kg"计量，按金属结构的理论质量计算。

(3)铸铁管、暖气片刷油以"m²"为计量单位，按设计图示表面积尺寸以面积计算；或者以"m"为计量单位，按设计图示尺寸以长度计算。

(4)灰面刷油、布面刷油、气柜刷油、玛琋脂面刷油、喷漆以"m²"为计量单位，按设计图示表面积计算。

## 三、防腐蚀涂料工程清单工程量计算

**1. 清单项目编码和项目特征**

(1)设备防腐蚀（031202001）、管道防腐蚀（031202002）、一般钢结构防腐蚀(031202003)、管廊钢结构防腐蚀(031202004)项目特征须描述除锈级别，涂刷(喷)品种，分层内容，涂刷(喷)遍数、漆膜厚度。

(2)防火涂料(031202005)项目特征须描述除锈级别，涂刷(喷)品种，涂刷(喷)遍数、漆膜厚度，耐火极限(h)，耐火厚度(mm)。

(3)H型钢制钢结构防腐蚀(031202006)、金属油罐内壁防静电(031202007)项目特征须描述除锈级别，涂刷(喷)品种，分层内容，涂刷(喷)遍数、漆膜厚度。

(4)埋地管道防腐蚀(031202008)、环氧煤沥青防腐蚀(031202009)项目特征须描述除锈级别，刷缠品种，分层内容，刷缠遍数。

(5)涂料聚合一次(031202010)项目特征须描述聚合类型、聚合部位。

**2. 清单工程量计算规则**

(1)设备防腐蚀、防火涂料、H型钢制钢结构防腐蚀、金属油罐内壁防静电、涂料聚合一次以"m²"为计量单位，按设计图示表面积计算。

(2)管道防腐蚀、埋地管道防腐蚀、环氧煤沥青防腐蚀以"m²"为计量单位，按设计图示表面积尺寸以面积计算；或者以"m"为计量单位，按设计图示尺寸以长度计算。

(3)一般钢结构防腐蚀以"kg"为计量单位，按一般钢结构的理论质量计算。

(4)管廊钢结构防腐蚀以"kg"为计量单位，按管廊钢结构的理论质量计算。

## 四、绝热工程清单工程量计算

### 1. 清单项目编码和项目特征

(1)设备绝热(031208001)项目特征须描述绝热材料品种、绝热厚度、设备形式、软木品种。

(2)管道绝热(031208002)项目特征须描述绝热材料品种、绝热厚度、管道外径、软木品种。

(3)通风管道绝热(031208003)项目特征须描述绝热材料品种、绝热厚度、软木品种。

(4)阀门绝热(031208004)项目特征须描述绝热材料、绝热厚度、阀门规格。

(5)法兰绝热(031208005)项目特征须描述绝热材料、绝热厚度、法兰规格。

(6)喷涂、涂抹(031208006)项目特征须描述材料、厚度、对象。

(7)防潮层、保护层(031208007)项目特征须描述材料、厚度、层数、对象、结构形式。

(8)保温盒、保温托盘(031208008)项目特征须描述名称。

### 2. 清单工程量计算规则

(1)设备绝热、管道绝热以"m³"为计量单位，按图示表面积加绝热层厚度及调整系数计算。

(2)通风管道绝热以"m³"为计量单位，按图示表面积加绝热层厚度及调整系数计算；或者以"m²"为计量单位，按图示表面积及调整系数计算。

(3)阀门绝热、法兰绝热以"m³"为计量单位，按图示表面积加绝热层厚度及调整系数计算。

(4)喷涂、涂抹以"m²"为计量单位，按图示表面积计算。

(5)防潮层、保护层以"m²"为计量单位，按图示表面积加绝热层厚度及调整系数计算；或者以"kg"为计量单位，按图示金属结构质量计算。

(6)保温盒、保温托盘以"m²"为计量单位，按图示表面积计算；以"kg"为计量单位，按图示金属结构质量计算。

---

### 本章小结

本章主要介绍刷油、防腐蚀、绝热工程定额说明和定额工程量计算规则，清单项目编码、项目特征描述和清单工程量计算规则。通过本章的学习，学生应掌握刷油、防腐蚀、绝热工程定额工程量和费用的计算，清单工程量和综合单价的计算。

---

### 思考与练习

#### 一、填空题

1. 钢材表面锈蚀程度可划分为_____、_____、_____、_____四级，一般来说，对

_____级和_____级钢材表面需要进行较为彻底的表面处理。

2. 金属表面的除锈方法主要有_____、_____、_____和_____。

3. 涂料按成膜物质的分散形态，分为_____、_____、_____、_____。

4. 电化学防护分为_____和_____两种。

5. 按材质分，绝热层材料可分为_____和_____。

6. 根据绝热工程定额说明，镀锌铁皮保护层厚度按_____以下综合考虑，若厚度大于_____时，其人工乘以系数_____。

7. 一般钢结构、管廊钢结构的除锈工程以_____为计量单位。

二、简答题

1. 涂料的作用是什么？

2. 简述除锈区分标准。

3. 管道刷油、设备与矩形管道刷油的清单项目编码各是多少？须描述哪些项目特征？其清单工程量计算规则是怎样的？

4. 一般钢结构防腐蚀的清单项目编码是多少？须描述哪些项目特征？其清单工程量计算规则是怎样的？

5. 通风管道绝热的清单项目编码是多少？须描述哪些项目特征？其清单工程量计算规则是怎样的？

# 第九章 投资估算编制

**能力目标**

1. 具有投资估算阶段划分的能力。
2. 具备投资估算编制的能力。

**知识目标**

1. 了解投资估算的概念与作用，掌握其阶段划分及内容。
2. 了解投资估算的编制依据，掌握其编制方法。

## 第一节　投资估算概述

### 一、投资估算的概念与作用

#### 1. 投资估算的概念

投资估算是在投资决策阶段，以方案设计或可行性研究文件为依据，按照规定的程序、方法和依据，对拟建项目所需总投资及其构成进行的预测和估计；或者是在研究并确定项目的建设规模、产品方案、技术方案、工艺技术、设备方案、厂址方案、工程建设方案以及项目进度计划等基础上，依据特定的方法，估算项目从筹建、施工直至建成投产所需全部建设资金总额并测算建设期间各年资金使用计划的过程。投资估算的成果文件称作投资估算书，简称投资估算。投资估算书是项目建议书或可行性研究报告的重要组成部分，是项目决策的重要依据之一。

#### 2. 投资估算的作用

投资估算的准确与否不仅影响到建设前期的投资决策，还直接关系到设计概算、施工图预算的编制及项目建设期的造价管理和控制。在社会主义市场经济条件下，建设项目投资决策的准确性不但关系到企业的生存和发展，而且决定了建设项目的目标能否在规划的资金限度内实现。

投资估算的作用有如下几点:

(1)项目建议书阶段的投资估算,是项目主管部门审批项目建议书的依据之一,并对项目的规划、规模有参考作用。

(2)项目可行性研究阶段的投资估算,是项目投资决策的重要依据,也是分析、计算项目投资经济效果的重要条件。

(3)项目投资估算对工程设计概算起控制作用,设计概算不得突破投资估算额,应控制在投资估算额以内。

(4)项目投资估算可作为项目资金筹措及制订建设贷款计划的依据。

(5)项目投资估算是核算建设项目固定资产投资需要额和编制固定资产投资计划的重要依据。

## 二、投资估算的阶段划分与精度要求

### 1. 国外建设项目投资估算的阶段划分与精度要求

在国外,如英、美等国,对一个建设项目从开发设想直至施工图设计,这期间各个阶段的项目投资的预计额均称为估算,只是各阶段设计深度不同,技术条件不同,对投资估算的准确度要求不同。英、美等国把建设项目投资估算分为以下五个阶段。

(1)项目投资设想时期。此时在无工艺流程图、平面布置图,未进行设备分析的情况下,根据假想条件比照同类型已投产项目的投资额,并考虑涨价因素编制项目所需投资额,估算精度要求为允许误差大于±30%。

(2)项目投资机会研究时期。此时有初步工艺流程图、主要生产设备生产能力及项目建设的地理位置条件,可套用相近规模厂的单位生产能力建设费用来估算拟建项目所需的投资额,估算精度要求为误差控制在±30%以内。

(3)项目初步可行性研究时期。此时已具有设备规格表、主要设备生产能力、项目总平面布置图、各建筑物的大致尺寸、公用设施的初步位置等条件,估算精度要求为误差控制在±20%以内。据此可确定拟建项目可行与否,或据以列入投资计划。

(4)项目详细可行性研究时期。此时项目细节已清楚,且进行了建筑材料、设备的询价,设计和施工的咨询,但工程图纸和技术说明不完备,估算精度要求为误差控制在±10%以内。可根据此投资估算额进行筹款。

(5)项目工程设计阶段。此时具有工程的全部设计图纸、详细的技术说明、材料清单和工程现场勘察资料等,可根据单价逐项计算并汇总出项目所需的投资额,并可据此投资估算额控制项目的实际建设,估算精度要求为误差控制在±5%以内。

### 2. 国内建设项目投资估算的阶段划分与精度要求

在我国,项目投资估算是指在进行初步设计之前,根据需要可邀请设计单位参加编制项目规划和项目建议书,并可委托设计单位承担项目的预可行性研究、可行性研究及设计任务书的编制工作,同时应根据项目已明确的技术经济条件,编制和估算出精确度不同的投资估算额。我国的项目建设投资估算分为以下四个阶段。

(1)项目规划阶段。项目规划阶段是指有关部门根据国民经济发展规划、地区发展规划和行业发展规划的要求,编制出一个建设项目的建设规划。此阶段按项目规划的要求和内容,粗略地估算建设项目所需要的投资额,其精度要求为允许误差大于±30%。

(2)项目建议书阶段。项目建议书阶段是按项目建议书中的产品方案、建设规模、产品主要生产工艺、企业车间组成、初选建厂地点，估算建设项目所需的投资额，它对投资估算精度要求为误差控制在±30%以内。

（3）预可行性研究阶段。预可行性研究阶段是在掌握了更详细、更深入的资料前提下，估算建设项目所需的投资额，其对投资估算的精度要求为误差控制在±20%以内。

（4）可行性研究阶段。可行性研究阶段是在投资估算经审查批准之后，工程设计任务书中规定的项目投资限额，并据此列入项目年度基本建设计划阶段，所以其精度要求为误差控制在±10%以内。

## 三、投资估算的工作内容

（1）工程造价咨询单位可接受有关单位的委托编制整个项目的投资估算、单项工程投资估算、单位工程投资估算或分部分项工程投资估算，也可接受委托进行投资估算的审核与调整，配合设计单位或决策单位进行方案比选、优化设计、限额设计等方面的投资估算工作，亦可进行决策阶段的全过程造价控制等工作。

（2）估算编制一般应依据建设项目的特征、设计文件和相应的工程造价计价依据等资料对建设项目总投资及其构成进行编制，并对主要技术指标进行分析。

（3）对建设项目的设计方案、资金筹措方式、建设时间等发生变化时，应进行投资估算的调整。

（4）对建设项目进行评估时应进行投资估算的审核，政府投资项目的投资估算审核除依据设计文件外，还应依据政府有关部门发布的有关规定、建设项目投资估算指标和工程造价信息等计价依据。

（5）设计方案进行方案比选时，工程造价人员应配合设计人员对不同技术方案进行技术经济分析，主要依据各个单位或分部分项工程的主要技术经济指标确定合理的设计方案。

（6）对于已经确定的设计方案，注册造价人员可依据有关技术经济资料对设计方案提出优化设计的建议与意见，通过优化设计和深化设计使技术方案更加经济合理。

（7）对于采用限额设计的建设项目、单位工程或分部分项工程，工程造价人员应配合设计人员确定合理的建设标准，进行投资分解和投资分析，确定限额的合理可行。

## 四、投资估算文件的组成

投资估算文件一般由封面、签署页、编制说明、投资估算分析、总投资估算表、单项工程估算表、主要技术经济指标等内容组成。估算人员应根据项目特点，计算并分析整个建设项目、各单项工程和主要单位工程的主要技术经济指标。投资估算文件表格格式参见《建设项目投资估算编审规程》（CECA/GC 1—2015）的相关规定。

对投资有重大影响的单位工程或分部分项工程的投资估算，应另附主要单位工程或分部分项工程投资估算表，列出主要分部分项工程量和综合单价进行详细估算，表格形式不做具体要求。

1. 编制说明

投资估算编制说明一般阐述的内容包括以下几项：

（1）工程概况。

（2）编制范围。

（3）编制方法。

（4）编制依据。

（5）主要技术经济指标。

（6）有关参数、率值选定的说明。

（7）特殊问题的说明（包括采用新技术、新材料、新设备、新工艺）；必须说明的价格的确定；进口材料、设备、技术费用的构成与计算参数；采用特殊结构的费用估算方法；安全、节能、环保、消防等专项投资占总投资的比重；建设项目总投资中未计算项目或费用的必要说明等。

（8）采用限额设计的工程还应对投资限额和投资分解做进一步说明。

（9）采用方案比选的工程还应对方案比选的估算和经济指标做进一步说明。

（10）资金筹措方式。

2. 投资估算分析

投资估算分析的内容包括以下几项：

（1）工程投资比例分析。一般建筑工程要分析土建、装饰、给水排水、消防、采暖、通风空调、电气等主体工程和道路、广场、围墙、大门、室外管线、绿化等室外附属/总体工程占建设项目总投资的比例；一般工业项目要分析主要生产项目（列出各生产装置）、辅助生产项目、公用工程项目（给水排水、供电和电信、供气、总图运输等）、服务性工程、生活福利设施、场外工程占建设项目总投资的比例。

（2）分析设备购置费、建筑工程费、安装工程费、工程建设其他费用、预备费占建设项目总投资的比例；分析引进设备费用占全部设备费用的比例等。

（3）分析影响投资的主要因素。

（4）与国内类似工程项目的比较，分析说明投资高低的原因。

投资估算分析可单独成篇，亦可列入编制说明中叙述。

3. 总投资估算表

总投资估算包括汇总单项工程估算、工程建设其他费用、计算预备费、建设期利息等。

建设项目建议书阶段投资估算的表格受设计深度限制，无硬性规定，但要根据项目建设内容和预计发生的费用尽可能地纵向列表展开。但实际设计深度足够时，可参考投资估算汇总表的格式编制。

建设项目可行性研究阶段投资估算的表格，行业内已有明确规定的，按行业规定编制；无明确规定的，可参照投资估算汇总表的格式编制。

4. 单项工程投资估算

单项工程投资估算，应按建设项目划分的各个单项工程分别计算组成工程费用的建筑工程费、设备购置费、安装工程费。

建设项目可行性研究阶段投资估算的表格，行业内已有明确规定的，按行业规定编制；无明确规定的，可参照单项工程投资估算汇总表的格式编制。

5. 工程建设其他费用估算

工程建设其他费用估算应按预期将要发生的工程建设其他费用种类，逐项详细估算其费用金额。

工程建设其他费用估算可在总投资估算汇总表中分项估算，亦可单独列表编制。

# 第二节  投资估算的费用构成与计算

## 一、投资估算的费用构成

(1)建设项目总投资由建设投资、建设期利息、固定资产投资方向调节税和流动资金组成。

(2)建设投资是用于建设项目的工程费用、工程建设其他费用及预备费用之和。

(3)工程费用包括建筑工程费,设备及工、器具购置费,安装工程费。

(4)预备费包括基本预备费和价差预备费。

(5)建设期贷款利息包括银行借款、其他债务资金利息,以及其他融资费用。

(6)建设项目总投资的各项费用按资产属性分别形成固定资产、无形资产和其他资产(递延资产)。项目可行性研究阶段可按资产类别简化归并后进行经济评价(见表9-1)。

表 9-1  建设项目总投资组成表

| 费用项目名称 | | | 资产类别归并(限项目经济评价用) |
|---|---|---|---|
| 建设投资 | 第一部分工程费用 | 建筑工程费 | 固定资产费用 |
| | | 设备购置费 | |
| | | 安装工程费 | |
| | 第二部分工程建设其他费用 | 建设管理费 | |
| | | 建设用地费 | |
| | | 可行性研究费 | |
| | | 研究试验费 | |
| | | 勘察设计费 | |
| | | 环境影响评价费 | |
| | | 劳动安全卫生评价费 | |
| | | 场地准备及临时设施费 | |
| | | 引进技术和引进设备其他费 | |
| | | 工程保险费 | |
| | | 联合试运转费 | |
| | | 特殊设备安全监督检验费 | |
| | | 市政公用设施费 | |
| | | 专利及专有技术使用费 | 无形资产费用 |
| | | 生产准备及开办费 | 其他资产费用(递延资产) |
| | 第三部分预备费用 | 基本预备费 | 固定资产费用 |
| | | 价差预备费 | |

| 费用项目名称 | 资产类别归并（限项目经济评价用） |
|---|---|
| 建设期利息 | 固定资产费用 |
| 固定资产投资方向调节税（暂停征收） | |
| 流动资金 | 流动资产 |

## 二、工程建设其他费用参考计算方法

### （一）固定资产其他费用计算方法

1. 建设管理费

（1）以建设投资中的工程费用为基数乘以建设管理费费率计算。

$$建设管理费＝工程费用×建设管理费费率$$

（2）工程监理是受建设单位委托的工程建设技术服务，属于建设管理范畴，如采用监理，建设单位部分管理工作量转移至监理单位。监理费应根据委托的监理工作和监理深度在监理合同中商定，或按当地或所属行业部门有关规定计算。

（3）如建设管理采用工程总承包方式，其总包管理费由建设单位与总包单位根据总包工作范围在合同中商定，从建设管理费中支出。

（4）改、扩建项目的建设管理费费率应比新建项目适当降低。

（5）建设项目按批准的设计文件规定的内容建设，工业项目经负荷试车考核（引进国外设备项目按合同规定试车考核期满）或试运行期能够正常生产合格产品，非工业项目符合设计要求且能够正常使用时，应及时组织验收，移交生产或使用。凡已超过批准的试运行期并符合验收条件，但未及时办理竣工验收手续的建设项目，视同项目已交付生产，其费用不得再从基建投资中支付，所实现的收入作为生产经营收入，不再作为基建收入。

2. 建设用地费

（1）根据征用建设用地面积、临时用地面积，按建设项目所在省（市、自治区）人民政府制定颁发的土地征用补偿费、安置补助费标准和耕地占用税、城镇土地占用税标准计算。

（2）建设用地上的建（构）筑物如需迁建，其迁建补偿费应按迁建补偿协议计列或按新建同类工程造价计算。建设场地平整中的余物拆除清理费在"场地准备及临时设施费"中计算。

（3）建设项目采用"长租短付"方式租用土地使用权，在建设期间支付的租地费用计入建设用地费，在生产经营期间支付的土地使用费应进入营运成本中核算。

3. 可行性研究费

（1）依据前期研究委托合同计列。

（2）编制预可行性研究报告参照编制项目建议书收费标准并可适当调增。

4. 研究试验费

（1）按照研究试验内容和要求进行编制。

（2）研究试验费不包括以下项目：

1）应由科技三项费用（即新产品试制费、中间试验费和重要科学研究补助费）开支的项目。

2）应在建筑安装费用中列支的施工企业对建筑材料、构件和建筑物进行一般鉴定、检查所发生的费用及技术革新的研究试验费。

3）应由勘察设计费或工程费用中开支的项目。

5. **勘察设计费**

依据勘察设计委托合同计列。

6. **环境影响评价费**

依据环境影响评价委托合同计列。

7. **劳动安全卫生评价费**

依据劳动安全卫生预评价委托合同计列，或按照建设项目所在省（市、自治区）劳动行政部门规定的标准计算。

8. **场地准备及临时设施费**

（1）场地准备及临时设施应尽量与永久性工程统一考虑。建设场地的大型土石方工程应进入工程费用中的总图运输费用中。

（2）新建项目的场地准备及临时设施费应根据实际工程量估算，或按工程费用的比例计算。改、扩建项目一般只计拆除清理费。

$$场地准备及临时设施费＝工程费用×费率＋拆除清理费$$

（3）发生拆除清理费时可按新建同类工程造价或主材费、设备费的比例计算。凡可回收材料的拆除工程，采用以料抵工的方式冲抵拆除清理费。

（4）此项费用不包括已列入建筑安装工程费用中的施工单位临时设施费用。

9. **引进技术和引进设备其他费**

（1）引进项目图纸资料翻译复制费。根据引进项目的具体情况计列，或按引进货价（FOB）的比例估列；引进项目发生备品备件测绘费时按具体情况估列。

（2）出国人员费用。依据合同或协议规定的出国人次、期限以及相应的费用标准计算。生活费按照财政部、外交部规定的现行标准计算，差旅费按中国民航公布的票价计算。

（3）来华人员费用。依据引进合同或协议有关条款及来华技术人员派遣计划进行计算。来华人员接待费用可按每人次费用指标计算。引进合同价款中已包括的费用内容不得重复计算。

（4）银行担保及承诺费。应按担保或承诺协议计取。投资估算和概算编制时可以担保金额或承诺金额为基数乘以费率计算。

（5）引进设备材料的国外运输费、国外运输保险费、关税、增值税、外贸手续费、银行财务费、国内运杂费、引进设备材料国内检验费等按引进货价（FOB 或 CIF）计算后进入相应的设备材料费中。

（6）单独引进软件不计算关税，只计算增值税。

10. **工程保险费**

（1）不投保的工程不计取此项目费用。

（2）不同的建设项目可根据工程特点选择投保险种，根据投保合同计列保险费用。编制投资估算和概算时可按工程费用的比例估算。

（3）此项费用不包括已列入施工企业管理费中的施工管理用财产、车辆保险费。

11. **联合试运转费**

（1）不发生试运转或试运转收入大于（或等于）费用支出的工程，不列此项费用。

(2)当联合试运转收入小于试运转支出时：

$$联合试运转费＝联合试运转费用支出－联合试运转收入$$

(3)联合试运转费不包括应由设备安装工程费用开支的调试及试车费用，以及在试运转中暴露出来的因施工原因或设备缺陷等发生的处理费用。

(4)试运行期按照以下规定确定：引进国外设备项目按建设合同中规定的试运行期执行；国内一般性建设项目试运行期原则上按照批准的设计文件所规定的期限执行；个别行业的建设项目试运行期需要超过规定试运行期的，应报项目设计文件审批机关批准。试运行期一经确定，各建设单位应严格按规定执行，不得擅自缩短或延长。

12. 特殊设备安全监督检验费

按照建设项目所在省、市、自治区安全监察部门的规定标准计算特殊设备安全监督检验费。无具体规定的，在编制投资估算和概算时，可按受检设备现场安装费的比例估算。

13. 市政公用设施费

(1)按工程所在地人民政府规定标准计列；

(2)不发生或按规定免征项目不计取。

### (二)无形资产费用计算方法

无形资产费用主要是指专利及专有技术使用费，其计算方法如下：

(1)按专利使用许可协议和专有技术使用合同的规定计列。

(2)专有技术的界定应以省、部级鉴定批准为依据。

(3)项目投资中只计需在建设期支付的专利及专有技术使用费。协议或合同规定在生产期支付的使用费应在生产成本中核算。

(4)一次性支付的商标权、商誉及特许经营权费按协议或合同规定计列。协议或合同规定在生产期支付的商标权或特许经营权费应在生产成本中核算。

(5)为项目配套的专用设施投资，包括专用铁路线、专用公路、专用通信设施、变送电站、地下管道、专用码头等，如由项目建设单位负责投资但产权不归属本单位的，应做无形资产处理。

### (三)其他资产费用(递延资产)计算方法

其他资产费用(递延资产)主要是指生产准备及开办费，其计算方法如下：

(1)新建项目按设计定员为基数计算，改、扩建项目按新增设计定员为基数计算：

$$生产准备费＝设计定员×生产准备费指标(元/人)$$

(2)可采用综合的生产准备费指标进行计算，也可以按费用内容的分类指标计算。

## 第三节　投资估算的编制依据和编制方法

### 一、投资估算的编制依据

投资估算的编制依据是指在编制投资估算时所遵循的计量规则、市场价格、费用标准及工程计价有关参数、率值等基础资料。

投资估算的编制依据主要有以下几个方面：

（1）国家、行业和地方政府的有关法律、法规或规定；政府有关部门、金融机构等发布的价格指数、利率、汇率、税率等有关参数。

（2）行业部门、项目所在地工程造价管理机构或行业协会等编制的投资估算指标、概算指标（定额）、工程建设其他费用定额（规定）、综合单价、价格指数和有关造价文件等。

（3）类似工程的各种技术经济指标和参数。

（4）工程所在地的同期的工、料、机市场价格，建筑、工艺及附属设备的市场价格和有关费用。

（5）与建设项目相关的工程地质资料、设计文件、图纸或有关设计专业提供的主要工程量和主要设备清单等。

（6）委托单位提供的其他技术经济资料。

## 二、投资估算的编制方法

建设项目投资估算要根据主体专业设计的阶段和深度，结合各自行业的特点，所采用生产工艺流程的成熟性，以及编制者所掌握的国家及地区、行业或部门相关投资估算基础资料和数据的合理、可靠、完整程度（包括造价咨询机构自身统计和积累的、可靠的相关造价基础资料），采用生产能力指数法、系数估算法、比例估算法、混合法（生产能力指数法与比例估算法、系数估算法与比例估算法等综合使用）、指标估算法进行建设项目投资估算。

建设项目投资估算无论采用何种办法，应充分考虑拟建项目设计的技术参数和投资估算所采用的估算系数、估算指标，在质和量方面所综合的内容，应遵循口径一致的原则。另外，应将所采用的估算系数和估算指标价格、费用水平调整到项目建设所在地及投资估算编制年的实际水平。对于建设项目的边界条件，如建设用地费和外部交通、水、电、通信条件，或市政基础设施配套条件等差异所产生的与主要生产内容投资无必然关联的费用，应结合建设项目的实际情况修正。

1. 项目建议书阶段投资估算

（1）项目建议书阶段投资估算一般要求编制总投资估算表，总投资估算表中工程费用的内容应分解到主要单项工程，工程建设其他费用可在总投资估算表中分项计算。

（2）项目建议书阶段建设项目投资估算可采用生产能力指数法、系数估算法、比例估算法、混合法（生产能力指数法与比例估算法、系数估算法与比例估算法等综合使用）、指标估算法等。

（3）生产能力指数法。生产能力指数法是根据已建成的类似建设项目生产能力和投资额，进行粗略估算拟建建设项目相关投资额的方法，其计算公式为

$$C_2 = C_1(Q/Q_1)^x \cdot f$$

式中　$C_2$——拟建建设项目的投资额；

　　　$C_1$——已建成类似建设项目的投资额；

　　　$Q$——拟建建设项目的生产能力；

　　　$Q_1$——已建成类似建设项目的生产能力；

$X$——生产能力指数$(0{\leqslant}X{\leqslant}1)$;

$f$——不同的建设时期、不同的建设地点而产生的定额水平、设备购置和建筑安装材料价格、费用变更和调整等综合调整系数。

(4)系数估算法。系数估算法是根据已知的拟建建设项目主体工程费或主要生产工艺设备费为基数,以其他辅助费或配套工程费占主体工程费或主要生产工艺设备费的百分比为系数,进行估算拟建建设项目相关投资额的方法,其计算公式为

$$C=E(1+f_1 P_1+f_2 P_2+f_3 P_3+\cdots)+I$$

式中　$C$——拟建建设项目的投资额;

　　　$E$——拟建建设项目的主体工程费或主要设备购置费;

　　　$P_1$、$P_2$、$P_3$——已建成类似建设项目的辅助或配套工程费占主体工程费或主要生产工艺设备费的比重;

　　　$f_1$、$f_2$、$f_3$——不同建设时间、地点而产生的定额、价格、费用标准等差异的调整系数;

　　　$I$——根据具体情况计算的拟建建设项目各项其他费用。

(5)比例估算法。比例估算法是根据已知的同类建设项目主要设备购置费占整个建设项目的投资比例,先逐项估算出拟建建设项目主要设备购置费,再按比例进行估算拟建建设项目相关投资额的方法,其计算公式为

$$C=\sum_{i=1}^{n}Q_i P_i/k$$

式中　$C$——拟建建设项目的投资额;

　　　$k$——主要生产工艺设备费占拟建建设项目投资的比例;

　　　$n$——主要生产工艺设备的种类;

　　　$Q_i$——第$i$种主要生产工艺设备的数量;

　　　$P_i$——第$i$种主要生产工艺设备购置费(到厂价格)。

(6)混合法。混合法是根据主体专业设计的阶段和深度,投资估算编制者所掌握的国家及地区、行业或部门相关投资估算基础资料和数据(包括造价咨询机构自身统计和积累的相关造价基础资料),对一个拟建建设项目采用生产能力指数法与比例估算法或系数估算法与比例估算法混合估算其相关投资额的方法。

(7)指标估算法。指标估算法是把拟建建设项目以单项工程或单位工程为单位,按建设内容纵向划分为各个主要生产系统、辅助生产系统、公用工程、服务性工程、生活福利设施以及各项其他工程费用,按费用性质横向划分为建筑工程、设备购置、安装工程等。根据各种具体的投资估算指标,进行各单位工程或单项工程投资的估算,在此基础上汇集编制成拟建建设项目的各个单项工程费用和拟建建设项目的工程费用投资估算,再按相关规定估算工程建设其他费用、预备费、建设期利息等,形成拟建建设项目总投资。

2. 可行性研究阶段投资估算

(1)可行性研究阶段建设项目投资估算原则上应采用指标估算法。对投资有重大影响的主体工程应估算出分部分项工程量,参考相关综合定额(概算指标)或概算定额编制主要单项工程的投资估算。

(2)项目申请报告、预可行性研究阶段、方案设计阶段,建设项目投资估算视设计深

度，可参照可行性研究阶段的编制办法进行。

（3）在一般的设计条件下，可行性研究投资估算深度在内容上应达到规定要求。对于子项单一的大型民用公共建筑，主要单项工程估算应细化到单位工程估算书。可行性研究投资估算深度应满足项目的可行性研究编制、经济评价和投资决策的要求，并最终满足国家和地方相关部门的管理要求。

3. 投资估算过程中的方案比选、优化设计和限额设计

（1）工程建设项目由于受资源、市场、建设条件等因素的限制，为了提高工程建设投资效果，拟建项目可能存在建设场址、建设规模、产品方案、所选用工艺流程等不同的多个整体设计方案。而在一个整体设计方案中亦可存在厂区总平面布置、建筑结构形式等不同的多个设计方案。当出现多个设计方案时，工程造价咨询机构和造价专业人员应与工程设计者配合，为建设项目投资决策者提供方案比选的意见。

（2）建设项目设计方案比选应遵循以下三个原则：

1）建设项目设计方案比选要协调好技术先进性和经济合理性的关系，即在满足设计功能和采用合理先进技术的条件下，尽可能降低投入。

2）建设项目设计方案比选除考虑一次性建设投资的比选外，还应考虑项目运营过程中的费用比选，即项目寿命期的总费用比选。

3）建设项目设计方案比选要兼顾近期与远期的要求，即建设项目的功能和规模应根据国家和地区远景发展规划，适当留有发展余地。

（3）建设项目设计方案比选的内容：在宏观方面有建设规模、建设场址、产品方案等；对于建设项目本身有平面布置、主体工艺流程选择、主要设备选型等；微观方面有工程设计标准、工业与民用建筑的结构形式、建筑安装材料的选择等。

（4）建设项目设计方案比选的方法：建设项目多方案整体宏观方面的比选，一般采用投资回收期法、计算费用法、净现值法、净年值法、内部收益率法，以及上述几种方法同时使用等。建设项目本身局部多方案的比选，除了可用上述宏观方案的比选方法外，一般采用价值工程原理或多指标综合评分法（对参与比选的设计方案设定若干评价指标，并按其各自在方案中的重要程度给定各评价指标的权重和评分标准，计算各设计方案的权重加得分的方法）比选。

（5）优化设计的投资估算编制是针对在方案比选确定的设计方案基础上，通过设计招标、方案竞选、深化设计等措施，以降低成本或提高功能为目的的优化设计或深化过程中，对投资估算进行调整的过程。

（6）限额设计的投资估算编制的前提条件是严格按照基本建设程序进行，前期设计的投资估算应准确、合理，限额设计的投资估算编制应进一步细化建设项目投资估算，按项目实施内容和标准合理分解投资额度和预留调节金。

4. 流动资金的估算

流动资金的估算一般可采用分项详细估算法和扩大指标估算法。对铺底流动资金有要求的建设项目，应按国家或行业的有关规定计算铺底流动资金。非生产经营性建设项目不列铺底流动资金。

（1）分项详细估算法。分项详细估算法是根据周转额与周转速度之间的关系，对构成流动资金的各项流动资产和流动负债分别进行估算。可行性研究阶段的流动资金估算应采用

分项详细估算法，可按下述计算公式计算：

$$流动资金＝流动资产－流动负债$$
$$流动资产＝应收账款＋预付账款＋存货＋现金$$
$$流动负债＝应付账款＋预收账款$$
$$应收账款＝年经营成本/应收账款周转次数$$
$$周转次数＝360天/应收账款周转次数$$
$$预付账款＝外购商品或服务年费用金额/预付账款周转次数$$
$$存货＝外购原材料、燃料＋其他材料＋在产品＋成品$$
$$外购原材料、燃料＝年外购原材料、燃料费用/分项周转次数$$
$$其他材料＝年其他材料费用/其他材料周转次数$$
$$在产品＝（年外购原材料、燃料动力费用＋年工资及福利费＋年修理费＋年其他制造费用）/在产品周转次数$$
$$成品＝（年经营成本－年其他营业费用）/成品周转次数$$
$$现金＝（年工资及福利费＋年其他费用）/现金周转次数$$
$$年其他费用＝制造费用＋管理费用＋营业费用－（以上三项费用中所含的工资及福利费、折旧费、摊销费、修理费）$$
$$应付账款＝外购原材料、燃料动力及其他材料年费用/应付账款周转次数$$
$$预收账款＝预收的营业收入年金额/预收账款周转次数$$
$$流动资金本年增加额＝本年流动资金－上年流动资金$$

(2)扩大指标估算法。扩大指标估算法是根据销售收入、经营成本、总成本费用等与流动资金的关系和比例来估算流动资金。流动资金的计算公式为

$$年流动资金额＝年费用基数×各类流动资金率$$

## 第四节　投资估算的质量管理

投资估算编制单位应建立相应的质量管理体系，对编制投资估算基础资料的收集、归纳和整理，投资估算的编制、审核和修改，成果文件的提交、报审和归档等，都要有具体规定。

建设项目投资估算编制者应对投资估算编制委托者提供的书面资料（委托者提供的书面资料应加盖公章或有效合法的签名）进行有效性和合理性核对。应保证自身收集的或已有的造价基础资料和编制依据（部门或行业规定、估算指标、价格信息）全面、现行、有效。

建设项目投资估算者应对建设项目设计内容、设计工艺流程、设计标准等充分了解。对设计中的工程内容尽可能的量化，以避免投资估算出现内容方面的重复或漏项和费用方面的高估或低算。

投资估算编制应在已评审过的编制大纲基础上进行。成果文件应经过相关负责人的审核、审定两级审查。

工程造价文件的编制、审核、审定人员应在投资估算的文件上签署资格印章。

## 本章小结

本章主要介绍投资估算的概念与作用、阶段划分与精度要求、内容及编制依据和编制方法。通过本章的学习，学生应具备编制投资估算的能力。

## 思考与练习

### 一、填空题

1. 我国的项目建设投资估算分为_____、_____、_____、_____四个阶段。

2. 投资估算的编制依据是指在编制投资估算时所遵循的_____、_____、_____及_____、_____等基础资料。

3. _____是根据已知的同类建设项目主要生产工艺设备投资占整个建设项目的投资比例，先逐项估算出拟建建设项目主要生产工艺设备投资，再按比例进行估算拟建建设项目相关投资额的方法。

4. 可行性研究阶段建设项目投资估算原则上应采用_____，对投资有重大影响的主体工程应估算出分部分项工程量，参考相关综合定额（概算指标）或概算定额编制主要单项工程的投资估算。

### 二、简答题

1. 投资估算的作用有哪些?

2. 简述国外项目投资估算的阶段划分与精度要求。

3. 投资估算的工作内容包括哪些?

4. 投资估算的编制依据主要有哪几个方面?

5. 投资估算分析的内容有哪些?

# 第十章 设计概算编制与审查

## 能力目标

1. 具有单位工程概算、单项工程综合概算、工程建设其他费用概算、建设项目总概算编制等能力。
2. 具有建筑安装工程设计概算审查的能力。

## 知识目标

1. 了解建筑安装工程设计概算的概念与分类、作用、编制依据；掌握设计概算文件的组成。
2. 掌握单位工程概算的编制。
3. 了解单项工程综合概算的组成、内容，掌握其编制步骤。
4. 掌握工程建设其他费用概算的编制。
5. 了解建设项目总概算的组成，掌握其编制方法。
6. 了解建筑安装工程设计概算审查的意义与内容，掌握其方法。

# 第一节 建筑安装工程设计概算概述

## 一、设计概算的概念与分类

设计概算是初步设计概算的简称，它是指在初步设计或扩大初步设计阶段，由设计单位根据初步设计图纸、定额、指标、其他工程费用定额等，对工程投资进行的概略计算，是初步设计文件的重要组成部分，是确定工程设计阶段投资的依据，经过批准的设计概算是控制工程建设投资的最高限额。

设计概算一般分成三级进行编制，即单位工程概算、单项工程综合概算和建设项目总概算，其编制内容及相互关系如图 10-1 所示。对单一的、具有独立性的单项工程建设项目，可按二级编制形式进行编制，即单位工程概算、建设项目总概算。

```
                     ┌─ 单项工程综合概算   建筑工程单位工程概算
                     │                  设备安装工程单位工程概算
      建设项目总概算  │  工程建设其他费用概算
                     │
                     └─ 预备费、建设期投资贷款利息、经营性项目铺底流动资金
```

图 10-1　设计概算的编制内容及相互关系

## 二、设计概算的作用

设计概算主要有以下几个方面的作用：

(1)设计概算是确定建设项目、各单项工程及各单位工程投资的依据。按照规定报请有关部门或单位批准的初步设计及总概算，一经批准即作为建设项目静态总投资的最高限额，不得任意突破，必须突破时，需报原审批部门(单位)批准。

(2)设计概算是编制投资计划的依据。计划部门根据批准的设计概算编制建设项目年固定资产投资计划，并严格控制投资计划的实施。若建设项目实际投资数额超过了总概算，那么必须在原设计单位和建设单位共同提出追加投资的申请报告基础上，经上级计划部门审核批准后，方能追加投资。

(3)设计概算是进行拨款和贷款的依据。建设银行根据批准的设计概算和年度投资计划进行拨款和贷款，并严格实行监督控制。对超出概算的部分，未经计划部门批准，建设银行不得追加拨款和贷款。

(4)设计概算是实行投资包干的依据。在进行概算包干时，单项工程综合概算及建设项目总概算是投资包干指标商定和确定的基础，尤其经上级主管部门批准的设计概算或修正概算，是主管单位和包干单位签订包干合同，控制包干数额的依据。

(5)设计概算是考核设计方案的经济合理性和控制施工图预算的依据。设计单位根据设计概算进行技术经济分析和多方案评价，以提高设计质量和经济效果，同时保证施工图预算在设计概算的范围内。

(6)设计概算是进行各种施工准备、设备供应指标、加工订货及落实各项技术经济责任制的依据。

(7)设计概算是控制项目投资，考核建设成本，提高项目实施阶段工程管理和经济核算水平的必要手段。

## 三、设计概算文件的组成

(1)三级编制(总概算、综合概算、单位工程概算)形式设计概算文件的组成：

1)封面、签署页及目录；

2)编制说明；

3)总概算表；

4)其他费用表；

5)综合概算表；

6)单位工程概算表；

7)附件：补充单位估价表。

(2)二级编制(总概算、单位工程概算)形式设计概算文件的组成:

1)封面、签署页及目录;

2)编制说明;

3)总概算表;

4)其他费用表;

5)单位工程概算表;

6)附件:补充单位估价表。

### 四、设计概算的编制依据

概算编制依据是指编制项目概算所需的一切基础资料。设计概算的编制依据主要有以下几方面:

(1)批准的可行性研究报告。

(2)工程勘察与设计文件或设计工程量。

(3)项目涉及的概算指标或定额,以及工程所在地编制同期的人工、材料、机械台班市场价格,相应工程造价管理机构发布的概算定额(或指标)。

(4)国家、行业和地方政府有关法律、法规或规定,政府有关部门、金融机构等发布的价格指数、利率、汇率、税率,以及工程建设其他费用等。

(5)资金筹措方式。

(6)正常的施工组织设计或拟定的施工组织设计和施工方案。

(7)项目涉及的设备材料供应方式及价格。

(8)项目的管理(含监理)、施工条件。

(9)项目所在地区有关的气候、水文、地质地貌等自然条件。

(10)项目所在地区有关的经济、人文等社会条件。

(11)项目的技术复杂程度以及新技术、专利使用情况等。

(12)有关文件、合同、协议等。

(13)委托单位提供的其他技术经济资料。

(14)其他相关资料。

---

## 第二节　建设工程设计概算的编制

### 一、建设项目总概算及单项工程综合概算的编制

(1)设计概算编制说明应包括以下主要内容:

1)项目概况:简述建设项目的建设地点、设计规模、建设性质(新建、扩建或改建)、工程类别、建设期(年限)、主要工程内容、主要工程量、主要工艺设备及数量等。

2)主要技术经济指标:项目概算总投资(有引进的给出所需外汇额度)及主要分项投资、

主要技术经济指标(主要单位工程投资指标)等。

3)资金来源：按资金来源不同渠道分别说明，发生资产租赁的说明租赁方式及租金。

4)编制依据，参见第一节"四、设计概算的编制依据"。

5)其他需要说明的问题。

6)总说明附表。

①建筑、安装工程工程费用计算程序表；

②进口设备材料货价及从属费用计算表；

③具体建设项目概算要求的其他附表及附件。

(2)总概算表。概算总投资由工程费用、工程建设其他费用、预备费及应列入项目概算总投资中的几项费用组成：

1)第一部分　工程费用。按单项工程综合概算组成编制，采用二级编制的按单位工程概算组成编制。

①市政民用建设项目一般排列顺序：主体建(构)筑物、辅助建(构)筑物、配套系统。

②工业建设项目一般排列顺序：主要工艺生产装置、辅助工艺生产装置、公用工程、总图运输、生产管理服务性工程、生活福利工程、厂外工程。

2)第二部分　工程建设其他费用。一般按其他费用概算顺序列项，具体见下述"二、工程建设其他费用、预备费、专项费用概算的编制"。

3)第三部分　预备费。预备费包括基本预备费和价差预备费，具体见下述"二、工程建设其他费用、预备费、专项费用概算的编制"。

4)第四部分　应列入项目概算总投资中的几项费用。一般包括建设期利息、铺底流动资金、固定资产投资方向调节税(暂停征收)等，具体见下述"二、工程建设其他费用、预备费、专项费用概算的编制"。

(3)综合概算以单项工程所属的单位工程概算为基础，采用"综合概算表"进行编制，分别按各单位工程概算汇总成若干个单项工程综合概算。

(4)对单一的、具有独立性的单项工程建设项目，按二级编制形式编制，直接编制总概算。

## 二、工程建设其他费用、预备费、专项费用概算的编制

(1)一般工程建设其他费用包括前期费用、建设用地费和赔偿费、建设管理费、专项评价及验收费、研究试验费、勘察设计费、场地准备及临时设施费、引进技术和进口设备材料其他费、工程保险费、联合试运转费、特殊设备安全监督检验及标定费、施工队伍调遣费、市政审查验收费及公用配套设施费、专利及专有技术使用费、生产准备及开办费等。

(2)引进技术其他费用中的国外技术人员现场服务费、出国人员旅费和生活费折合成人民币列入，用人民币支付的其他几项费用直接列入工程建设其他费用中。

(3)预备费包括基本预备费和价差预备费，基本预备费以总概算第一部分"工程建设其他费用"之和为基数的百分比计算；价差预备费一般按下式计算：

$$P = \sum_{t=1}^{n} I_t \left[ (1+f)^m (1+f)^{0.5} (1+f)^{t-1} - 1 \right]$$

式中  $P$——价差预备费；

　　$n$——建设期年份数；

　　$I_t$——建设期第 $t$ 年的投资计划额，包括工程费用、工程建设其他费用及基本预备费，即第 $t$ 年的静态投资计划额；

　　$f$——投资价格指数；

　　$i$——建设期第 $t$ 年；

　　$m$——建设前期年限（从编制概算到开工建设年数）。

（4）应列入项目概算总投资中的几项费用。

1）建设期利息：根据不同资金来源及利率分别计算。

$$Q = \sum_{j=1}^{n}(P_{j-1} + A_j/2)i$$

式中  $Q$——建设期利息；

　　$P_{j-1}$——建设期第 $(j-1)$ 年末贷款累计金额与利息累计金额之和；

　　$A_j$——建设期第 $j$ 年贷款金额；

　　$i$——贷款年利率；

　　$n$——建设期年数。

自由资金额度应符合国家或行业有关规定。

2）铺底流动资金按国家或行业有关规定计算。

3）固定资产投资方向调节税（暂停征收）。

## 三、单位工程概算的编制

（1）单位工程概算是编制单项工程综合概算（或项目总概算）的依据，单位工程概算项目根据单项工程中所属的每个单体按专业分别编制。

（2）单位工程概算一般分为建筑工程、设备及安装工程两大类，建筑工程单位工程概算按下述（3）的要求编制，设备及安装工程单位工程概算按（4）的要求编制。

（3）建筑工程单位工程概算。

1）建筑工程概算费用内容及组成见《建筑安装工程费用项目组成》（建标〔2013〕44 号）。

2）建筑工程概算要采用"建筑工程概算表"编制，按构成单位工程的主要分部分项工程编制，根据初步设计工程量按工程所在省（直辖市、自治区）颁发的概算定额（指标）或行业概算定额（指标），以及工程费用定额计算。

3）以房屋建筑为例，根据初步设计工程量按工程所在省（直辖市、自治区）颁发的概算定额（指标）分为土石方工程、基础工程、墙壁工程、梁柱工程、楼地面工程、门窗工程、屋面工程、保温防水工程、室外附属工程、装饰工程等编制概算，编制深度宜达到"13 计价规范"的深度。

4）对于通用结构建筑，可采用"造价指标"编制概算；对于特殊或重要的建（构）筑物，必须按构成单位工程的主要分部分项工程编制，必要时，结合施工组织设计进行详细计算。

（4）设备及安装工程单位工程概算。

1）设备及安装工程概算费用由设备购置费和安装工程费组成。

2）设备购置费。

①定型或成套设备。

定型或成套设备费＝设备出厂价格＋运输费＋采购保管费

②非标准设备。非标准设备原价有多种不同的计算方法，如综合单价法、成本计算估价法、系列设备插入估价法、分部组合估价法、定额估价法等。一般采用不同种类设备综合单价法计算，计算公式为

$$设备费＝\sum 综合单价(元/吨)×设备单重(吨)$$

③进口设备。进口设备费用分为外币和人民币两种支付方式。其中，外币部分按美元或其他国际主要流通货币计算。进口设备的国外运输费、国外运输保险费、关税、消费税、进口环节增值税、外贸手续费、银行财务费、国内运杂费等，按照引进货价(FOB 或 CIF)计算后进入相应的设备购置费中。

④超限设备运输特殊措施费。超限设备运输特殊措施费是指当设备质量、尺寸超过铁路、公路等交通部门所规定的限度，在运输过程中需进行路面处理、桥涵加固、铁路设施改造或造成正常交通中断进行补偿所发生的费用，应根据超限设备运输方案计算超限设备运输特殊措施费。

3)安装工程费。安装工程费用内容组成，以及工程费用计算方法见《建筑安装工程费用项目组成》(建标〔2013〕44 号)；其中，辅助材料费按概算定额(指标)计算，主要材料费以消耗量按工程所在地当年预算价格(或市场价)计算。

4)进口材料费用计算方法与进口设备费用计算方法相同。

5)设备及安装工程概算采用"设备及安装工程概算表"形式，按构成单位工程的主要分部分项工程编制，根据初步设计工程量按工程所在省、市、自治区颁发的概算定额(指标)或行业概算定额(指标)，以及工程费用定额计算。

6)概算编制深度可参照"13 计价规范"深度执行。

(5)当概算定额或指标不能满足概算编制要求时，应编制"补充单位估价表"。

## 四、调整概算的编制

(1)设计概算批准后一般不得调整。由于特殊原因需要调整概算时，由建设单位调查分析变更原因，报主管部门审批同意后，由原设计单位核实编制、调整概算，并按有关审批程序报批。

(2)调整概算的原因。

1)超出原设计范围的重大变更；

2)超出基本预备费规定范围内不可抗拒的重大自然灾害引起的工程变动和费用增加；

3)超出工程造价调整预备费的国家重大政策性的调整。

(3)影响工程概算的主要因素已经清楚，工程量完成一定量后方可进行调整，一个工程只允许调整一次概算。

(4)调整概算编制深度与要求、文件组成及表格形式同原设计概算，调整概算还应对工程概算调整的原因做详尽分析说明，所调整的内容在调整概算总说明中要逐项与原批准概算对比，并编制调整前后概算对比表(见表 10-1、表 10-2)，分析主要变更原因。

### 表 10-1 总概算对比表

总概算编号：_____ 工程名称：_____（单位：____万元）____共____页____第____页

| 序号 | 工程项目或费用名称 | 原批准概算 | | | | | 调整概算 | | | | | 备注 | |
|---|---|---|---|---|---|---|---|---|---|---|---|---|---|
| | | 建筑工程费 | 设备购置费 | 安装工程费 | 其他费用 | 合计 | 建筑工程费 | 设备购置费 | 安装工程费 | 其他费用 | 合计 | | |
| 一 | 工程费用 | | | | | | | | | | | | |
| 1 | 主要工程 | | | | | | | | | | | | |
| (1) | ××××× | | | | | | | | | | | | |
| (2) | ××××× | | | | | | | | | | | | |
| | | | | | | | | | | | | | |
| 2 | 辅助工程 | | | | | | | | | | | | |
| (1) | ××××× | | | | | | | | | | | | |
| | | | | | | | | | | | | | |
| 3 | 配套工程 | | | | | | | | | | | | |
| (1) | ××××× | | | | | | | | | | | | |
| | | | | | | | | | | | | | |
| 二 | 其他费用 | | | | | | | | | | | | |
| 1 | ××××× | | | | | | | | | | | | |
| 2 | ××××× | | | | | | | | | | | | |
| | | | | | | | | | | | | | |
| 三 | 预备费 | | | | | | | | | | | | |
| | | | | | | | | | | | | | |
| 四 | 专项费用 | | | | | | | | | | | | |
| 1 | ××××× | | | | | | | | | | | | |
| 2 | ××××× | | | | | | | | | | | | |
| | | | | | | | | | | | | | |
| | 建设项目概算总投资 | | | | | | | | | | | | |
| | | | | | | | | | | | | | |
| | | | | | | | | | | | | | |
| | | | | | | | | | | | | | |
| | | | | | | | | | | | | | |

编制人：　　　　　　　　　　　审核人：

**表 10-2  综合概算对比表**

综合概算编号：_____  工程名称：_____  (单位：____万元)__共__页__第__页

| 序号 | 工程项目或费用名称 | 原批准概算 | | | | | 调整概算 | | | | | 调整的主要原因 |  |
|---|---|---|---|---|---|---|---|---|---|---|---|---|---|
| | | 建筑工程费 | 设备购置费 | 安装工程费 | 其他费用 | 合计 | 建筑工程费 | 设备购置费 | 安装工程费 | 其他费用 | 合计 | | |
| 一 | 主要工程 | | | | | | | | | | | | |
| 1 | ××××× | | | | | | | | | | | | |
| | | | | | | | | | | | | | |
| 2 | ××××× | | | | | | | | | | | | |
| | | | | | | | | | | | | | |
| 二 | 辅助工程 | | | | | | | | | | | | |
| (1) | ××××× | | | | | | | | | | | | |
| | | | | | | | | | | | | | |
| 三 | 配套工程 | | | | | | | | | | | | |
| 1 | ××××× | | | | | | | | | | | | |
| 2 | ××××× | | | | | | | | | | | | |
| | | | | | | | | | | | | | |
| | 单项工程概算费用合计 | | | | | | | | | | | | |
| | | | | | | | | | | | | | |

编制人：                    审核人：

(5)在上报调整概算时，应同时提供有关文件和调整依据。

## 五、设计概算文件的编制程序和质量控制

(1)设计概算文件编制的有关单位应当一起制定编制原则、方法，以及确定合理的概算投资水平，对设计概算的编制质量、投资水平负责。

(2)项目设计负责人和概算负责人对全部设计概算的质量负责；概算文件编制人员应参与设计方案的讨论；设计人员要树立以经济效益为中心的观念，严格按照批准的工程内容及投资额度设计，提出满足概算文件编制深度的技术资料；概算文件编制人员对投资的合理性负责。

(3)概算文件需要经编制单位自审，建设单位(项目业主)复审，工程造价主管部门审批。

(4)概算文件的编制与审查人员必须具有国家注册造价工程师资格，或者具有省、市(行业)颁发的造价员资格证。

(5)各造价协会(或者行业)、造价主管部门可根据所主管的工程特点制定概算编制质量的管理办法，并对编制人员采取相应的措施进行考核。

# 第三节　建筑安装工程设计概算审查

## 一、设计概算审查的意义

(1)有利于合理分配投资资金和加强投资计划管理,有助于合理确定和有效控制工程造价。设计概算偏高或偏低,不仅影响工程造价的控制,还会影响投资计划的真实性和投资资金的合理分配。

(2)可以促进概算编制单位严格执行国家有关概算的编制规定和费用标准,从而提高概算的编制质量。

(3)有助于促进设计的技术先进性与经济合理性。概算的技术指标是概算的综合反映,与同类工程对比,便可看出它的先进与合理程度。

(4)有利于核定建设项目的投资规模,可以使建设项目总投资做到准确、完整。防止任意扩大投资规模或出现漏项,从而减少投资缺口,缩小概算与预算之间的差距。

(5)有利于为建设项目投资的落实提供可靠的依据。

## 二、设计概算审查的内容

建筑安装工程设计概算的审查包括以下内容:

(1)审查设计概算的编制依据。它包括对国家综合部门的文件,国务院主管部门和各省、自治区、直辖市根据国家规定或授权制定的各种规定及办法,以及建设项目的设计文件等进行重点审查。

1)审查编制依据的合法性。采用的各种编制依据必须经过国家或授权机关的批准,符合国家的编制规定,未经批准的不能采用,也不能强调情况特殊,擅自提高概算定额、指标或费用标准。

2)审查编制依据的时效性。各种依据,如定额、指标、价格、取费标准等,都应根据国家有关部门的现行规定进行,注意有无调整和新的规定。有的依据颁布时间较长,不能全部适用;有的依据应按有关部门所做的调整系数执行。

3)审查编制依据的适用范围。各种编制依据都有规定的适用范围,如各主管部门规定的各种专业定额及其取费标准,只适用于该部门的专业工程;各地区规定的各种定额及其取费标准,只适用于该地区的范围以内。特别是地区的材料预算价格,区域性更强,如某市有该市区的材料预算价格,又编制了郊区内一个矿区的材料预算价格,如在该市的矿区进行工程建设时,其概算采用的材料预算价格,则应采用矿区的价格,而不能采用该市区的价格。

(2)审查设计概算编制的深度。

1)审查编制说明。审查编制说明主要检查概算的编制方法、深度和编制依据等重大原则问题。

2)审查概算的编制深度。一般大中型项目的设计概算，应有完整的编制说明和"三级概算"（即总概算表、单项工程综合概算表、单位工程概算表），并按有关规定的深度进行编制。审查是否有符合规定的"三级概算"，各级概算的编制、校对、审核是否按规定签署。

3)审查概算的编制范围。审查概算的编制范围及具体内容是否与主管部门批准的建设项目范围及具体工程内容一致；审查分期建设项目的建筑范围及具体工程内容有无重复交叉，是否重复计算或漏算；审查其他费用所列的项目是否都符合规定，静态投资、动态投资和经营性项目铺底流动资金是否分部列出等。

(3)审查建设规模、标准。审查概算的投资规模、生产能力、设计标准、建设用地、建筑面积、主要设备、配套工程、设计定员等是否符合原批准可行性研究报告或立项批文的标准。如概算总投资超过原批准投资估算 10％以上，应进一步审查超估算的原因。

(4)审查设备规格、数量和配置。工业建设项目设备投资比重大，一般占总投资的 30％～50％，要认真进行审查。审查所选用的设备规格、台数是否与生产规模一致，材质、自动化程度有无提高标准，引进设备是否配套、合理，备用设备台数是否适当，消防、环保设备是否计算等。还要重点审查价格是否合理、是否符合有关规定，如国产设备应按当时询价资料或有关部门发布的出厂价、信息价，引进设备应依据询价或合同价编制概算。

(5)审查工程费。建筑安装工程投资是随着工程量增加而增加的，要认真进行审查。要根据初步设计图纸、概算定额及工程量计算规则、专业设备材料表、建（构）筑物和总图运输一览表进行审查，注意有无多算、重算、漏算。

(6)审查计价指标。审查建筑工程采用工程所在地区的计价定额、费用定额、价格指数和有关人工、材料、机械台班单价是否符合现行规定；审查安装工程所采用的专业部门或地区定额是否符合工程所在地区的市场价格水平，概算指标调整系数及主材价格、人工、机械台班和辅材调整系数是否按当地最新规定执行；审查引进设备安装费费率或计取标准、部分行业专业设备安装费费率是否按有关规定计算等。

(7)审查其他费用。工程建设其他费用投资约占项目总投资的 25％以上，必须认真逐项审查。审查费用项目是否按国家统一规定计列，具体费率或计取标准、部分行业专业设备安装费费率是否按有关规定计算等。

## 三、设计概算审查的方法

设计概算审查主要有以下几种方法：

(1)对比分析法。对比分析法主要是通过建设规模、标准与立项批文对比；工程数量与设计图纸对比；综合范围、内容与编制方法、规定对比；各项取费与规定标准对比；材料、人工单价与市场价格对比；引进设备、技术投资与报价要求对比；技术经济指标与同类工程对比等。通过以上对比，容易发现设计概算存在的主要问题和偏差。

(2)查询核实法。查询核实法是对一些关键设备和设施、重要装置、引进工程图纸不全、难以核算的较大投资进行多方查询核对，逐项落实的方法。主要设备的市场价向设备供应部门或招标代理公司查询核实；重要生产装置、设施向同类企业（工程）查询了解；引进设备价格及有关税费向进出口公司调查落实；复杂的建安工程向同类工程的建设、承包、施工单位征求意见；深度不够或不清楚的问题直接向原概算编制人员、设计者询问清楚。

(3)联合会审法。联合会审前，可先采取多种形式分头审查，包括设计单位自审，主管、建设、承包单位初审，工程造价咨询公司评审，邀请同行专家预审，审批部门复审等，经层层审查把关后，由有关单位和专家进行联合会审。在会审会上，先由设计单位介绍概算编制情况及有关问题，各有关单位、专家汇报初审和预审意见。然后进行认真分析、讨论，结合对各专业技术方案的审查意见所产生的投资增减，逐一核实原概算出现的问题。经过充分协商，认真听取设计单位意见后，实事求是地处理、调整。

通过以上复审后，对审查中发现的问题和偏差，按照单项、单位工程的顺序，先按设备费、安装费、建筑费和工程建设其他费用分类整理；然后按照静态投资部分、动态投资部分和铺底流动资金三大类，汇总核增或核减的项目及其投资额；最后将具体审核数据，按照"原编""审核结果""增减投资""增减幅度"四栏列表，并按照原总概算表汇总顺序，将增减项目逐一列出，相应调整所属项目投资合计数，再依次汇总审核后的总投资及增减投资额。对于差错较多、问题较大或不能满足要求的，责成按会审意见修改返工后，重新报批；对于无重大原则问题，深度基本满足要求，投资增减不多的，当场核定概算投资额，并提交审批部门复核后，正式下达审批概算。

## 本章小结

本章主要介绍建筑安装工程设计概算的概念、分类、作用、编制依据及文件的组成，单位工程概算的编制，单项工程综合概算的编制，工程建设其他费用、预备费、专项费用概算的编制，建设项目总概算的编制，建筑安装工程设计概算的审查。通过本章的学习，学生应具备编制与审查设计概算的能力。

## 思考与练习

**一、填空题**

1. 设计概算一般分成三级进行编制，即_____、_____和_____。

2. 二级编制（总概算、单位工程概算）形式设计概算文件由_____，_____，_____，_____，_____，_____组成。

3. 当概算定额或指标不能满足概算编制要求时，应编制_____。

4. 设计概算审查主要有_____、_____、_____。

**二、简答题**

1. 什么是设计概算？

2. 设计概算的编制依据有哪些？

3. 设计概算编制说明应包括哪些主要内容？

4. 调整概算的原因有哪些？

5. 设计概算审查的意义是什么？

# 第十一章 施工图预算

1. 具备编制施工图预算的能力。
2. 具备审查施工图预算的能力。

1. 了解施工图预算的基本概念、作用，掌握其编制形式及文件组成。
2. 了解施工图预算的主要编制依据，掌握其编制方法。
3. 了解施工图预算审查的内容，掌握其方法。

## 第一节 施工图预算编制概述

### 一、施工图预算的基本概念

施工图预算是根据已批准的施工图、现行的预算定额和单位价格表、施工组织设计或施工方案及各种费用定额等有关资料，进行计算和编制的单位工程预算造价的文件。

### 二、施工图预算的作用

(1)施工图预算是确定建筑安装工程造价的具体文件。

(2)施工图预算是对施工图设计进行技术经济分析，选择最佳设计方案的依据。

(3)施工图预算是进行基本建设投资管理的具体文件，是国家控制基建投资和确定施工单位收入的依据。

(4)施工图预算是签订工程合同，实行投资包干和招标承包制的重要依据。

(5)施工图预算是建设银行拨付工程价款和实行财政监督的重要依据。

(6)施工图预算是建设单位和施工单位结算工程费用的依据。

(7)施工图预算是施工单位编制施工计划、进行施工准备和统计完成投资额的依据。

(8)施工图预算是供应和控制施工用料的依据。

(9)施工图预算是施工企业加强经济核算和"两算"对比的依据。

## 三、施工图预算的编制形式及文件组成

施工图预算根据建设项目实际情况可采用三级预算编制或二级预算编制形式。当建设项目有多个单项工程时,应采用三级预算编制形式。它由建设项目施工图总预算、单项工程综合预算、单位工程施工图预算组成。当建设项目只有一个单项工程时,应采用二级预算编制形式。它由建设项目施工图总预算和单位工程施工图预算组成。

1. 三级预算编制形式的工程预算文件组成

三级预算编制形式的工程预算文件组成如下:

(1)封面、签署页及目录;

(2)编制说明包括工程概况、主要技术经济指标、编制依据、工程费用计算表(建筑、设备、安装工程费用计算方法和其他费用计取的说明)、其他有关说明的问题;

(3)总预算表;

(4)综合预算表;

(5)单位工程预算表;

(6)附件。

2. 二级预算编制形式的工程预算文件组成

二级预算编制形式的工程预算文件组成如下:

(1)封面、签署页及目录;

(2)编制说明包括工程概况、主要技术经济指标、编制依据、工程费用计算表(建筑、设备、安装工程费用计算方法和其他费用计取的说明)、其他有关说明的问题;

(3)总预算表;

(4)单位工程预算表;

(5)附件。

# 第二节　施工图预算编制

## 一、施工图预算的主要编制依据

施工图预算的编制依据是指编制建设项目施工图预算所需的一切基础资料。

建设项目施工图预算的编制依据主要有以下几个方面:

(1)国家、行业、地方政府发布的计价依据,有关法律、法规或规定;

(2)建设项目有关文件、合同、协议等;

(3)批准的设计概算;

(4)批准的施工图设计图纸及相关标准图集和规范；

(5)相应预算定额和地区单位估价表；

(6)合理的施工组织设计和施工方案等文件；

(7)项目有关的设备、材料供应合同、价格及相关说明书；

(8)项目所在地区有关的气候、水文、地质地貌等自然条件；

(9)项目的技术复杂程度，以及新技术、专利使用情况等；

(10)项目所在地区有关的经济、人文等社会条件。

## 二、施工图预算的编制方法

### 1. 单位工程预算的编制

单位工程预算应根据施工图设计文件、预算定额(或综合单价)以及人工、材料及施工机械台班等价格资料进行编制。其主要编制方法有单价法和实物法，其中单价法又分为定额单价法和工程量清单单价法。

(1)单价法。在这里主要介绍定额单价法。定额单价法又称工料单价法或预算单价法，是指分部分项工程的单价为直接工程费单价，将分部分项工程量乘以对应分部分项工程单价后作为人工费、材料费、施工机械使用费，人工费、材料费、施工机械使用费汇总后，再根据规定的计算方法计取措施项目费、企业管理费、利润、规费和税金，将上述费用汇总后得到该单位工程的施工图预算造价。定额单价法中的单价一般采用地区统一单位估价表中的各分项工程工料单价(定额基价)。定额单价法计算公式如下：

$$单位工程施工图预算造价 = \sum(分项工程量 \times 分项工程工料单价) + 人工费 + 材料费 +$$
$$施工机具使用费 + 企业管理费 + 规费 + 利润 + 税金$$

施工图预算应由具有编制资格的单位和人员进行编制，定额单价法编制施工图预算的步骤如下：

1)搜集编制工程施工图预算的依据资料。基础资料包括设计资料、预算资料、施工组织设计资料、施工合同等。

2)熟悉施工图纸、预算定额及施工组织设计资料。设计图纸和施工说明不仅是建筑施工的依据，还是编制工程施工图预算的重要基础资料。设计图纸和施工说明书上所表示或说明的工程构造、材料做法、材料品种及其规格质量、设计尺寸等设计要求，为编制工程施工图预算、结合预算定额确定分项工程项目、选择套用定额子目等提供了重要数据。

对设计图纸和施工说明书的学习和审核，应该将结构图、建筑图、大样详图以及所采用的标准图、材料做法等资料结合起来，要求达到对该项建筑物的全部构造、构件连接、装饰要求及特殊装饰等，都有一个清晰的认识，把设计意图形成立体概念，为编制工程施工图预算创造条件。

正确地掌握预算定额及其有关规定，熟悉预算定额的全部内容和项目划分，定额子目的工程内容、施工方法、材料规格、质量要求、计量单位、工程量计算方法，项目之间的相互关系，以及调整换算定额的规定条件和方法，以便正确地应用定额。

施工图预算的编制工作要密切和生产技术部门配合协作，及时深入施工基层和施工现场，要了解现场地貌、土质、水位、施工现场用地、自然地坪标高、施工方法、施工进度、技术措施、施工机械、挖土方式、施工现场总平面布置以及与预算定额有关而直接影响施工经济效益的各项因素。

3）工程量计算。工程量计算必须根据设计图纸和施工说明书提供的工程构造、设计尺寸和做法要求，结合施工组织设计和现场情况，按照预算定额的项目划分、工程量计算规则和计量单位的规定，对每个分项工程的工程量进行具体计算。它是工程施工图预算编制工作中的一项重要环节。在进行施工图预算编制时，90%以上的时间是消耗在工作量计算阶段内，而且工程预算造价的正确与否，关键在于工程量的计算是否正确，项目是否齐全，有无遗漏和错误。所以，从事预算工作的人员，不仅要熟练地掌握施工技术、形体计算，还要熟悉预算定额，才能把工程量计算工作做得又快又准。

4）套用预算定额、单价计算。工程量计算的成果是将与定额分部分项相对口的各项工程量填入"单位工程预算表"，并相应填写定额编号及单价（包括必要的工料分析），然后计算分部分项工程费用。

5）取费并汇总造价。按规定调整各项价差（如人工费、材料费、施工机具使用费等），再在调整后的单位工程人工费、材料费、施工机具使用费基础上，计取规费、企业管理费、利润、税金等，得出单位工程的预算造价，并求出其单方造价等技术经济指标。

另外，施工图预算一般还要求编制工料分析表，以供工程结算时作为进一步调整工料价差的依据。作为施工企业来说，对其经营管理活动更有重要的作用。

6）复核。复核时，应对工程量计算公式和结果、套用定额单价、各项费用的取费费率及计算基础和计算结果、材料和人工预算价格及其价格调整等方面是否正确进行全面复核。

7）编制说明，填写封面。封面应写明工程编号、工程名称、预算总造价和单方造价等。将封面、编制说明、预算费用汇总表、材料汇总表、工程预算分析表，按顺序编排并装订成册，便完成了单位施工图预算的编制工作。

（2）实物法。所谓实物法，即"量""价"分离，定额项目中有量无价。编制工程施工图预算，就是根据施工图计算的各分项工程量，分别乘以预算定额的人工、材料、施工机械台班消耗量，从而分别计算出人工、材料、机械台班消耗的总量，企业（或业主）根据市场价格确定单价，然后相应乘以人工数量、各种材料数量、施工机械台班数量，分别构成人工费、材料费、机械费。以定额人工费为基数，分别乘以规费、企业管理费、利润、税金等各自的费率，构成该工程的规费、企业管理费、利润、税金等，将以上各项费用内容汇总即为工程造价。

单位工程施工图预算造价 $= \sum$（工程量 × 人工预算定额用量 × 当时当地工日单价）$+$

$\sum$（工程量 × 材料预算定额用量 × 当时当地材料预算单价）$+$

$\sum$（工程量 × 施工机械台班预算定额用量 × 当时当地机械台班单价）

实物法编制施工图预算的步骤如下：

1）准备资料、熟悉施工图纸。实物法准备资料时，除准备定额单价法的各种编制资料外，重点应全面收集工程造价管理机构发布的工程造价信息及各种市场价格信息，如人工、材料、机械当时当地的实际价格，应包括不同品种、不同规格的材料预算价格，不同工种、不同等级的人工工资单价，不同种类、不同型号的机械台班单价等。要求获得的各种实际价格应全面、系统、真实和可靠。

2）列项并计算工程量。本步骤与定额单价法相同。

3）套用消耗量定额，计算人工、材料、机械台班消耗量。根据预算人工定额所列各类人工工日的数量，乘以各分项工程的工程量，计算出各分项工程所需各类人工工日的数量，统计汇总后确定单位工程所需的各类人工工日消耗量。同理，根据预算材料定额、预算机械台班定额，分别确定出工程各类材料消耗数量和各类施工机械台班数量。

4）计算并汇总人工费、材料费和机械使用费，得到直接工程费。根据当时当地工程造价管理部门定期发布的或企业根据市场价格确定的人工工资单价、材料预算价格、施工机械台班单价，分别乘以人工、材料、机械消耗量，汇总即得到单位工程人工费、材料费和施工机械使用费。

5）计算其他各项费用，汇总造价。本步骤与定额单价法相同。

6）复核、填写封面、编制说明。检查人工、材料、机械台班的消耗量计算是否准确，有无漏算、重算或多算；检查套用的定额是否正确；检查采用的实际价格是否合理。其他内容可参考定额单价法。

（3）实物法与单价法的区别。实物法与单价法最大的区别在于计算人工费、材料费和施工机具使用费及汇总三者费用之和的方法不同。

用实物法编制施工图预算，采用的是工程所在地当时的人工、材料、机械台班价格，能较好地反映实际价格水平，工程造价的准确性高。

### 2. 单项工程综合预算的编制

单项工程综合预算造价由组成该单项工程的各个单位工程预算造价汇总而成。其计算公式如下：

$$单项工程施工图预算 = \sum 单位建筑工程费用 + \sum 单位设备及安装工程费用$$

### 3. 建设项目总预算的编制

建设项目总预算由组成该建设项目的各个单项工程综合预算，以及经计算的工程建设其他费、预备费和建设期利息及铺底流动资金汇总而成。三级预算编制中，总预算由综合预算和工程建设其他费、预备费、建设期利息及铺底流动资金汇总而成。其计算公式如下：

$$总预算 = \sum 单项工程施工图预算 + 工程建设其他费 + 预备费 +$$
$$建设期利息 + 铺底流动资金$$

### 4. 安装工程预算的编制

安装工程预算费用组成应符合《建筑安装工程费用项目组成》（住建部建标〔2013〕44号）的有关规定。安装工程预算采用"设备及安装工程预算表"按构成单位工程的分部分项工程编制，根据设计施工图技术各分部分项工程工程量，按工程所在省（自治区、直辖市）或行业颁发的预算定额或单位估算表，以及建筑安装工程费用定额进行编制计算。

## 第三节　施工图预算审查

施工图预算文件的审查，应当委托具有相应资质的工程造价咨询机构进行。

从事建设工程施工图预算审查的人员应具备相应的执业（从业）资格，需在施工图预算审查文件上加盖注册造价工程师执业资格专用章或造价员从业资格专用章，并出具施工图预算审查意见报告，报告要加盖工程造价咨询企业的公章和资质专用章。

## 一、施工图预算审查的内容

施工图预算审查的主要内容包括以下几项：

(1)审查施工图预算的编制是否符合现行国家、行业、地方政府有关法律、法规和规定要求。

(2)审查工程计算的准确性、工程量计算规则与计价规范规则或定额规则的一致性。

(3)审查在施工图预算的编制过程中，各种计价依据使用是否恰当，各项费率计取是否正确；审查依据主要有施工图设计资料、有关定额、施工组织设计、有关造价文件规定和技术规范、规程等。

(4)审查各种要素市场价格选用是否合理。

(5)审查施工图预算是否超过概算以及进行偏差分析。

## 二、施工图预算审查的方法

施工图预算审查主要有以下方法：

(1)全面审查法。全面审查法是指按照全部施工图的要求，结合有关预算定额分项工程中的工程细目，逐一、全部地进行审核的方法。其具体计算方法和审核过程与编制预算的计算方法和编制过程基本相同。

全面审查法的优点是全面、细致，所审核过的工程预算质量高，差错比较少；缺点是工作量太大。全面审查法一般适用于一些工程量较小、工艺比较简单、编制工程预算力量较薄弱的设计单位所承包的工程。

(2)重点审查法。抓住工程预算中的重点进行审查的方法，称为重点审查法。一般情况下，重点审查法的内容如下：

1)选择工程量大或造价较高的项目进行重点审查。

2)对补充单价进行重点审查。

3)对计取的各项费用的费用标准和计算方法进行重点审查。

重点审查工程预算的方法应灵活掌握。例如，在重点审查中，如发现问题较多，应扩大审查范围；反之，如没有发现问题，或者发现的差错很小，应考虑适当缩小审查范围。

(3)经验审查法。经验审查法是指监理工程师根据以前的实践经验，审查容易发生差错的那些部分工程细目的方法。如土方工程中的平整场地、土壤分类等比较容易出错的地方，应重点加以审查。

(4)分解对比审查法。把一个单位工程，按费用构成进行分解，然后再把相关费用按工种工程和分部工程进行分解，分别与审定的标准图预算进行对比分析的方法，称为分解对比审查法。

分解对比审查法是把拟审的预算造价与同类型的定型标准施工图或复用施工图的工程预算造价相比较，如果出入不大，就可以认为本工程预算问题不大，不再审查；如果出入较大，比如超过或少于已审定的标准设计施工图预算造价的 1％ 或 3％ 以上(根据本地区要求)，再按分部分项工程进行分解，边分解边对比，哪里出入较大，就进一步审查那一部分工程项目的预算价格。

## 本章小结

本章主要介绍施工图预算的基本概念、编制及审查方法，施工预算的编制方法和步骤。通过本章的学习，学生应具备编制、审查施工图预算和编制施工预算的能力。

## 思考与练习

### 一、填空题

1. 施工图预算根据建设项目实际情况可采用_____或_____形式。

2. 单位工程预算应根据_____、_____以及_____等价格资料进行编制。

3. 单位工程预算的主要编制方法有_____和_____。

4. 施工图预算审查方法主要有_____、_____、_____、_____。

### 二、简答题

1. 什么是施工图预算？施工图预算的作用有哪些？

2. 建设项目施工图预算的编制依据主要表现在哪几个方面？

3. 简述定额单价法编制施工图预算的步骤。

4. 简述实物法编制施工图预算的步骤。

5. 施工图预算审查的内容有哪些？

# 第十二章 工程竣工结算与决算

## 能力目标

1. 能进行工程竣工结算的编制与审查。
2. 具备工程竣工决算编制的能力。

## 知识目标

1. 了解工程结算产生的原因及含义，工程价款结算的特点及作用；掌握工程价款结算的方式。
2. 了解工程竣工结算的编制依据，掌握其编制程序和方法。
3. 了解工程竣工结算审查的依据、原则，掌握其程序和方法。
4. 了解工程竣工决算的意义、作用、编制要求、编制依据，掌握其内容和编制步骤。

## 第一节　工程竣工结算

### 一、工程竣工结算概述

#### (一)工程结算产生的原因

建筑安装工程预算是在工程开工前，根据施工图纸、预算定额及费用定额等有关资料编制的，它所反映的建筑工程造价是一个预计数。然而一个建筑工程项目完全按照设计施工图进行施工是不现实的。建筑安装工程在施工过程中由于种种原因，会发生工程内容变更、材料代用、材料价格和人工工资变化等。所以，单凭建筑安装工程预算数值不能反映建筑工程实际的造价。因此，在建筑安装工程竣工验收后，要编制出该建筑安装工程项目的竣工结算造价，即实际价格。

#### (二)工程结算的含义

在工程建设的经济活动中，由于劳务供应，建筑材料、设备及工器具的购买，工程价款的支付和资金划拨等经济往来而发生的以货币形式表现的工程经济文件，称为结算。工程造价的结算，实际上是施工单位与建设单位之间的商品货币结算，通过结算实现施工单位的工程价款收入，弥补施工单位在一定时期内生产建筑产品的消耗。

工程结算是由施工单位编制，主要是针对单位工程编制，单位工程竣工后便可以进行编制。工程结算是建设单位与施工单位结算工程价款的依据；是核定施工企业生产成果，考核工程成本的依据；是施工企业确定经营活动最终收入的依据；是建设单位编制建设项目竣工决算的依据。

工程竣工结算是指一个建设项目或一个单位工程完工，并经建设单位及有关部门验收点交后，办理的工程结算。

工程竣工结算按建设项目工期长短不同，一般可分为以下两类：

（1）建设项目竣工结算。它是指建设工期在一年内的工程，一般以整个建设项目为结算对象，实行竣工后一次结算。

（2）单项工程竣工结算。它是指当年不能竣工的建设项目，其单项工程在当年开工当年竣工的，实行单项工程竣工后一次结算。

单项工程当年不能竣工的工程项目，也可以实行分段结算、年终结算，竣工后总结算的方法。

**（三）工程价款结算的特点**

（1）工程结算价格以预算价格为基础，单个计算。建筑产品由于其建筑结构形式的不同，建筑地点的工程地质、水文条件的不同，建筑地区的自然条件与经济条件的不同，以及施工单位采用的施工方案不同等，工程价款结算就不能同一般商品那样，按统一的销售价格结算。当然，建筑工程的结算价格的计算也要有一个统一的基础，那就是建筑工程的预算价格。工程价款结算是以预算价格为基础单个计算的。

（2）建筑产品生产周期长，需要采用不同的工程价款结算方法。建筑产品生产周期长、投资大，若工程全部竣工后再结算，必然使施工单位资金周转发生困难。因此，施工单位在施工过程中所消耗的材料、支付工人的报酬及所需的周转资金，必须通过工程价款的形式，定期或分期向建设单位结算以得到补偿。

**（四）工程价款结算的作用**

（1）确定施工企业货币收入，补充资金消耗。

（2）工程价款结算是统计施工企业完成生产计划的依据。

（3）工程价款结算是确定工程实际成本的依据。

（4）工程价款结算是建设单位编制工程竣工决算的依据。

（5）工程价款结算标志着甲、乙双方所承担的合同义务和经济责任的终结。

（6）工程价款结算是审计部门对竣工结（决）算进行审计的依据。

**（五）工程价款结算的方式**

我国现行工程价款结算根据不同情况，可采取多种方式。

1. 按月结算

实行旬末或月中预支，月终结算，竣工后清算的方法。跨年度竣工的工程，在年终进行工程盘点，办理年度结算。我国现行建筑安装工程价款结算中，相当一部分是采用按月结算。

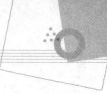

2. 竣工后一次结算

建设项目或单项工程全部建筑安装工程建设期在 12 个月以内，或者工程承包合同价值在 100 万元以内的，可以实行工程价款每月月中预支，竣工后一次结算。

3. 分段结算

分段结算，即当年开工，当年不能竣工的单项工程或单位工程按照工程形象进度，划分不同阶段进行的结算。分段结算可以按月预支工程款。分段的划分标准，由各部门或省、自治区、直辖市、计划单列市规定。

4. 目标结款方式

目标结款方式，即在工程合同中，将承包工程的内容分解成不同的控制界面，以业主验收控制界面作为支付工程价款的前提条件。也就是说，将合同中的工程内容分解成不同的验收单元，当承包商完成单元工程内容并经业主(或其委托人)验收后，业主支付构成单元工程内容的工程价款。

目标结款方式下，承包商要想获得工程价款，必须按照合同约定的质量标准完成界面内的工程内容；要想尽早获得工程价款，承包商必须充分发挥自己的组织实施能力，在保证工程质量的前提下，加快施工进度。这意味着承包商拖延工期时，业主推迟付款，增加承包商的财务费用、运营成本，降低承包商的收益，客观上使承包商因延迟工期而遭受损失。同样，当承包商积极组织施工，提前完成控制界面内的工程内容，则承包商可提前获得工程价款，增加承包收益，客观上承包商因提前工期而增加了有效利润。同时，因承包商在界面内质量达不到合同约定的标准而业主不予验收的，承包商也会因此而遭受损失。可见，目标结款方式实质上是运用合同手段、财务手段对工程的完成进行主动控制。

目标结款方式中，对控制界面的设定应明确描述，便于量化和质量控制，同时要适应项目资金的供应周期和支付频率。

**(六)工程价款结算的方法**

施工企业在采用按月结算工程价款方式时，要先取得各月实际完成的工程数量，并按照工程预算定额及相关取费标准，计算出已完工程造价。实际完成的工程数量，由施工单位根据有关资料计算，并编制"已完工程月报表"，然后按照发包单位编制"已完工程月报表"，将各个发包单位的本月已完工程造价汇总反映。再根据"已完工程月报表"编制"工程价款结算账单"，与"已完工程月报表"一起，分送发包单位和经办银行，据以办理结算。

施工企业在采用分段结算工程价款方式时，要在合同中规定工程部位完工的月份，根据已完工程部位的工程数量计算已完工程造价，按发包单位编制"已完工程月报表"和"工程价款结算账单"。

对于工期较短、能在年度内竣工的单项工程或小型建设项目，可在工程竣工后编制"工程价款结算账单"，按合同中工程造价一次结算。

"工程价款结算账单"是办理工程价款结算的依据。"工程价款结算账单"中所列应收工程款应与随同附送的"已完工程月报表"中的工程造价相符，"工程价款结算账单"除了列明应收工程款外，还应列明应扣预收工程款、预收备料款、发包单位供给材料价款等应扣款项，算出本月实收工程款。

为了保证工程按期收尾竣工，工程在施工期间，无论工程长短，其结算工程款，一般不得超过承包工程价值的 95%，结算双方可以在 5% 的幅度内协商确定尾款比例，并在工程承包合同中注明。施工企业已向发包单位出具履约保函或有其他保证的，可以不留工程尾款。

"已完工程月报表"和"工程价款结算账单"的格式见表12-1、表12-2。

### 表12-1　已完工程月报表

发包单位名称：　　　　　　　　　　年　月　日　　　　　　　　　　　　　　　元

| 单项工程和单位工程名称 | 合同造价 | 建筑面积 | 开竣工日期 | | 实际完成数 | | 备注 |
| --- | --- | --- | --- | --- | --- | --- | --- |
| | | | 开工日期 | 竣工日期 | 至上月(期)止已完工程累计 | 本月(期)已完工程 | |
| | | | | | | | |

施工企业：　　　　　　　　　　　　编制日期：　年　月　日

### 表12-2　工程价款结算账单

发包单位名称：　　　　　　　　　　年　月　日　　　　　　　　　　　　　　　元

| 单项工程和单位工程名称 | 合同造价 | 本月(期)应收工程款 | 应扣款项 | | | 本月(期)实收工程款 | 尚未归还 | 累计已收工程款 | 备注 |
| --- | --- | --- | --- | --- | --- | --- | --- | --- | --- |
| | | | 合　计 | 预收工程款 | 预收备料款 | | | | |
| | | | | | | | | | |

施工企业：　　　　　　　　　　　　编制日期：　年　月　日

## 二、工程竣工结算编制

### (一)结算编制文件组成

(1)工程结算文件一般由工程结算汇总表、单项工程结算汇总表、单位工程结算汇总表和分部分项(措施、其他、零星)工程结算表及结算编制说明等组成。

(2)工程结算汇总表、单项工程结算汇总表、单位工程结算汇总表应当按规定的内容详细编制。

(3)工程结算编制说明可根据委托工程的实际情况，以单位工程、单项工程或建设项目为对象进行编制，并应说明以下内容：

1)工程概况；

2)编制范围；

3)编制依据；

4)编制方法；

5)有关材料、设备、参数和费用说明；

6)其他有关问题的说明。

(4)工程结算文件提交时，受委托人应当同时提供与工程结算相关的附件，包括所依据的发承包合同调整条款、设计变更、工程洽商、材料及设备定价单、调价后的单价分析表等与工程结算相关的书面证明材料。

### (二)编制依据

工程结算编制依据是指编制工程结算时需要工程计量，价格确定，工程计价有关参数、率值确定的基础资料。其主要有以下内容：

(1)建设期内影响合同的法律、法规和规范性文件。

(2)国务院信房城乡建设主管部门以及各省、自治区、直辖市和有关部门发布的工程造价计价标准、计价办法、有关规定及相关解释。

(3)施工发承包合同、专业分包合同及补充合同，有关材料、设备采购合同。

(4)招投标文件包括招标答疑文件、投标承诺、中标报价书及其组成内容。

(5)工程竣工图或施工图、施工图会审记录，经批准的施工组织设计，以及设计变更、工程洽商和相关会议纪要。

(6)经批准的开、竣工报告或停、复工报告。

(7)工程材料及设备中标价、认价单。

(8)双方确认追加(减)的工程价款。

(9)影响工程造价的相关资料。

(10)结算编制委托合同。

## (三)编制原则

(1)工程结算按工程的施工内容或完成阶段，可分为竣工结算、分阶段结算、合同终止结算、专业分包结算等形式进行编制。

(2)工程结算的编制应对相应的施工合同进行编制。在合同范围内设计整个项目的，应按建设项目组成，将各单位工程汇总为单项工程，再将各单位工程汇总为建设项目，编制相应的建设项目工程结算成果文件。

(3)实行分阶段结算的建设项目，应按合同要求进行分阶段结算，出具各阶段工程结算成果文件。竣工结算时，将各阶段工程结算汇总，编制相应竣工结算成果文件。

(4)除合同另有约定外，分阶段结算的工程项目，其工程结算文件用于价款支付时，应包括下列内容：

1)本周期已完成工程的价款；

2)累计已完成的工程价款；

3)累计已支付的工程价款；

4)本周期已完成计日工金额；

5)应增加和扣减的变更金额；

6)应增加和扣减的索赔金额；

7)应抵扣的工程预付款；

8)应扣减的质量保证金；

9)根据合同应增加和扣减的其他金额；

10)本付款周期实际应支付的工程价款。

(5)进行合同终止结算时，应按已完工程的实际工程量和施工合同的有关约定，编制合同终止结算。

(6)实行专业分包结算的工程，应按各专业分包合同的要求，对各专业分包分别编制工程结算。总承包人应按工程总承包合同的要求将各个专业分包结算汇总在相应的单位工程或单项工程结算内进行工程总承包结算。

(7)工程结算编制应区分施工合同类型及工程结算的计价模式，采用相应的工程结算编制方法。

1)施工合同类型按计价方式应分为总价合同、单价合同、成本加酬金合同;

2)工程结算的计价模式分为单价法和实物量法,单价法又分为定额单价法和工程量清单单价法。

(8)工程结算编制时,采用总价合同的,应在合同价基础上对设计变更、工程洽商以及工程索赔等合同约定可以调整的内容进行调整。

(9)工程结算编制时,采用单价合同的,工程结算的工程量应按照发承包双方在施工合同中约定的方法对合同价款进行调整。

(10)工程结算编制时,采用成本加酬金合同的,应依据合同约定的方法计算各个分部分项工程以及设计变更、工程洽商、施工措施等内容的工程成本,并计算酬金及有关税费。

### (四)编制程序

(1)工程结算应按准备、编制和定稿三个工作阶段进行,并实行编制人、校对人和审核人分别署名盖章确认的编审签署制度。

(2)结算编制准备阶段。

1)收集与工程结算编制相关的原始资料;

2)熟悉工程结算资料内容,进行分类、归纳和整理;

3)召集相关单位或部门的有关人员参加工程结算预备会议,对结算内容和结算资料进行核对与充实完善;

4)收集建设期内影响合同价格的法律和政策性文件;

5)掌握工程项目发承包方式,现场施工条件,应采用的工程计价标准、定额、费用标准,材料价格变化等情况。

(3)结算编制阶段。

1)根据竣工图及施工图以及施工组织设计进行现场踏勘,对需要调整的工程项目进行观察、对照、必要的现场实测和计算,做好书面或影像记录;

2)按既定的工程量计算规则计算需调整的分部分项、施工措施或其他项目工程量;

3)按招标文件、施工发承包合同规定的计价原则和计价办法对分部分项、施工措施或其他项目进行计价;

4)对于工程量清单或定额缺项以及采用新材料、新设备、新工艺的,应根据施工过程中的合理消耗和市场价格,编制综合单价或单位估价分析表;

5)工程索赔应按合同约定的索赔处理原则、程序和计算方法,提出索赔费用,经发包人确认后作为结算依据;

6)汇总计算工程费用,包括编制分部分项费、施工措施项目费、其他项目费、零星工作项目费或直接费、间接费、利润和税金等表格,初步确定工程结算价格;

7)编写编制说明;

8)计算主要技术经济指标;

9)提交结算编制的初步成果文件待校对、审核。

(4)结算编制定稿阶段。

1)由结算编制受托人单位的部门负责人对初步成果文件进行检查、校对;

2)由工程结算审定人对审核后的初步成果文件进行审定;

3)工程结算编制人、审核人、审定人分别在工程结算成果文件上署名,并应签署造价工程师或造价员职业或从业印章；

4）工程结算文件经编制、审核、审定后，工程造价咨询企业的法定代表人或其授权人在成果文件上签字或盖章。

（5）工程结算编制人、审核人、审定人应各尽其职，其责任和任务如下：

1）工程结算编制人员按其专业分别承担其工作范围内的工程结算相关编制依据收集、整理工作，编制相应的初步成果文件，并对其编制的初步成果文件质量负责；

2）工程审核人员应由专业负责人和技术负责人承担，对其专业范围内的内容进行审核，并对其审核专业的工程结算成果文件的质量负责；

3）工程审定人员应由专业负责人和技术负责人承担，对工程结算的全部内容进行审定，并对工程结算成果文件的质量负责。

### （五）编制方法

（1）采用工程量清单方式计价的工程，一般采用单价合同，应按工程量清单单价法编制工程依据结算。

（2）分部分项工程费应依据施工合同相应约定以及实际完成的工程量、投标时的综合单价等进行计算。

（3）工程结算中涉及工程单价调整时，应当遵循以下原则：

1）合同中已有适用于变更工程、新增工程单价的，按已有的单价结算；

2）合同中有类似变更工程、新增工程单价的，可以参照类似单价作为结算依据；

3）合同中没有适用或类似变更工程、新增工程单价的，结算编制受委托人可商洽承包人或发包人提出适当的价格，经对方确认后作为结算依据。

（4）工程结算编制时，措施项目费应依据合同约定的项目和金额计算，发生变更、新增的措施项目，以发承包双方合同约定的计价方式计算。其中，措施项目清单中的安全文明费用应按照国家或省级、行业建设主管部门的规定计算。施工合同中未约定措施项目费结算方法时，措施项目费可按以下方法结算：

1）与分部分项实体相关的措施项目，应随该分部分项工程的实体工程量的变化，依据双方确定的工程量、合同约定的综合单价进行结算；

2）独立性的措施项目，应充分体现其竞争性，一般应固定不变，按合同价中相应的措施项目费用进行结算；

3）与整个建设项目相关的综合取定的措施项目费用，可按照投标时的取费基数及费率基数及费率进行结算。

（5）其他项目费应按以下方法进行结算：

1）计日工按发包人实际签证的数量和确定的事项进行结算；

2）暂估价中的材料单价按发承包双方最终确认价在分部分项工程费中对相应综合单价进行调整，计入相应的分部分项工程；

3）专业工程结算价应按中标价或发包人、承包人与分包人最终确认的分包工程价进行结算；

4）总承包服务费应依据合同约定的结算方式进行结算；

5）暂列金额应按合同约定计算实际发生的费用，并分别列入相应的分部分项工程费、措施项目费中。

（6）招标工程量清单漏项、设计变更、工程洽商等费用应依据施工图，以及发承包双方签证资料确认的数量和合同约定的计价方式进行结算，其费用列入相应的分部分项工程费或措施项目费中。

（7）工程索赔费用应依据发承包双方确认的索赔事项和合同约定的计价方式进行结算，其费用列入相应的分部分项工程费或措施项目费中。

（8）规费和税金应按国家、省级或行业建设主管部门的规费规定计算。

**(六)编制的成果文件形式**

（1）工程结算成果文件的形式。

1）工程结算书封面，包括工程名称、编制单位和印章、日期等；

2）签署页，包括工程名称、编制人、审核人、审定人姓名和执业（从业）印章、单位负责人印章（或签字）等；

3）目录；

4）工程结算编制说明；

5）工程结算相关表格；

6）必要的附件。

（2）工程结算相关表格。

1）工程结算汇总表；

2）单项工程结算汇总表；

3）单位工程结算汇总表；

4）分部分项清单计价表；

5）措施项目清单与计价表；

6）其他项目清单与计价汇总表；

7）规费、税金项目清单与计价表；

8）必要的相关表格。

# 三、工程竣工结算审查

## (一)工程结算审查文件组成

（1）工程结算审查文件一般由工程结算审查报告、结算审定签署表、工程结算审查汇总对比表、分部分项（措施、其他、零星）工程结算审查对比表以及结算内容审查说明等组成。

（2）工程结算审查报告可根据该委托工程项目的实际情况，以单位工程、单项工程或建设项目为对象进行编制，并应说明以下内容：

1）概述；

2）审查范围；

3）审查原则；

4）审查依据；

5）审查方法；

6）审查程序；

7）审查结果；

8)主要问题;

9)相关建议。

(3)结算审定签署表由结算审查受托人填制,并由结算审查委托单位、结算编制人和结算审查受委托人签字盖章。当结算审查委托人与建设单位不一致时,按工程造价咨询合同要求或结算审查委托人的要求,确定是否增加建设单位在结算审定签署表上签字盖章。

(4)工程结算审查汇总对比表、单项工程结算审查汇总对比表、单位工程结算审查汇总对比表应当按表格所规定的内容详细编制。

(5)结算内容审查说明应阐述以下内容:

1)主要工程子目调整的说明;

2)工程数量增减变化较大的说明;

3)子目单价、材料、设备、参数和费用有重大变化的说明;

4)其他有关问题的说明。

**(二)审查依据**

工程结算审查依据主要有以下几个方面:

(1)建设期内影响合同价格的法律、法规和规范性文件;

(2)工程结算审查委托合同;

(3)完整、有效的工程结算书;

(4)施工发承包合同、专业分包合同及补充合同,有关材料、设备采购合同;

(5)与工程结算编制相关的国务院住房城乡建设主管部门以及各省、自治区、直辖市和有关部门发布的建设工程造价计价标准、计价方法、计价定额、价格信息、相关规定等计价依据;

(6)招投标文件;

(7)工程竣工图或施工图、经批准的施工组织设计、设计变更、工程洽商、索赔与现场签证,以及相关的会议纪要;

(8)工程材料及设备中标价、认价单;

(9)双方确认追加(减)的工程价款;

(10)经批准的开、竣工报告或停、复工报告;

(11)工程结算审查的其他专项规定;

(12)影响工程造价的其他相关资料。

**(三)审查原则**

(1)工程价款结算审查按工程的施工内容或完成阶段分类,其形式包括竣工结算审查、分阶段结算审查、合同终止结算审查和专业分包结算审查。

(2)建设项目由多个单项工程或单位工程构成的,应按建设项目划分标准的规定,分别审查各单项工程或单位工程的竣工结算,将审定的工程结算汇总,编制相应的工程结算审定文件。

(3)分阶段结算的审定工程,应分别审查各阶段工程结算,将审定结果汇总,编制相应的工程结算审查成果文件。

(4)除合同另有约定外,分阶段结算的支付申请文件应审查以下内容:

1)本周期已完成工程的价款；

2)累计已完成的工程价款；

3)累计已支付的工程价款；

4)本周期已完成计日工金额；

5)应增加和扣减的变更金额；

6)应增加和扣减的索赔金额；

7)应抵扣的工程预付款；

8)应扣减的质量保证金；

9)根据合同应增加和扣减的其他金额；

10)本付款合同增加和扣减的其他金额。

(5)合同终止工程的结算审查，应按发包人和承包人认可的已完工程的实际工程量和施工合同的有关规定进行审查。合同终止结算审查方法基本同竣工结算的审查方法。

(6)专业分包工程的结算审查，应在相应的单位工程或单项工程结算内分别审查各专业分包工程结算，并按分包合同分别编制专业分包工程结算审查成果文件。

(7)工程结算审查应区分施工发承包合同类型及工程结算的计价模式，采用相应的工程结算审查方法。

(8)审查采用合同的工程结算时，应审查与合同所约定结算编制方法的一致性，在合同价基础上对调整的设计变更、工程洽商以及工程索赔等合同约定可以调整的内容进行审查。

(9)审查采用单价合同的工程结算时，应审查按照竣工图或施工图以内的各个分部分项工程量计算的准确性，依据合同约定的方式审查分部分项工程项目价格，并对设计变更、工程洽商、施工措施以及工程索赔等调整内容进行审查。

(10)审查采用成本加酬金合同的工程结算时，应依据合同约定的方法审查各个分部分项工程以及设计变更、工程洽商、施工措施等内容的工程成本，并审查酬金及有关税费的取定。

(11)采用工程量清单计价的工程结算审查应包括以下内容：

1)工程项目的所有分部分项工程量，以及实施工程项目采用的措施项目工程量；为完成所有工程量并按规定计算的人工费、材料费和施工机械使用费、企业管理费、利润，以及规费和税金取定的准确性；

2)对分部分项工程和措施项目以外的其他项目所需计算的各项费用进行审查；

3)对设计变更和工程变更费用依据合同约定的结算方法进行审查；

4)对索赔费用依据相关签证进行审查；

5)合同约定的其他约定审查。

(12)工程结算审查应按照与合同约定的工程价款方式对原合同进行审查，并应按照分部分项工程费、措施费、措施项目费、其他项目费、规费和税金项目进行汇总。

(13)采用预算定额计价的工程结算审查应包括以下内容：

1)审查套用定额的分部分项工程量、措施项目工程量和其他项目，以及为完成所有工程量和其他项目并按规定计算的人工费、材料费、机械使用费、规费、企业管理费、利润和税金与合同约定的编制方法的一致性，计算的准确性；

2)对设计变更和工程变更费用在合同价基础上进行审查；

3)工程索赔费用按合同约定或签证确认的事项进行审查；

4)合同约定的其他费用的审查。

### (四)审查程序

(1)工程结算审查应按准备、审查和审定三个工作阶段进行，并实行编制人、校对人和审核人分别署名盖章确认的内部审核制度。

(2)结算审查准备阶段。

1)审查工程结算手续的完备性、资料内容的完整性，对不符合要求的应退回限时补正。

2)审查计价依据及资料与工程结算的相关性、有效性。

3)熟悉招投标文件、工程发承包合同、主要材料设备采购合同及相关文件。

4)熟悉竣工图纸或施工图纸、施工组织设计、工程概况，以及设计变更、工程洽商和工程索赔情况等。

5)掌握工程量清单计价规范、工程预算定额等与工程相关的国家和当地的建设主管部门发布的工程计价依据及相关规定。

(3)结算审查阶段。

1)审查结算项目范围、内容与合同约定的项目范围、内容的一致性。

2)审查工程量计算的准确性、工程量计算规则与计价规范或定额的一致性。

3)审查结算单价时应严格执行合同约定或现行的计价原则、方法。对于清单或定额缺项以及采用新材料、新工艺的，应根据施工过程中的合理消耗和市场价格审核结算单价。

4)审查变更签证凭据的真实性、合法性、有效性，核准变更工程费用。

5)审查索赔是否依据合同约定的索赔处理原则、程序和计算方法以及索赔费用的真实性、合法性、准确性。

6)审查取费标准时，应严格执行合同约定的费用定额标准及有关规定，并审查取费依据的时效性、相符性。

7)编制与结算相对应的结算审查对比表。

8)提交工程结算审查初步成果文件，包括编制与工程结算相对应的工程结算审查对比表，待校对、复核。

(4)结算审定阶段。

1)工程结算审查初稿编制完成后，应召开由结算审查编制人、委托人及受托人共同参加的会议，听取意见，并进行合理的调整。

2)由结算审查受托人单位的部门负责人对结算审查的初步成果文件进行检查、校对。

3)由结算审查受托人单位的主管负责人审核批准。

4)发承包双方代表人和审查人应分别在"结算审定签署表"上签字并加盖公章。

5)对结算审查结论有分歧的，应在出具结算审查报告前，至少组织两次协调会；凡不能共同签认的，审查受托人可适时结束审查工作，并做出必要说明。

6)在合同约定的期限内，向委托人提交经结算审查编制人、校对人、审核人和受托人单位盖章确认的正式的结算审查报告。

(5)工程结算审查编制人、审核人、审定人的各自职责和任务如下：

1)工程结算审查编制人员按其专业分别承担其工作范围内的工程结算审查相关编制依据收集、整理工作，编制相应的初步成果文件，并对其编制的成果文件质量负责。

2)工程结算审核人员应由专业负责人或技术负责人担任，对其专业范围内的内容进行校对、复核，并对其审核专业内的工程结算审查成果文件的质量负责。

3)工程结算审定人员应由专业负责人或技术负责人担任，对工程结算审查的全部内容进行审定，并对工程结算审查成果文件的质量负责。

**(五)审查方法**

(1)工程结算的审查应依据施工发承包合同约定的结算方法进行，根据施工发承包合同类型，采用不同的审查方法。本节审查方法主要适用于采用单价合同的工程量清单单价法编制竣工结算的审查。

(2)审查工程结算，除合同约定的方法外，对分部分项工程费用的审查应参照本节"编制方法(4)"的内容。

(3)工程结算审查时，对原招标工程量清单描述不清或项目特征发生变化，以及变更工程、新增工程中的综合单价应按下列方法确定：

1)合同中已有使用的综合单价，应按已有的综合单价确定；

2)合同中有类似的综合单价，可参照类似的综合单价确定；

3)合同中没有适用或类似的综合单价，由承包人提出综合单价，经发包人确认后执行。

(4)工程结算审查中，设计措施项目费用调整时，措施项目费应依据合同约定的项目和金额计算，发生变更、新增的措施项目，以发承包双方合同约定的计价方式计算，其中措施项目清单中的安全文明措施费用应审查是否按国家或省级、行业建设主管部门的规定计算。施工合同中未约定措施项目费结算方法时，审查措施项目费可参照本节"编制方法(4)"的内容。

(5)工程结算审查中涉及其他项目费用的调整时，按下列方法确定：

1)审查计日工是否按发包人实际签证的数量、投标时的计日工单价，以及确认的事项进行结算；

2)审查暂估价中的材料单价是否按发承包双方最终确认价在分部分项工程费中对相应综合单件进行调整，计入相应分部分项工程费用；

3)对专业工程结算价的审查应按中标价或发包人、承包人与分包人最终确定的分包工程价进行结算；

4)审查总承包服务费是否依据合同约定的结算方式进行结算，以总价形式确定的总承包服务费不予调整，以费率形式确定的总包服务费，应按专业分包工程中标价或发包人、承包人与分包人最终确定的分包工程价为基数和总承包单位的投标费率计算总承包服务费；

5)审查计算金额是否按合同约定计算实际发生的费用，并分别列入相应的分部分项工程费、措施项目费中。

(6)投标工程量清单的漏项、设计变更、工程洽商等费用应依据施工图以及发承包双方签证资料确认的数量和合同约定的计价方式进行结算，其费用列入相应的分部分项工程费或措施项目费中。

(7)工程结算审查中涉及索赔费用的计算时，应依据发承包双发确认的索赔事项和合同约定的计价方式进行结算，其费用列入相应的分部分项工程费或措施项目费中。

(8)工程结算审查中涉及规费和税金的计算时，应按国家、省级或行业建设主管部门的规定计算并调整。

### (六)审查的成果文件形式

(1)工程结算审查成果包括以下内容：

1)工程结算书封面；

2)签署页；

3)目录；

4)结算审查报告书；

5)结算审查相关表格；

6)有关的附件。

(2)采用工程量清单计价的工程结算审查包括以下内容：

1)工程结算审定表；

2)工程结算审查汇总对比表；

3)单项工程结算审查汇总对比表；

4)单位工程结算审查汇总对比表；

5)分部分项工程清单与计价结算审查对比表；

6)措施项目清单与计价审查对比表；

7)其他项目清单与计价审查汇总对比表；

8)规费、税金项目清单与计价审查对比表。

## 四、质量管理和档案管理

### 1. 质量管理

(1)工程造价咨询企业承担工程结算编制或工程结算审核，应满足国家或行业有关质量标准的精度要求。当工程结算编制或工程结算审核委托方对质量标准有更高的要求时，应在工程造价咨询合同中予以明确。

(2)工程造价咨询单位应建立相应的质量管理体系，对项目的策划和工作大纲的编制，基础资料的收集、整理，工程结算编制、审核和修改的过程文件的整理和归档，成果文件的印制、签署、提交和归档，工作中其他相关文件借阅、使用、归还与移交，均应建立具体的管理制度。

(3)工程造价咨询企业应对工程结算编制和审核方法的正确性，工程结算编审范围的完整性，计价依据的正确性、完整性和时效性，工程计量与计价的准确性负责。

(4)工程造价咨询企业对工程结算的编制和审核应实行编制、审核与审定三级质量管理制度，并应明确审核、审定人员的工作程度。

(5)工程造价专业人员从事工程结算编制和工程结算审查工作的，应当实行个人签署负责制，审核、审定人员对编制人员完成的工作进行修改应保存工作记录，承担相应责任。

### 2. 档案管理

(1)工程造价咨询企业对与工程结算编制和工程结算审查业务有关的成果文件、工作过程文件、使用和移交的其他文件清单、重要会议纪要等，均应收集齐全，整理立卷后归档。

(2)工程造价咨询单位应建立完善的工程结算编制与审查档案管理制度。工程结算编制和工程结算审查文件的归档应符合国家、相关部门或行业组织发布的相关规定。

(3)工程造价咨询单位归档的文件保存期，成果文件应为 10 年，过程文件和相关移交清单、会议纪要等一般应为 5 年。

(4)归档的工程结算编制和审查的成果文件应包括纸质原件和电子文件。其他文件及依据可为纸质原件、复印件或电子文件。

(5)归档文件应字迹清晰、图表整洁、签字签章手续完备。归档文件应采用耐久性强的书写材料，不得使用易褪色的书写材料。

(6)归档文件必须完整、系统，能够反映工程结算编制和审查活动的全过程。

(7)归档文件必须经过分类整理，并应组成符合要求的案卷。

(8)归档可以分阶段进行，也可以在项目结算完成后进行。

(9)向有关单位移交工作中使用或借阅的文件，应编制详细的移交清单，双方签字、盖章后方可交接。

# 第二节　工程竣工决算

## 一、竣工决算的意义

竣工决算是由建设单位编制的，是反映建设项目实际造价与投资效果的文件，它是竣工验收报告的重要组成部分。所有竣工验收的项目应在办理手续之前，对所有建设项目的财产和物资进行认真清理，并及时而正确地编制竣工决算。竣工决算对于总结分析建设过程的经验和教训，提高工程造价管理水平和积累资料，为有关部门制订类似工程的建设计划与修订概预算定额指标提供资料和经验，都具有重要的意义。

## 二、竣工决算的作用

(1)为加强建设工程的投资管理提供依据。建设单位项目竣工决算全面反映建设项目从筹建到竣工投产或交付使用的全过程中，各项费用实际发生数额和投资计划的执行情况，通过把竣工决算的各项费用数额与设计概算中的相应费用指标对比，得出节约或超支的情况，分析节约或超支的原因，总结经验和教训，加强投资的计划管理，提高建设工程的投资效果。

(2)为"三算"对比提供依据。设计概算和施工图预算是在建筑施工前，在不同的建设阶段根据有关资料进行计算，以确定拟建工程所需要的费用。而建设单位项目竣工决算所确定的建设费用，是人们在建设活动中实际支出的费用。因此，它在"三算"对比中具有特殊的作用，能够直接反映固定资产投资计划完成情况和投资效果。

(3)为竣工验收提供依据。在竣工验收之前，建设单位向主管部门提交验收报告，其中主要组成部分是建设单位编制的竣工决算文件。并以此作为验收的主要依据，审查竣工决算文件中的有关内容和指标，为建设项目验收结果提供依据。

(4)为确定建设单位新增固定资产价值提供依据。在竣工决算中，建设单位对建设项目的有关费用及流动资金进行了详细计算，这也可作为建设主管部门向企事业使用单位移交财产的依据。

## 三、竣工决算的编制要求

编制竣工决算的目的，在于全面反映竣工项目的实际建设成果和造价情况。编制竣工决算的过程，又是全面检查基本建设工作和全面总结基本建设经验的过程。凡是已完成建设活动，并具备验收交付使用条件的项目，都要按规定及时编制竣工决算。对于包括两个或两个以上单项工程的建设项目，单项工程完工需提前交付使用的，应先编制单项工程竣工决算，待整个建设项目全部竣工后，还应编制该项目的竣工总决算。单项工程竣工不需提前交付使用的，可先单独编制该单项工程的竣工财务决算，待项目全部竣工后一并编制竣工总决算。建设单位应根据国家关于竣工验收的规定，正确、及时、完整地编制好工程竣工决算。其具体要求如下：

(1)竣工决算的内容必须真实、完整；

(2)竣工决算的数字必须准确；

(3)竣工决算的编制必须及时。

## 四、竣工决算的编制依据

竣工决算编制的主要依据如下：

(1)经批准的可行性研究报告及其投资估算；

(2)经批准的初步设计或扩大初步设计及其概算或修正概算；

(3)经批准的施工图设计及其施工图预算；

(4)设计交底或图纸会审会议纪要；

(5)招标投标的标底、承包合同、工程结算资料；

(6)施工记录或施工签证单及其他施工发生的费用记录，如索赔报告与记录、停(交)工报告；

(7)竣工图及各种竣工验收资料；

(8)历年基建资料、历年财务决算及批复文件；

(9)设备、材料调价文件和调价记录；

(10)有关财务核算制度、办法和其他有关资料、文件等。

## 五、竣工决算的内容

建设项目竣工决算应包括从筹集到竣工投产全过程的全部实际费用，即包括建筑工程费、安装工程费、设备及工器具购置费及预备费和投资方向调节税等费用。按照财政部、国家发展和改革委员会、住房和城乡建设部的有关文件规定，竣工决算是由竣工财务决算说明书、竣工财务决算报表、工程竣工图和工程竣工造价对比分析四个部分组成。前两个部分又称建设项目竣工财务决算，是竣工决算的核心内容。

### (一)竣工财务决算说明书的内容

(1)建设项目概况，对工程总的评价。

(2)资金来源及运用等财务分析。

(3)基本建设收入，投资包干结余、竣工结余资金的上交分配情况。

(4)各项经济技术指标的分析。

(5)工程建设的经验及项目管理和财务管理等有待解决的问题。

(6)需要说明的其他事项。

### (二)竣工财务决算报表

#### 1. 竣工财务决算报表的内容

建设单位项目竣工决算的主要内容是通过表格形式表达的。根据建设项目的规模和竣工决算内容繁简的不同，报表的数量和格式也不同，主要有以下几项：

(1)大、中型建设项目竣工财务决算报表，包括建设项目竣工财务决算审批表，大、中型建设项目概况表，大、中型建设项目竣工财务决算表，大、中型建设项目交付使用资产总表。

(2)小型建设项目竣工财务决算报表，包括建设项目竣工财务决算审批表、竣工财务决算总表、建设项目交付使用资产明细表。

#### 2. 表格形式

(1)建设项目竣工财务决算审批表(见表 12-3)。

表 12-3　建设项目竣工财务决算审批表

| 建设项目法人(建设单位) | | 建设性质 | |
|---|---|---|---|
| 建设项目名称 | | 主管部门 | |
| 开户银行意见：<br><br><br><br><br><br><br><br><br>（盖章）<br>年　月　日 | | | |
| 专员办审批意见：<br><br><br><br><br><br><br><br>（盖章）<br>年　月　日 | | | |

续表

| |
|---|
| 主管部门或地方财政部门审批意见：<br><br>（盖章）<br>年　月　日 |

(2)大、中型建设项目竣工工程概况表(见表12-4)。

**表12-4　大、中型建设项目竣工工程概况表**

| 建设项目(单项工程)名称 | | | 建设地址 | | | | |
|---|---|---|---|---|---|---|---|
| 主要设计单位 | | | 主要施工企业 | | | | |
| 占地面积/$m^2$ | 计划 | 实际 | 总投资/万元 | 设计 | | 实际 | |
| | | | | 固定资产 | 流动资产 | 固定资产 | 流动资产 |
| | | | | | | | |
| 新增生产能力 | 能力(效益)名称 | | 设计 | 实际 | | | |
| | | | | | | | |
| 建设起、止时间 | 设计 | | 从　年　月开工至　年　月竣工 | | | | |
| | 实际 | | 从　年　月开工至　年　月竣工 | | | | |
| | | | | | | | |
| 设计概算批准文号 | | | | | | | |
| 完成主要工程量 | 建筑面积/$m^2$ | | 设备/台、套、t | | | | |
| | 设计 | 实际 | 设计 | | 实际 | | |
| | | | | | | | |
| 收尾工程 | 工程内容 | | 投资额 | | 完成时间 | | |
| | | | | | | | |

| | 项目 | | 概算 | 实际 | 主要指标 |
|---|---|---|---|---|---|
| 基建支出 | 建筑安装工程 | | | | |
| | 设备、工具、器具 | | | | |
| | 待摊投资其中：建设单位管理费 | | | | |
| | 其他投资 | | | | |
| | 待核销基建支出 | | | | |
| | 非经营项目转出投资 | | | | |
| | 合计 | | | | |
| 主要材料消耗 | 名称 | 单位 | 概算 | 实际 | |
| | 钢材 | t | | | |
| | 木材 | $m^3$ | | | |
| | 水泥 | t | | | |
| 主要技术经济指标 | | | | | |

(3)大、中型建设项目竣工财务决算表(见表12-5)。

表 12-5  大、中型建设项目竣工财务决算表　　　　　　　　　　　元

| 资金来源 | 金额 | 资金占用 | 金额 | 补充资料 |
|---|---|---|---|---|
| 一、基建拨款 | | 一、基本建设支出 | | 1. 基建投资借款期末余额 |
| 1. 预算拨款 | | 1. 交付使用资产 | | |
| 2. 基建基金拨款 | | 2. 在建工程 | | 2. 应收生产单位投资借款期末余额 |
| 3. 进口设备转账拨款 | | 3. 待核销基建支出 | | |
| 4. 器材转账拨款 | | 4. 非经营项目转出投资 | | 3. 基建结余资金 |
| 5. 煤代油专用基金拨款 | | 二、应收生产单位投资借款 | | |
| 6. 自筹资金拨款 | | 三、拨款所属投资借款 | | |
| 7. 其他拨款 | | 四、器材 | | |
| 二、项目资本金 | | 其中：待处理器材损失 | | |
| 1. 国家资本 | | 五、货币资金 | | |
| 2. 法人资本 | | 六、预付及应收款 | | |
| 3. 个人资本 | | 七、有价证券 | | |
| 三、项目资本公积金 | | 八、固定资产 | | |
| 四、基建借款 | | 固定资产原值 | | |
| 五、上级拨入投资借款 | | 减：累计折旧 | | |
| 六、企业债券资金 | | 固定资产净值 | | |
| 七、待冲基建支出 | | 固定资产清理 | | |
| 八、应付款 | | 待处理固定资产损失 | | |
| 九、未交款 | | | | |
| 1. 未交税金 | | | | |
| 2. 未交基建收入 | | | | |
| 3. 未交基建包干节余 | | | | |
| 4. 其他未交款 | | | | |
| 十、上级拨入资金 | | | | |
| 十一、留成收入 | | | | |
| 合计 | | 合计 | | |

(4)大、中型建设项目交付使用资产总表(见表 12-6)。

表 12-6  大、中型建设项目交付使用资产总表　　　　　　　　　　　元

| 单项工程项目名称 | 总计 | 固定资产 | | | | | 流动资产 | 无形资产 | 其他资产 |
|---|---|---|---|---|---|---|---|---|---|
| | | 建筑工程 | 安装工程 | 设备 | 其他 | 合计 | | | |
| 1 | 2 | 3 | 4 | 5 | 6 | 7 | 8 | 9 | 10 |
| | | | | | | | | | |
| | | | | | | | | | |
| | | | | | | | | | |

支付单位盖章　　年　　月　　日　　　　　　　　接收单位盖章　　年　　月　　日

(5)建设项目交付使用资产明细表(见表 12-7)。

**表 12-7　建设项目交付使用资产明细表**

| 单位工程项目名称 | 建筑工程 | | | 设备、工具、器具、家具 | | | | | 流动资产 | | 无形资产 | | 其他资产 | |
|---|---|---|---|---|---|---|---|---|---|---|---|---|---|---|
| | 结构 | 面积/m² | 价值/元 | 规格、型号 | 单位 | 数量 | 价值/元 | 设备安装费/元 | 名称 | 价值/元 | 名称 | 价值/元 | 名称 | 价值/元 |
| | | | | | | | | | | | | | | |
| | | | | | | | | | | | | | | |
| | | | | | | | | | | | | | | |
| | | | | | | | | | | | | | | |
| | | | | | | | | | | | | | | |
| | | | | | | | | | | | | | | |
| | | | | | | | | | | | | | | |
| | | | | | | | | | | | | | | |
| | | | | | | | | | | | | | | |
| | | | | | | | | | | | | | | |
| | | | | | | | | | | | | | | |
| 合计 | | | | | | | | | | | | | | |

支付单位盖章　　年　　月　　日　　　　　　　　　　接收单位盖章　　年　　月　　日

(6)小型建设项目竣工财务决算总表(见表 12-8)。

**表 12-8　小型建设项目竣工财务决算总表**

| 建设项目名称 | | | 建设地址 | | | | 资金来源 | | 资金运用 | |
|---|---|---|---|---|---|---|---|---|---|---|
| 初步设计概算批准文号 | | | | | | | 项目 | 金额/元 | 项目 | 金额/元 |
| 占地面积/m² | 计划 | 实际 | 总投资/万元 | 计划 | | 实际 | | 一、基建拨款 其中:预算拨款 | | 一、交付使用资产 |
| | | | | 固定资产 | 流动资金 | 固定资产 | 流动资金 | | | 二、待核销基建支出 | |
| | | | | | | | | 二、项目资本 | | 三、非经营项目转出投资 | |
| | | | | | | | | 三、项目资本公积金 | | | |
| 新增生产能力 | 能力(效益)名称 | | 设计 | | 实际 | | 四、基建借款 | | 四、应收生产单位投资借款 | |
| | | | | | | | 五、上级拨入借款 | | | |
| 建设起止时间 | 计划 | | 从　　年　　月开工 至　　年　　月竣工 | | | | 六、企业债券资金 | | 五、拨付所属投资借款 | |
| | 实际 | | 从　　年　　月开工 至　　年　　月竣工 | | | | 七、待冲基建支出 | | 六、器材 | |

265

| 项目 | 概算/元 | 实际/元 | 八、应付款 | | 七、货币资金 | |
|---|---|---|---|---|---|---|
| 基建支出 | 建筑安装工程 | | | 九、未付款 | | 八、预付及应收款 | |
| | 设备、工具、器具 | | | 其中：未交基建收 | | 九、有价证券 | |
| | 待摊投资<br>其中：建设单位管理费 | | | 入未交包干收入 | | 十、原有固定资产 | |
| | | | | 十、上级拨入资金 | | | |
| | 其他投资 | | | 十一、留成收入 | | | |
| | 待核销基建支出 | | | | | | |
| | 非经营性项目转出投资 | | | | | | |
| | 合　计 | | | 合　计 | | 合　计 | |

## 六、竣工决算的编制步骤

建设单位项目竣工决算编制的步骤如图 12-1 所示。

**图 12-1　建设单位项目竣工决算编制的步骤**

(1)收集、整理和分析有关依据资料。在编制建设单位项目竣工决算文件之前，必须准备一套完整、齐全的资料。尤其在工程的竣工验收阶段，应注意收集资料，系统地整理所有的技术资料、工程结算的经济文件、施工图纸和各种变更与签证资料，并分析它们的准确性。完整、齐全的资料是能准确与迅速编制出竣工决算的必要条件。

(2)清理各项账务、债务和结余物资。在收集、整理和分析有关资料中，要特别注意建设工程从筹建到竣工投产或使用的全部费用的各项账务、债权和债务的清理，做到工完账清。对结余的各种材料、工器具和设备，要逐项清点核实，妥善管理，并按规定及时处理，回收资金。对各种往来款项要及时进行全面清理，为编制竣工决算提供准确的数据和结果。

(3)填写竣工决算报表。按照竣工决算有关表格中的内容，根据有关资料，进行统计或计算各个项目的数量，并将其结果填到相应表格的栏目内，完成所有的报表填写。这是编制建设单位项目竣工决算的主要工作。

(4)编写建设工程竣工决算说明。按照文字说明的内容要求，根据编制材料和填写在报表中的结果，编写竣工决算文字说明。

(5)上报主管部门审查。将上述编写的文字说明和填写的表格经核对无误后装订成册，即为建设工程竣工决算文件，将其上报主管部门审查。在上报主管部门的同时，还应抄送有关设计单位，并把其中财务成本部分送交开户银行签证。大、中型建设项目的竣工决算应抄送财政部、建设银行总行和省、自治区、直辖市的财政局和建设银行分行各一份。

## 本章小结

本章主要介绍工程竣工结算概述、编制及审查，工程竣工决算的编制。通过本章的学习，学生应具备编制和审查工程竣工结算与编制竣工决算的能力。

## 思考与练习

**一、填空题**

1. 工程竣工结算是指_____或_____完工，并经建设单位及有关部门验收点交后，办理的工程结算。

2. 工程竣工结算按建设项目工期长短不同，一般可分为_____、_____。

3. 工程价款结算的方式有_____、_____、_____、_____。

4. 工程结算编制说明可根据委托工程的实际情况，以单位工程、单项工程或建设项目为对象进行编制，并应说明_____，_____，_____，_____，_____及其他有关问题的说明。

5. 工程结算应按_____、_____和_____三个工作阶段进行，并实行编制人、校对人和审核人分别署名盖章确认的编审签署制度。

6. 工程结算审查文件一般由_____、_____、_____、_____以及_____等组成。

**二、简答题**

1. 工程结算产生的原因有哪些？

2. 工程价款结算的作用有哪些？

3. 工程竣工结算编制依据有哪些？

4. 简述工程结算审查的成果文件形式。

5. 竣工决算的作用有哪些？

6. 竣工决算的编制要求有哪些？

7. 简述工程竣工决算的内容。

# 参考文献

[1] 中华人民共和国住房和城乡建设部.TY 02−31−2015 通用安装工程消耗量定额[S]. 北京：中国计划出版社，2015.

[2] 中华人民共和国住房和城乡建设部.GB 50500—2013 建设工程工程量清单计价规范 [S].北京：中国计划出版社，2013.

[3] 中华人民共和国住房和城乡建设部.GB 50856—2013 通用安装工程工程量计算规范 [S].北京：中国计划出版社，2013.

[4]《2013 建设工程计价计量规范辅导》规范编制组.2013 建设工程计价计量规范辅导[M]. 北京：中国计划出版社，2013.

[5] 朱永恒，李俊，陈艳，等.安装工程工程量清单计价[M].3 版.南京：东南大学出版 社，2016.

[6] 尹贻林.工程造价计价与控制[M].北京：中国计划出版社，2010.

[7] 何天刚，彭子茂，刘汉章.安装工程计量与计价[M].北京：北京理工大学出版 社，2017.